园林景观精品课系列教材

# 园林工程测量

朱志民　赵晓敏　主编

YUANLIN
GONGCHENG
CELIANG

化学工业出版社
·北京·

内容简介

本书设定两个教学模块：一是校园大比例尺地形图（大比例尺平面图）绘制，包括高程测量、距离测量、角度测量、小区域控制测量和碎部测量、地形图（平面图）识读和绘制，仪器操作由简单到复杂，理论知识由浅入深，逐步递进；二是小游园工程施工放样，包括地形图在施工放样中的应用，土地平整，以及能用数字化的设备进行园林景观、道路等工程的施工放样。每个教学模块都以园林工程项目教学为载体，由若干测量工作任务组成，教学内容具备整体性、连续性和实践性，与实际工作相符合。

本书可作为高等院校风景园林设计、园林工程技术、环境艺术等专业的教材，也可作为园林景观设计师和绘图员的参考用书。

**图书在版编目（CIP）数据**

园林工程测量／朱志民，赵晓敏主编. —— 北京：化学工业出版社，2024.12. —— ISBN 978-7-122-46856-7

Ⅰ．TU986.2

中国国家版本馆 CIP 数据核字第 2024JL8145 号

责任编辑：毕小山　　文字编辑：冯国庆
责任校对：杜杏然　　装帧设计：刘丽华

出版发行：化学工业出版社
（北京市东城区青年湖南街 13 号　邮政编码 100011）
印　　装：中煤（北京）印务有限公司
787mm×1092mm　1/16　印张 14　字数 300 千字
2025 年 5 月北京第 1 版第 1 次印刷

购书咨询：010-64518888　　售后服务：010-64518899
网　　址：http://www.cip.com.cn
凡购买本书，如有缺损质量问题，本社销售中心负责调换。

定　价：58.00 元　　　　　版权所有　违者必究

## 编写人员名单

主　编：朱志民（辽宁生态工程职业学院）
　　　　赵晓敏（辽宁生态工程职业学院）
副主编：衣德萍（江西环境工程职业学院）
　　　　陈绍宽（辽宁生态工程职业学院）
参　编：徐绍海（辽宁生态工程职业学院）
　　　　熊　贵（中冶沈勘工程技术有限公司）

# 前言

本书是根据高等职业教育园林类相关专业在园林工程建设中所需的测量理论知识和实践操作技能进行编写的，是园林类相关专业学生必修的专业基础课程，培养园林工程施工与管理和园林景观设计方向的岗位群应具备的基础职业技能。在校企合作背景下，本书力求满足学生和企业的需求，强化实践技能，同时满足学生个性化需求以及对接企业岗位需求，确保教材内容的针对性、实用性，融入和更新行业的新知识、新技术、新方法。本书的内容根据园林类相关行业所需的关键职业能力（理论知识、技术技能和综合素质）进行分析，以岗位能力（景观规划设计员、施工员和放线员）需求为切入点，构建项目和任务的课程体系，以岗位工作流程设置教学内容，根据行业变化增加技能训练项目，既包括利用水准仪、经纬仪、全站仪等测量工具进行的常规测量工作，又包括利用现代的测绘仪器与计算机技术对园林工程项目建设中的小区域控制测量、绘制大比例尺平面图（地形图）、土地平整、道路测量、园林建筑施工测量和其他园林工程施工放样等。通过对这些知识和技能的学习，能提高学生工程测量的单项技能，还为后续课程的学习，以及专业核心技能和综合职业技能的培养奠定坚实的基础。同时培养学生养成独立思考的习惯，爱岗敬业、吃苦耐劳的精神，有良好的社会责任感，具有团队合作和沟通能力，促进学生良好职业素养的形成。

本书不刻意追求课程内容的完整性，在教学过程中，坚持有用的理论知识必须学会，基本技能必须熟练掌握的原则，使学生通过大量的实践教学领悟园林工程测量工作的要求和特点，将测量分成测绘和放样两部分，将常规测量技术整合到某区域大比例尺地形图（平面图）的绘制中，将基本放样方法和工程施工中测量技术的运用整合到某园林工程项目的放样中。根据实际情况，设定两个教学模块，一是校园大比例尺地形图（大比例尺平面图）测绘，包括高程测量、距离测量、角度测量、小区域控制测量和碎部测量、地形图（平面图）识读和绘制，仪器操作由简单到复杂，理论知识由浅入深，逐步递进。二是小游园工程施工放样，包括地形图在施工放样中的应用、土地平整，以及能用数字化的设备进行园林景观、道路等工程的施工放样。每个教学模块都以园林工程项目教学为载体，由若干测量工作任务组成，教学内容具备整体性、连续性和实践性，这样编排知识体系紧凑、结构完整，与实际工作相符合。

本书由辽宁生态工程职业学院朱志民和赵晓敏担任主编，江西环境工程职业学院衣德萍、辽宁生态工程职业学院陈绍宽担任副主编。朱志民编写前言、课程认知以及项目1中的任务 1.1、任务 1.2；赵晓敏编写项目 2 的全部内容；衣德萍、陈绍宽编写项目 3 的全部内容；徐绍海编写项目 1 中的任务 1.3、任务 1.4，并与熊贵共同编写项目 4 的全部内容。全书由赵晓敏和衣德萍进行统稿、修改、定稿。

本书在编写过程中分别参照了《城市测量规范》（CJJ/T 8—2011）、《工程测量标准》（GB 50026—2020）、《国家基本比例尺地图图式 第 1 部分：1∶500 1∶1000 1∶2000 地形图图式》（GB/T 20257.1—2007）等规程和规范，同时参考了大量与测量相关的教材和书籍，在此对这些文献的作者表示感谢。

本书的编写得到了辽宁生态工程职业学院的大力支持，同时也得到了中冶沈勘工程技术有限公司的专业测绘技术指导，在此一并表示感谢！

由于编者水平有限，书中难免有不足之处，敬请读者批评指正。

编者
2024 年 10 月

# 目录

| | |
|---|---|
| 校园大比例尺地形图绘制篇 | 001 |

**课程认知　园林工程测量基础和测量误差** …… 003

- 任务 0.1　园林工程测量学的基础知识 …… 003
- 任务 0.2　测量误差及安全作业要求 …… 019

**项目 1　园林施工场地高程测量** …… 026

- 任务 1.1　地面两点间高差测量 …… 027
- 任务 1.2　地面点高程测量 …… 040
- 任务 1.3　园林施工场地等外水准路线外业测量 …… 045
- 任务 1.4　园林施工场地等外水准路线测量内业计算 …… 048

**项目 2　小区域大比例尺平面图测绘** …… 061

- 任务 2.1　角度测量 …… 062
- 任务 2.2　距离测量 …… 081
- 任务 2.3　小区域平面控制测量 …… 097
- 任务 2.4　全站仪图根控制测量 …… 113
- 任务 2.5　小区域平面图绘制 …… 134

| | |
|---|---|
| 小游园工程施工放样篇 | 154 |

**项目 3　小游园工程施工放样** …… 155

- 任务 3.1　小游园工程基本要素放样 …… 156
- 任务 3.2　园林施工场地平整测量 …… 161
- 任务 3.3　小游园内道路测量 …… 169
- 任务 3.4　小游园建筑工程施工放样 …… 187

任务 3.5　其他园林景观绿化工程施工放样 ……………………………………… 193

**项目 4　GNSS RTK 测量与园林应用** ………………………………………… 201

任务 4.1　GNSS 静态定位测量 …………………………………………………… 203
任务 4.2　GNSS RTK 测量在园林工程上的应用 ………………………………… 210

**参考文献** ……………………………………………………………………………… 214

# 校园大比例尺地形图绘制篇

园林工程测量是以测量学为基础，依托工程测量学，将测量的理论、技术和方法应用于园林工程设计、施工和管理各阶段中的一门课程，而且是园林技术、园林工程技术、风景园林设计等专业的专业基础课，为后续专业核心课程——园林工程设计、施工、管理和园林规划设计服务。在园林工程项目规划设计前，规划设计人员需要测绘人员提供项目用地的大比例尺地形图［比例尺（1∶500）～（1∶100000）的地形图］，来全面了解工程用地的地面高低起伏状况、地物的分布、可能涉及的市政管线、文物古迹或古树名木等。一般工程项目总体规划使用的地形图的比例为1∶（1000～5000），单项工程（如绿地、园路、假山、园林小品、水景、照明等）专用的地形图常用的比例为1∶（100～500）。规划设计人员利用地形图的信息，设计单项工程的施工图，园林工程施工人员依据施工图进行施工。施工过程中，需要根据工程施工情况布设施工控制网，建立放样轴线，对各个单项工程进行定位放样。工程施工完毕后，进行竣工测量（包括竣工图纸的测绘、各项工程的验收测量、各种相关表格和文字说明书的编写等），检查各单项工程是否达到设计的要求，并将竣工测量的图纸和资料存档，为将来的改扩建及维护打下基础。

大比例尺地形图为工程建设提供了准确的定位基础，地表形态高程、坡度、流向等关键数据直观地展示了建设区域内的地形起伏和地貌特征。通过对这些数据的分析，可确定建设区域的精确位置，了解建设区域的地形地貌特点和潜在风险，从而避免由于定位不准确而导致的后期设计和施工问题。可精确地计算出填挖方量、土石方量等关键数据，为工程的预算和成本控制提供准确的信息。有助于在设计和施工过程中采取相应的措施，确保工程的安全性和稳定性。设计师可以根据地形图的信息，进行针对性的设计，确保设计方案与地形地貌相协调。在施工阶段，地形图可以作为施工的参考依据，指导施工人员进行精确的定位和操作，确保施工质量和进度。基于大比例尺地形图的规划能够确保工程建设的合理性和科学性，提高规划的可行性和实施效率。在项目后期维护阶段，地形图可以作为维护工作的参考依据，帮助维护人员了解地形地貌的特点和潜在风险，从而进行针对性的维护和保养工作。大比例尺地形图已经广泛应用在我国的国土资源规划管理和城市规划管理中，还用于监测地形变化、评估工程安全等方面的工作。

大比例尺地形图绘制实施的方法和过程由若干个测量任务组成，知识构成由浅入深，操作方法由简单到复杂。学生在任务的实施过程中，可以熟悉测量的基本理论，掌握常用测量仪器设备的操作方法和技能，培养实践和创新能力，为从事园林工程设计、施工、管理等工作奠定基础。

接下来认识一下地形图、地图和平面图吧，对于这些词汇的理解有利于接下来的学习。

① 地形图。地形图是按照统一的数学基础、图式图例，统一的测量和编图规范要求，经过实地测绘或其他方法绘制而成的一种正射投影图。地形图的特征是具有表示地貌的等高线，且内容非常详细而精确。

② 地图。地图是按一定法则，有选择地在平面上表示地球表面各种自然现象和社会现象的图形。地图可分为普通地图和专题地图。普通地图又分为地形图和普通地理图。

③ 平面图。平面图是地图的一种，可以用水平面代替水准面，在这个前提下，把测区内的地面景物沿铅垂线方向投影到平面上，按规定的符号和比例缩小而构成相似的图形。平面图在各个领域都有广泛的应用，包括地理学、建筑设计、城市规划、工程制图、电路设计等。

→》**课程认知**

# 园林工程测量基础和测量误差

### 📚 知识目标

① 明确测量学的定义和园林工程测量的任务。
② 了解地球的形状和大小、地面点位表示方法和确定地面点位三要素。
③ 了解用水平面代替水准面的限度。
④ 熟悉测量误差的概念、来源和分类。
⑤ 掌握测量工作的基本内容和基本原则。

### 📚 能力目标

能分析测量工作误差可能发生的原因。

### 📚 素质目标

① 接受任务后,能厘清任务思路,快速进入工作状态。
② 培养认真、细致思考以及分析和归纳总结问题的能力。

## 任务 0.1 园林工程测量学的基础知识

### ◆ 任务目标

明确测量学的概念,确定地面点位的方法,测量工作的基本原则和主要工作内容。

◆ **教学资源**

① 参考资料：多媒体课件、教学参考书等。
② 教学场所：多媒体教室、园林工程测量实训室和校内实训基地。

◆ **相关知识**

### 0.1.1 测量学的概念及其分类

测量学是研究地球形状和大小，获取地球上自然和社会要素的位置、形状、空间关系、区域空间结构的数据及其他信息测绘成图的科学与技术。它的主要任务有三个方面：一是研究确定地球的形状和大小，为地球科学提供必要的数据和资料；二是将地球表面的地物地貌测绘成图；三是将图纸上的设计成果测设至现场。根据研究的具体对象及任务的不同，传统上又将测量学分为以下几个主要分支学科，见表0.1-1。工程测量是直接为工程建设服务的，它的服务和应用范围包括城建、地质、铁路、交通、房地产管理、水利电力、能源、航天和国防等各种工程建设部门。

表0.1-1 测量学的分支学科（按照研究范围大小分）

| 分支学科 | 概念 | 研究对象 | 研究范围 | 研究任务 |
| --- | --- | --- | --- | --- |
| 大地测量学 | 研究和确定地球形状、大小、重力场、整体与局部运动和地表面点的几何位置以及它们变化的理论与技术的学科。按照测量手段的不同，大地测量学又分为常规大地测量学、卫星大地测量学及物理大地测量学等 | 地球形状、大小、重力场等 | 大区域甚至整个地球，考虑地球曲率的影响 | 建立国家大地控制网，测定地球的形状、大小和重力场，为地形测图和各种工程测量提供基础起算数据；为空间科学、军事科学及研究地壳变形、地震预报等提供重要资料 |
| 普通测量学 | 研究地球表面局部区域内的地物、地貌及其他有关信息测绘成地形图的理论、方法和技术的学科，按成图方式的不同，地形测图可分为模拟化测图和数字化测图 | 测量基本理论，地形图测绘理论方法 | 小区域，不考虑地球曲率的影响 | 地面作业的方法，将地球表面局部地区的地物、地貌等测绘成大比例尺地形图 |
| 摄影测量与遥感学 | 研究利用电磁波传感器获取目标物的影像数据，从中提取语义和非语义信息，并用图形、图像和数字形式表达的学科。其基本任务是通过对摄影相片或遥感图像进行处理、量测、解译，以测定物体的形状、大小和位置。根据获得影像的方式及遥感距离的不同，本学科又分为地面摄影测量、航空摄影测量学和航天遥感测量等 | 各种图像记录 | 大、小区域 | 通过对摄影像片或遥感图像进行处理、量测、解译，以测定物体的形状、大小和位置，进而制作成图 |
| 工程测量学 | 工程测量学是研究在工程建设的设计、施工和管理各阶段中进行测量工作的理论、方法和技术 | 在各项工程建设中的测量理论方法 | 小区域，不考虑地球曲率的影响 | 测绘地形图，施工放样，检验验收，竣工测量，安全监测等 |

续表

| 分支学科 | 概念 | 研究对象 | 研究范围 | 研究任务 |
|---|---|---|---|---|
| 地图制图学 | 研究模拟和数字地图的基础理论、设计、编绘、复制的技术、方法以及应用的学科,地图的制作和应用是测绘科学与技术在国民经济和国防建设中的直接应用 | 测量资料 | 地图本身,地图反映的自然和社会现象的空间分布 | 利用各种测量成果编制各类地图,其内容一般包括地图投影、地图编制、地图整饰和地图制印等分支 |

## 0.1.2 园林工程测量学的任务和作用

园林工程测量学是以普通测量学、工程测量学等测量学科为基础,为园林类专业服务的测量工作,包括园林相关项目规划设计阶段的测量、施工兴建阶段的测量和竣工后运营管理阶段的测量。规划设计阶段的测量主要是提供地形、地物资料,在所建设区域进行地面测图或摄影测图。施工兴建阶段的测量工作是按照设计要求在实地准确地标定建筑物、景观、道路等各部分的平面位置和高程,作为施工与安装的依据。竣工后营运管理阶段的测量,包括竣工测量以及为监视工程安全状况的变形观测与维修养护等测量工作。

(1) 园林工程测量学的任务

在园林行业中,测量工作主要有测绘和测设两项任务。

① 测绘。就是测绘地形图,是指使用测量仪器和工具,按照一定的方法,通过测量和计算,将地球表面局部地区的地物和地貌按规定的比例尺缩绘成图或制成数据信息,为园林规划设计和科学管理提供技术资料。

② 测设。也称施工放样,是指利用测量仪器和工具,将图纸上已规划设计好的园林工程或建筑物的位置以及地形处理情况,在地面上准确标定出来,作为施工的依据。

(2) 园林工程测量学的作用

在城乡建设规划、城镇园林化的发展、环境保护以及地籍管理等园林建设中,园林工程测量运用测量学的基本原理和方法,直接为园林景区调查,园林规划设计,园林工程施工、竣工、维护和管理,苗圃地规划、设计、建造等提供理论基础和技术支撑。比如苗圃地规划设计、城市公园规划设计、城市绿地和住宅小区绿化设计与施工、园林道路放样与施工、植物配置放样、挖湖堆山、平整土地及园林小品的测绘与施工放样等。在园林工程规划设计前,需要将规划设计区域地面高低起伏的形态、道路、水系、房屋建筑、管线、绿地等测绘成地形图,或根据已有的地形图对园区地物构成、地貌的变化、植被、管线、水系、地质等情况进一步绘制,在此基础上进行规划设计,做出合理的设计方案。设计完成后,项目工程施工前、施工中,需要借助各类测绘仪器,应用测量原理和方法将规划设计图纸上的园林建筑物和挖湖、堆山等各项园林工程的位置在现场标定出来。园林工程竣工后,为了保证其能够正常地运营或满足日后改建、扩建、维修的需要,还需测绘竣工图纸并存档,为养护、管理、跟踪、维修或扩建等提供依据。

## 0.1.3 地球的形状和大小

### 0.1.3.1 "不规则球体"

测量工作多是在地球的自然表面上进行的，测量基准的确定、测量成果的计算及处理都与地球的形状和大小有关。在科学技术高速发展的今天，人类对自己居住的地球面貌已越来越清楚。人们对地球形状的认识，是经历了相当漫长的过程的：从古人观察的"天似穹窿""天圆地方"的说法到 20 世纪 60 年代末期，人造地球卫星观测发现，地球呈蓝色浑圆状，南北两个半球不对称。科学家们根据以往资料和影像，认为地球的形状近似一个"不规则的球体"，地球的自然表面有高山、深谷、丘陵、平原、江湖、海洋等。2020 年，我国首次使用 GNSS 接收机通过北斗卫星进行高精度定位测量，采用了精密水准测量、雪深雷达测量、卫星遥感等测绘技术，还进行了全球首次航空重力测量，最终确认陆地最高点珠穆朗玛峰的最新高程为 8848.86m。2020 年，我国的"奋斗者"号载人潜水器成功测量海洋中马里亚纳海沟深度为 10909m。

### 0.1.3.2 "大地水准面"

对整个地球表面而言，陆地面积仅占 29%，海洋面积占了 71%。设想将一个静止的海洋面扩展延伸，使其穿过大陆和岛屿，包围整个地球表面，形成一个封闭的曲面，即水准面。地球上任何自由静止的水面都可称作水准面，由于海水受潮汐、风浪等影响，故水准面有无穷多个，其中与平均海平面相重合的水准面称作大地水准面如图 0.1-1 所示。由大地水准面所包围的形体称为大地体，通常用大地体来代表地球的真实形状和大小。

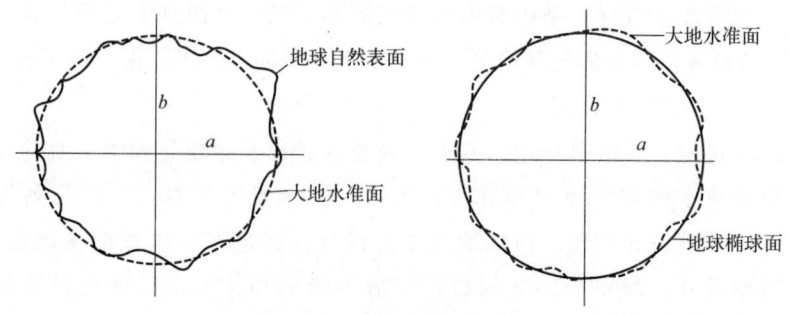

图 0.1-1 大地水准面

$a$—长轴半径；$b$—短袖半径

水准面处处与铅垂线（重力作用线）相垂直，水准面和铅垂线就是实际测量工作所依据的面和线。由于地球内部质量分布不均匀，致使地面上各点的铅垂线方向产生不规则变化，所以，大地水准面是一个不规则的、无法用数学式表述的曲面，在这样的面上是无法进行测量数据的计算及处理的。因此人们进一步设想，用一个既与大地体非常接近又能用数学式表述的规则球体即旋转椭球体来代表地球的形状。如图 0.1-2 所示，它由椭圆 $PEP_1Q$ 绕短轴 $PP_1$ 旋转而成，旋转椭球体的形状和大小由椭球基本元素确定，即旋转椭球体由长半轴 $a$（或短半轴 $b$）和扁率 $f$ 决定。某一国家或地区为处理测量成果而采用既与大地体的形状、大小最接近，又适合本国或本地区要求的旋转椭球体，这样的椭球体称为参考椭球体。参考椭球体的面只具有几何意义，是测量计算的基准面。

由于参考椭球体的扁率很小，因此在小区域的普通测量中可将地（椭）球看作圆球，其半径 $R=(a+a+b)/3\approx 6371\text{km}$。

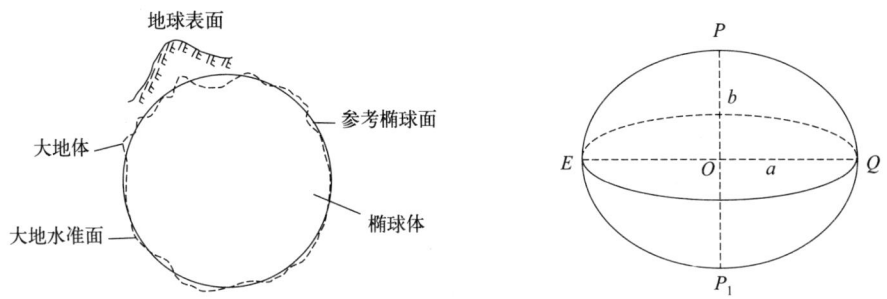

图 0.1-2　参考椭球体

### 0.1.3.3　坐标系统

几个世纪以来，许多学者分别测算出了很多椭球体元素值，我国常用坐标系如下。

（1）1954 年北京坐标系

20 世纪 50 年代，我国采用的 1954 年北京坐标系，是根据克拉索夫斯基椭球参数建立的坐标系，大地原点在苏联的普尔科沃。

（2）1980 年西安坐标系

1980 年后采用的是 1975 年国际大地测量和地球物理学联合会（IUGG）推荐的椭球建立坐标系，大地原点在我国陕西省泾阳县永乐镇。

（3）WGS-84 世界大地坐标系

美国的全球定位系统（GPS）利用的是 WGS-84 世界大地坐标系，采用的是 1979 年国际大地测量与物理联合会（IUGG）推荐的椭球。

（4）2000 年中国大地坐标系（CGCS2000）

这是我国当前最新的国家大地坐标系，原点为包括海洋和大气的整个地球的质量中心，即地心坐标系统。

以上坐标系都在我国经济建设、国防建设和科学研究等领域发挥了巨大作用。但大量测量数据表明，1954 年北京坐标系和 1980 年西安坐标系已不能完全满足高精度定位以及地球科学、空间科学和战略武器发展的需要，不符合我国大地水准面的实际情况。所以我国自 2008 年开始采用 2000 年中国大地坐标系，能快速采用现代空间技术更新和维护坐标系，高精度测定地面点三维坐标，提高工作效率。

我国目前采用参考椭球体的参数如下。

长半轴 $a=6378137\text{m}$。

扁率 $f=(a-b)/a=1/298.257222101$。

地心引力常数 $GM=3.986004418\times 10^{14}\text{m}^3/\text{s}^2$。

自转角速度 $\omega=7.292115\times 10^{-5}\text{rad/s}$。

## 0.1.4 地面点位确定

地面点的位置需要用坐标、高程来确定。坐标表示地面点投影到基准面上的位置,高程表示地面点沿投影方向到基准面的距离。根据不同的需要可以采用天文坐标和大地坐标。

(1) 天文坐标

以大地水准面为基准面,地面点沿铅垂线投影在该基准面上的位置,称为该点的天文坐标。用天文测量方法实测大地体(地球)上的点的天文经度和天文纬度,即$(\lambda, \phi)$。

(2) 大地坐标

用大地经度和大地纬度表示地面点沿法线在参考椭球面的投影位置,称为该点的大地坐标,即$(L, B)$。如图0.1-3所示,$O$为参考椭球面的球心,$NS$为椭球的旋转轴,包含地面点$P$的法线且通过椭球旋转轴的平面称为$P$的大地子午面($NPMS$),$NPM$这条线称为子午线,即子午面和椭球面的交线,也叫经线。通过英国伦敦原格林尼治天文台的子午面和子午线分别为起始子午面和起始子午线。通过球心$O$且垂直于$NS$轴的平面称为赤道面($WFME$),赤道面与椭球面的交线称为赤道。$P$点的大地子午面与起始大地子午面(首子午面)所夹的两面角就称为$P$点的大地经度($L$),其值分为东经$0°\sim180°$和西经$0°\sim180°$。过点$P$的法线与椭球赤道面所夹的线面角就称为$P$点的大地纬度($B$)。其值分为北纬$0°\sim90°$和南纬$0°\sim90°$。我国1954年北京坐标系和1980年西安坐标系就是分别依据两个不同的椭球建立的大地坐标系。大地坐标($L, B$)所依据的椭球面不具有物理意义,不能直接测得,可通过天文坐标计算得到。我国位于地球的东北半球,所有地面点均为东经和北纬,如某点的大地坐标为东经$126°03'$,北纬$46°28'$。

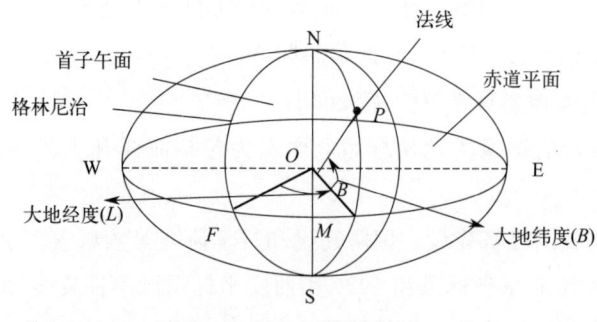

图0.1-3 大地坐标

### 0.1.4.1 平面直角坐标

大地坐标是球面坐标,在实际测量工作中,以角度为度量单位的球面坐标来表示地面点的位置,观测和计算较复杂,因此常将待测点投影到某个平面上,采用平面直角坐标,使测量、计算、绘图简单化。测量工作中所用的平面直角坐标与数学上的直角坐标基本相同,可应用数学中的计算公式,只是测量工作坐标以$x$轴为纵轴,表示南北方向,以$y$轴为横轴表示东西方向,象限为顺时针编号,直线的方向都是从纵轴北端按顺时针方向度量的,如图 0.1-4 和图 0.1-5 所示。

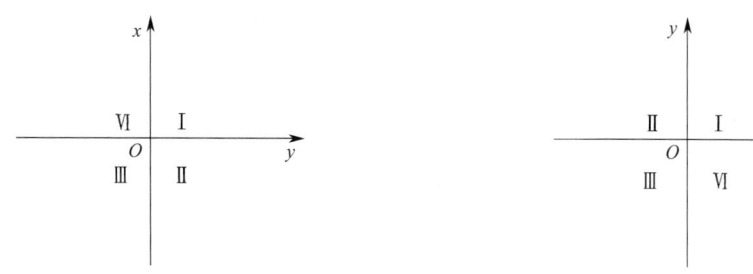

图 0.1-4 测量平面直角坐标系　　图 0.1-5 笛卡尔数学中的平面直角坐标系

**(1) 高斯平面直角坐标系**

当测区范围较大时,要建立平面坐标系,就不能忽略地球曲率的影响,为了解决球面与平面这对矛盾,必须采用地图投影的方法将球面上的大地坐标转换为平面直角坐标。目前我国采用的是高斯投影,是正形投影的一种。高斯投影是由德国数学家、测量学家高斯提出的一种横轴等角切椭圆柱投影,将地球按照经线划分成带,从起始子午线开始,每隔经度 6°划分一个带,自西向东将整个地球划分 60 个带,编号 1~60,中央子午线的经度 $L_n^6$ 依次为 3°,9°,15°…360°,每个带称为投影带。从几何意义上看,就是假设一个椭圆柱横套在地球椭球体外并与椭球面上的某一条子午线相切,在图形保持等角的条件下,将整个带投影到椭圆柱面上,然后将椭圆柱面沿一条母线剪开并展成平面,即获得投影后的平面图形,在该平面下的平面直角坐标系为高斯平面直角坐标系,如图 0.1-6 所示。

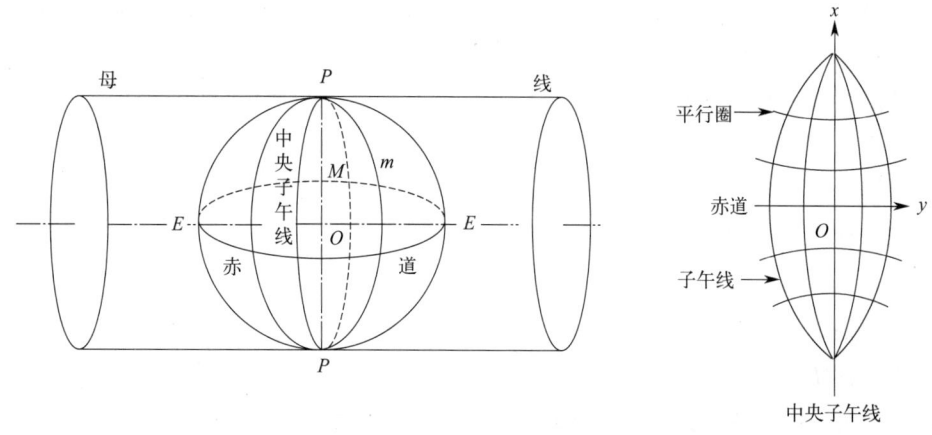

图 0.1-6 高斯平面投影

在高斯投影平面上,中央子午线和赤道投影均为直线,以中央子午线和赤道分别为坐标纵轴 $x$ 轴和横轴 $y$ 轴,交点 $O$ 为坐标原点,构成每个投影带独立的高斯平面直角坐标系,区分各带坐标系则利用相应投影带的带号。我国位于北半球,在每一投影带内,$x$ 坐标值均为正值,$y$ 坐标值有正有负。为了方便计算,使 $y$ 坐标都为正值,将纵坐标轴向西平移 500km(半个投影带的最大宽度不超过 500km),并在 $y$ 坐标前加上投影带的带号,地球表面上点的位置都可以用 $x$、$y$ 表示,此坐标和地理坐标经纬度相对应,可互相换算，如图0.1-7所示。

我国幅员辽阔，在投影精度要求较高的情况下，也可采用3°、1.5°经度分带。该投影的经纬线图形有以下特点。

① 投影后的中央子午线为直线，无长度变化。其余的经线投影为凹向中央子午线的对称曲线，长度较球面上的相应经线略长。

② 赤道的投影也为一条直线，并与中央子午线正交。其余的纬线投影为凸向赤道的对称曲线。

③ 经纬线投影后仍然保持相互垂直的关系，说明投影后的角度无变形。

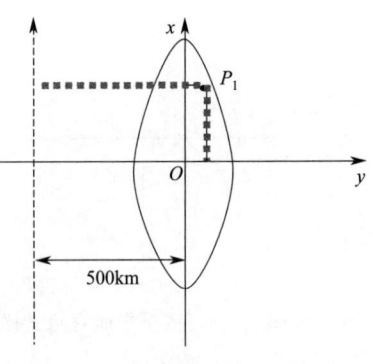

图0.1-7　平面直角坐标系

高斯平面坐标系的建立：

$x$ 轴——中央子午线的投影（向北为正值）；

$y$ 轴——赤道的投影（向东为正值）；

原点 $O$ ——两轴的交点。

$$y_P = (x_P = x'_P) + 500 \text{km} + y'_P$$

式中，$x'_P$、$y'_P$ 为 $P$ 点平移前坐标值。

(2) 独立测区的平面直角坐标

当测区的范围较小时，依据《城市测量规范》（CJJ/T 8—2011）的规定，面积小于 $25 \text{km}^2$ 的测区，可忽略该区地球曲率的影响而将其当作平面看待，能在此平面上建立独立的直角坐标系。一般选定子午线方向为纵轴，即 $x$ 轴，原点设在测区的西南角，以避免坐标出现负值。测区内任意地面点用坐标（$x$，$y$）来表示，它们与本地区统一坐标系没有必然的联系，是独立的平面直角坐标系。如有必要，可通过与国家坐标系联测而纳入统一坐标系。经过估算，在面积为 $300 \text{km}^2$ 的多边形范围内，可以忽略地球曲率影响而建立独立的平面直角坐标系，当测量精度要求较低时，这个范围还可以扩大数倍。

#### 0.1.4.2　地面点的高程

(1) 绝对高程

地面点沿铅垂方向到大地水准面的距离称为绝对高程，也称作海拔，用字母 $H$ 表示绝对高程，如 $H_A$、$H_B$。

我国规定，将青岛验潮站对潮汐多年观测记录的黄海平均海水面作为我国的大地水准面，在青岛观象山上建立了"中华人民共和国水准原点"，作为全国推算高程的依据。1950～1956年间，青岛验潮站连续观测确定黄海平均海水面的位置，水准原点的平均高程为72.289m，称为"1956黄海高程系"。新的国家高程基准面是根据青岛验潮站在1952～1979年连续28年间的验潮资料计算确定的，水准原点的平均高程为72.260m，依此基准面建立的高程系统称为"1985国家高程基准"，于1987年开始启用，如图0.1-8所示。

(2) 相对高程

当测区附近没有国家高程点可联测时，可临时假定一个水准面作为该区的高程起算

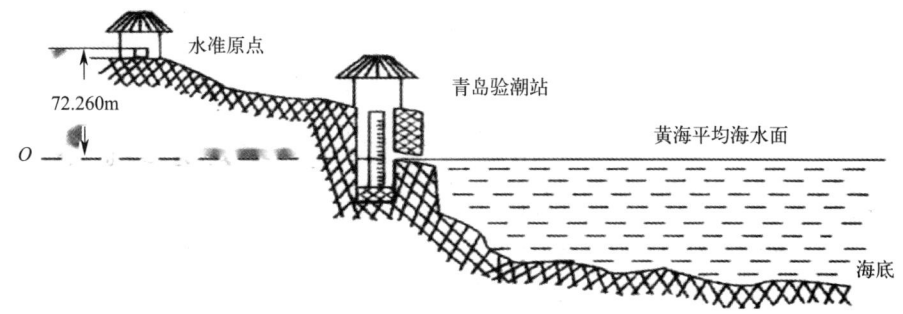

图 0.1-8 1985 国家高程基准

面。故某点沿铅垂线方向到任意水准面的距离,也称为"假定高程",用字母 $H'$ 表示相对高程,如 $H'_A$、$H'_B$。

在测量工作中,一般采用绝对高程,但在没有已知的绝对高程点引测时,也可采用相对高程。高差有正、有负,并用下标注明其方向。在工程建设中,又将绝对高程和相对高程统称为标高。

(3) 高差

地面上两点高程之差,用字母 $h$ 表示,如 $h_{AB}=H_B-H_A=H'_B-H'_A$,如图 0.1-9 所示。高差有正、有负,当 $h_{AB}$ 为正值时,$B$ 点高于 $A$ 点;当 $h_{AB}$ 为负值时,$B$ 点低于 $A$ 点。

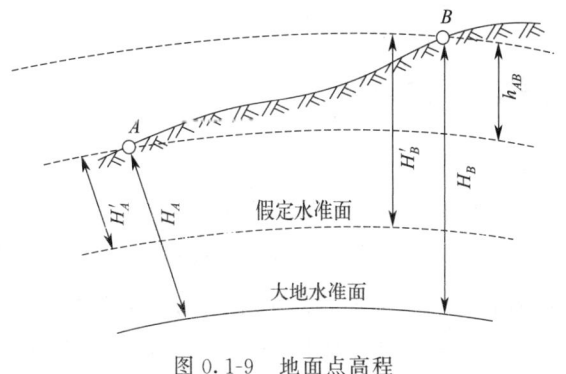

图 0.1-9 地面点高程

## 0.1.5 园林工程测量的基本工作内容和工作原则

### 0.1.5.1 测量工作内容

无论是测绘还是测设,园林工程测量最基本的工作都是确定地面点的相对空间位置。在实际的园林测量工作中,使用传统仪器很难直接测出地面点的平面直角坐标 ($x$, $y$) 和高程 ($H$),一般都是先通过实地测量得到待测点与已知坐标和高程点的角度关系、水平距离和高程关系,再经过内业计算求得待测点的坐标和高程。因此,确定地面点的相对空间位置的基本要素可以分解为距离、角度和高程。

如图 0.1-10 所示,$A \sim F$ 为地面上高低不同的一系列点,构成空间多边形 $ABC$-$DEF$,从 $A \sim F$ 分别向水平面作铅垂线,这些垂线的垂足在水平面上构成多边形 $abcdef$,

水平面上各点就是空间相应各点的正射投影；水平面上多边形的各边就是各空间斜边的正射投影；水平面上的角就是包含空间两斜边的两面角在水平面上的投影。地形图就是将地面点正射投影到水平面上后再按一定的比例尺缩绘至图纸上而成的。由此看出，地形图上各点之间的相对位置是由水平距离 $D$、水平角 $\beta$ 和高差 $h$ 决定的，若已知其中一点的坐标 $(x, y)$ 和过该点的标准方向及该点高程 $H$，则可借助 $D$、$\beta$ 和 $h$ 将其他点的坐标和高程算出。因此，无论进行任何测量工作，在实地要测量的基本要素都是：

① 距离（水平距离或斜距）；
② 角度（水平角、竖直角和方位角）；
③ 高程（高差）。

测量最基本的工作内容即为距离测量、角度测量和高程测量。

#### 0.1.5.2 测量工作原则

测量工作必须遵循的基本原则是"从整体到局部""先控制后碎部""由高精度到低精度"，步步检核的原则；测量工作的目的之一是测绘地形图，地形图是通过测量一系列碎部点（地物点和地貌点）的平面位置和高程，然后按一定的比例，应用地形图符号和注记缩绘而成的。测量工作不能一开始就测量碎部点，而是先在测区内统一选择一些起控制作用的点，将它们的平面位置和高程精确地测量和计算出来，这些点被称作控制点，由控制点构成的几何图形称作控制网，然后根据这些控制点分别测量各自周围的碎部点，进而绘制成图。如图0.1-10所示的 $A \sim F$ 各个点称为控制点，多边形 $ABCDEF$ 就是该测区的控制网。

### 0.1.6 地球曲率对测量工作的影响

地球曲率是表示地球弯曲程度的量，一般用曲率半径或曲率（即曲率半径的倒数）来表示。地球是接近绕椭圆短轴旋转而成的旋转椭圆体，它的曲率半径各处都不一致，它的形态和大小用长半径 $a$ 和它的扁率 $\alpha$ 表示。由于 $\alpha$ 很小，因此在不大的区域测绘中可把地球看成一个圆球，大地水准面为圆球面，这时采用的曲率半径 $R$ 为6371km。为简化测量、绘图和计算，在对精度无影响的情况下，在小测区内，讨论用水平面代替水准面对距离、角度、高差的影响，确定可用水平面代替水准面的最大范围。

（1）对水平距离的影响

如图0.1-11所示，地面上 $A$、$B$ 两点在水平面上的投影为 $A'$、$B'$，曲面投影为 $A'B''$，用过 $A'$ 点的水平面作为水准面，球面半径为 $R$，$A'B'$ 水平距离为 $D$，曲面 $A'B''$ 的弧长为 $S$，所对圆心角为 $\beta$，则用水平长度 $D$ 代替弧长 $S$ 所产生的距离误差 $\Delta S$ 为：$\Delta S = D - S$，由 $D = R\tan\beta$，$S = R\beta$ 代入得

$$\Delta S = D - S = R\tan\beta - R\beta$$
$$= R(\beta + \frac{1}{3}\beta^3 - \beta)$$
$$= \frac{1}{3} \times \frac{S^3}{R^2}$$

（在地球曲率计算中，由于 $\beta$ 很小，所以 $\tan\beta \approx \beta + \frac{1}{3}\beta^3$，因为 $S=R\beta$，所以 $\beta = \frac{S}{R}$，由此得出上述计算结果）

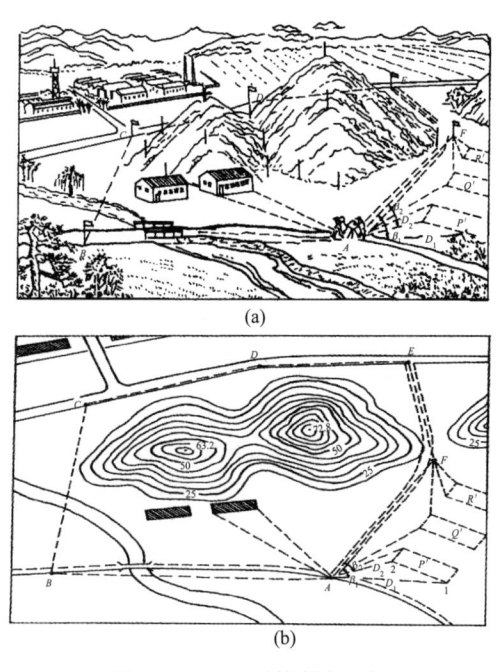

图 0.1-10　测量控制点选择

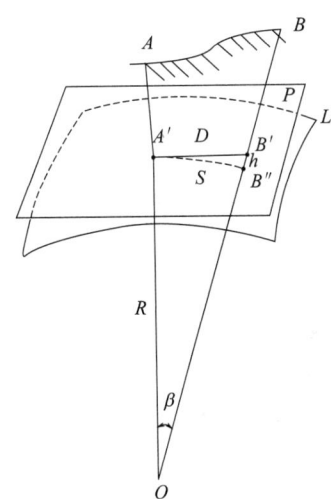

图 0.1-11　地球曲率的影响

则距离的相对误差为

$$\frac{\Delta S}{S} = \frac{1}{3} \times \frac{S^3}{R^2} \times \frac{1}{S} = \frac{1}{3}\left(\frac{S}{R}\right)^2$$

取不同的 $S$ 值代入公式中，可得到表 0.1-2 的结果。当两点相距 10km 时，用水平面代替水准面产生的距离误差为 0.82cm，相对误差为 $1:120\times10^4$，地球曲率的影响可忽略不计，所以在半径为 10km 的测区内，可以用水平面代替大地水准面。

表 0.1-2　用水平面代替水准面对水平距离的影响

| 距离 $S$/km | 距离误差 $\Delta S$/cm | 相对误差 $\Delta S/S$ |
| --- | --- | --- |
| 1 | 0.00 | 0 |
| 5 | 0.10 | $1:500\times10^4$ |
| 10 | 0.82 | $1:120\times10^4$ |
| 15 | 2.77 | $1:54\times10^4$ |
| 20 | 6.60 | $1:30\times10^4$ |
| 50 | 102.70 | $1:4.8\times10^4$ |
| 100 | 821.20 | $1:1.2\times10^4$ |

（2）对水平角度的影响

因地球曲率对角度有影响，所以球面三角形内角和比平面三角形内角和大 $\varepsilon$，表达式为

$$\varepsilon = \rho \frac{A}{R^2}$$

式中　$A$——地面三角形面积；

　　　$R$——地球半径，在此半径取值6371km；

　　　$\rho$——1rad转化成的秒数，即$\rho=206265''$。

将地面不同面积代入$\varepsilon$的表达式中，可得到表0.1-3的结果。当测区半径为10km，测区面积为100km$^2$时，用水平面代替水准面，对水平角度的影响仅为0.51″。在普通测量中，地球曲率的影响值可忽略不计。

表 0.1-3　用水平面代替水准面对水平角度的影响

| 地面面积 $A/\text{km}^2$ | 10 | 50 | 100 | 400 | 500 |
|---|---|---|---|---|---|
| $\varepsilon/('')$ | 0.05 | 0.25 | 0.51 | 2.03 | 2.54 |

（3）对高程的影响

如图0.1-11所示，地面上$B$点以球面为水准面和以水平面为水准面的高程差，即高差为$h$，在$\triangle OAB'$中，$(R+h)^2=R^2+D^2$，在10km范围内，$h=S^2/(2R)$，$S$可代替$D$，所以将半径$R$代入此公式，可得表0.1-4结果。半径距离为100m的测区范围内，水平面代替球面高程相差0.8mm，可作为水平面代替球面的距离限度，超过这个距离，需采取相应的技术措施，减弱或改正地球曲率对高程的影响。

表 0.1-4　用水平面代替水准面对高程的影响

| 距离 $S/\text{m}$ | 10 | 20 | 50 | 100 | 200 | 500 | 1000 |
|---|---|---|---|---|---|---|---|
| $h/\text{mm}$ | 0.01 | 0.03 | 0.2 | 0.8 | 3.1 | 19.6 | 78.5 |

## 0.1.7　课程学习要求

（1）培养课程兴趣

通过认识、学习先进的仪器设备及使用方法、各种测量技术，培养学生对园林工程测量的学习兴趣。

（2）增强团队意识和敬业精神

测量工作对团队协作的要求很高，通过实训项目，教师按组分配任务，学生需要组内合理分工，有效配合，快速、准确完成测量任务，外业测量内容较多，学生需要适应复杂天气情况。测量数据是评定和使用观测成果的重要依据，学生需客观、准确记录测量结果，不可修改原始数据，测算数据按照测量规范要求及时进行校正，发现错误及时补测或重测，提高工作效率。所以外业测量工作可培养学生爱护仪器设备的职业习惯和吃苦耐劳的精神；认真、细致进行数据采集和校核工作，培养学生实事求是的工匠精神。

（3）安全规范操作

在实践项目实施过程中，需要熟悉各测量仪器设备的各个部件的作用，严格按照操作规范和施测步骤进行，培养良好的操作仪器设备的行为习惯；必须注意人身安全，禁止课上打闹，玩耍标杆、测钎等仪器设备，禁止在无充分安全保护措施的道路等地点开展测量工作。

（4）明确学习目标

明确目的，为什么学；明确课上内容，学什么；明确方法，如何学。

## ◆ 知识拓展

（1）测量学在国家经济建设中的作用

① 有助于城乡规划和发展。测量学为城市规划提供必要的基础数据，如城市地形图和地下管线布局等。这些数据有助于城市规划者进行科学合理的城市设计和交通规划，优化城市空间布局，提升城市功能和品质。测量学成果是国民经济和社会发展不可缺少的重要基础性、战略性信息资源。无论是宏观调控、区域协调发展，还是环境保护、资源开发利用等重大战略的实施，都离不开测绘技术和成果的支持。

② 有助于资源勘察与开发。在地质勘察和矿产资源开发中，测量学提供了地形图、高程信息和地质结构等基础数据，有助于确定矿产资源和地下水资源的分布和储量。这些数据对于制订资源开发计划、优化开采方案、提高资源利用效率具有重要意义。

③ 有助于交通运输、水利建设。铁路公路的建设从选线、勘测设计到施工建设，都离不开测量。大、中水利工程也是先在地形图上选定河流渠道和水库的位置，划定流域面积，再测得更详细的地图（或平面图）作为河渠布设、水库及坝址选择、库容计算和工程设计的依据。如三峡工程从选址、移民到设计大坝等，测量工作都发挥了重要作用。

④ 有助于国土资源调查、土地利用和土壤改良。在环境保护和生态建设中，测量学有助于监测环境变化，如土地侵蚀、森林覆盖和污染分布等。通过精确的测量和数据分析，可以为环境保护提供科学依据，制定针对性的保护措施，促进生态环境的可持续发展。

⑤ 为基础设施建设提供基础数据。测量学在土木工程、建筑工程、市政工程等领域中发挥着关键作用。通过精确的测量，可以确定建筑物、桥梁、道路、隧道等工程结构的准确位置和尺寸，为施工放样、过程控制和竣工验收提供基础数据。这些数据是确保工程质量和安全的重要保障。

（2）测量学发展历史

测量学的发展历史可以追溯到人类文明的早期，其发展历程是人类长期与大自然斗争、解决实际生产需要的产物。以下是从古代到现代测量学发展的主要阶段和特点。

① 古代测量学的发展。

中国古代夏商周时期：约4千年前，夏禹治水时就已发明和使用了"准、绳、规、矩"四种测量仪器和方法，标志着中国古代测量技术的诞生。

春秋战国时期：利用磁石制成的最早的指南工具"司南"。

西汉时期：1973年从长沙马王堆出土的西汉初期的《地形图》及《驻军图》，为我国目前发现最早的地图。

魏晋时期：刘徽著有《海岛算经》，论述了有关测量和计算海岛距离及高度的方法。

西晋：裴秀提出了绘制地图的6条原则，即"制图六体"，是世界上最早的制图理论。

宋代：沈括绘制了《天下州县图》，并在《梦溪笔谈》中记述了有关磁偏角的现象，比哥伦布发现磁偏角早了约 400 年。

元代：拟定了测量全国纬度计划，并实测纬度 27 点。

清代：康熙亲自主持中国历史上一次规模最大的全国性地图测绘，即《皇舆全览图》的测制。

古埃及：尼罗河每年洪水泛滥后需要重新划界，从而促进了测量工作的发展。

古希腊：公元前 6 世纪，毕达哥拉斯最早提出地是球形的概念。亚里士多德进一步论证了地圆说。亚历山大的埃拉托斯特尼首次推算出地球子午圈的周长，以此证实了地圆说。

② 近代测量学的发展。

17 世纪，望远镜的发明和三角测量法的提出催生了经纬仪，为后续的测量工作提供了重要工具。

18 世纪，从大地天文学的系统研究开始，法国的勒让德和德国的高斯分别发表了最小二乘准则，为测量平差计算奠定了科学基础。

19 世纪，摄影测量方法开始发展，相继出现立体坐标量测仪、地面立体测图仪等。精确的测量计算成为研究的中心问题。

③ 现代测量学的发展。

20 世纪前半叶，电磁波测距仪和电子计算机的出现，推动了测量技术的电子化和自动化。测绘工作不仅限于地球，还扩展到月球和其他星球。

20 世纪中叶至今，随着航天技术的发展，1957 年第一颗人造地球卫星上天，卫星大地测量学应运而生，通过观测人造地球卫星来研究地球形状和重力场，并测定地面点的地心坐标。航天遥感技术、激光技术和电子计算机的应用，使得测绘工作更加快速、高精度。数字化测绘技术体系和信息化测绘技术体系的发展，改变了传统的地图测制手段。

21 世纪以来，激光扫描、无人机测绘等新技术成为测绘领域的亮点，推动了测量学的快速发展。

④ 测绘技术和仪器的发展。

测距技术发展：1947 年瑞典研制生产第一台光电测距仪，世界从此进入电子测量时代，随后相继出现了微波测距仪、激光测距仪、红外测距仪等新型测距技术，丰富了测距技术的手段和应用领域。

测角技术发展：游标经纬仪是早期的测角仪器，精度有限；1921 年瑞士诞生第一台光学经纬仪；1968 年出现电子经纬仪，实现了测量的读数、记录、计算、显示自动一体化，具有更高的精度。

全站仪的发展：20 世纪 70 年代产生第一台全站仪，逐渐演变为数字智能型全站仪，具有更高的自动化程度和测量精度。

水准仪的发展：从光学水准仪、自动安平水准仪，发展到电子水准仪（数字水准仪），实现了水准测量自动化。

测量方法的发展：从地面摄影测量、航空摄影测量、数字摄影测量、卫星遥感（RS）图像处理到三维激光扫描系统。

地图制图的发展：从野外白纸测图、计算机辅助制图、数字化自动成图到地理信息系统（GIS）成图；从全球卫星定位系统到"3S"集成技术，形成一个实时动态对地观测、分析和应用的运行系统。

⑤ 我国现代测量学发展重要事件和成就。

a. 国家大地基准建立和坐标系发展。我国不断完善大地基准、高程和重力基准，初步建成了动态、高精度、多功能的基准体系。建立了国家一等水准网、国家二等水准网、国家重力基本网等基础设施，为测绘工作提供了可靠的基准。

1954 年，我国建立了新中国第一个统一的国家大地坐标系——"1954 年北京坐标系"，为全面开展天文大地网布设工作和地形图测图工作提供了保障。

1966 年，中国基本完成全国大陆范围内的国家天文大地网、精密水准网、重力网布测。

1972~1982 年，建立了"中华人民共和国大地原点"和"1980 年西安坐标系"。

1988 年，中国大陆架 GPS 卫星定位网开始布设，填补了中国卫星大地测量定位的空白。

20 世纪 90 年代以来，建立了 2000 年国家 GPS 大地控制网，并于 2008 年正式启用了"2000 年中国大地坐标系"，标志着我国大地基准建设进入了一个新阶段。

b. 中国卫星导航定位系统建设。从 1994~2002 年，我国基本建成了中国卫星导航定位系统——北斗导航试验系统，并于 2003 年正式开通运行。北斗卫星导航系统的空间段由多颗静止轨道卫星和非静止轨道卫星组成，提供了高精度的导航定位服务。

c. 珠穆朗玛峰高程测定。1975 年，我国测绘工作者对珠穆朗玛峰（以下简称珠峰）进行了高程测量，测得海拔为 8848.13m 的数据得到全世界的认可。

2005 年，国家测绘部门再次对珠峰进行了高程复测，测得岩石面海拔高程为 8844.43m，测量精度为 $\pm 0.21$m。

2020 年 5 月 27 日，我国测绘工作者使用 GNSS 接收机通过北斗卫星进行高精度定位测量，使用雪深雷达探测仪探测了峰顶雪深，并使用重力仪首次进行了重力测量，测得珠峰最新海拔高程为 8848.86m。提高了珠峰高程精度，获取了宝贵的科学数据，有利于大地水准面优化和测绘科技的发展。从科学层面来说，精确测得珠峰高程是研究欧亚大陆与印度洋板块相互作用及珠峰地区生态环境变化的数据支持，为珠峰地区的生态环境保护、地质调查、地壳运动监测等提供了重要数据和技术支撑，对阐明全球构造运动、发展地球科学理论，都具有重要价值；从技术层面来说，精确测量珠峰高程也是一个国家测绘技术水平和能力的综合体现，彰显了我国综合实力与测绘技术的进步；从政治和外交层面来说，中国和尼泊尔两国共同宣布珠峰最新高程数据，对进一步促进中尼两国睦邻友好关系具有重要的纪念意义。

d. "奋斗者"号潜水器成功坐底马里亚纳海沟。2020 年 11 月 10 日，"奋斗者"号载人潜水器成功坐底马里亚纳海沟，坐底深度为 10909m，成为全球坐底最深的潜水器之一。这标志着我国在深海探测领域取得了重大突破，为深海科学研究提供了重要平台和手段，展示了我国在深海装备技术方面的自主创新能力。

e. 数字化测绘技术体系的建立。20 世纪 80 年代开始，我国逐步实现了从模拟测绘技术体系向数字化测绘技术体系的转变。

从90年代后期到21世纪初，实施了国家基础测绘设施项目建设，建成了由航空航天遥感数据处理系统、基础地理信息管理服务技术体系等组成的现代化基础测绘设施。

2006~2010年，我国采用现代高新测绘技术手段完成了西部1：50000比例尺空白区地形图测图及数据建库任务。

这些技术的应用，为我国测绘工作提供了高精度、高效率的定位手段。随着现代技术的发展，测绘技术将与人工智能、计算机视觉、计算机图形学不断融合，在智慧城市以及虚拟现实等方面发挥重要作用。

(3) 建设北斗导航系统，守护大国安全

北斗卫星导航系统 [BeiDou (COMPASS) Navigation Satellite System] 是中国自主研发、独立运行的全球卫星导航系统，缩写为BDS，是与美国的GPS、俄罗斯的格洛纳斯、欧盟的伽利略系统兼容共用的全球卫星导航系统，并称全球四大卫星导航系统。北斗卫星导航系统自2012年12月27日起提供连续导航定位与授时服务。空间段由5颗地球同步轨道（GEO）卫星和30颗Non-GEO卫星组成，地面段由主控站、上行注入站和监测站组成。用户段由北斗用户终端以及与其他GNSS兼容的终端组成。北斗导航系统是主动式双向测距二维导航，地面中心控制系统解算，给用户提供三维定位数据。GPS是被动式伪码单向测距三维导航系统，由用户设备独立解算自己的三维定位数据。北斗系统采用中国2000年大地坐标系统（CGS2000），提供两种全球服务，包括开放服务，免费开放，定位精度为10m，授时精度为0ns，测速精度为0.2m/s；授权服务确保可靠应用（甚至是在复杂条件下）。两种区域服务包括广域差分服务（定位精度为1m）以及短报文通信服务。

系统部署包括北斗一号、北斗二号和北斗三号。北斗一号系统相对于GPS，在用户数量上是远远不及的。但北斗一号解决了我国卫星导航系统的有无，使我国成为世界上第三个拥有独立卫星导航系统的国家，同时也发展了自己的特色：短报文及位置报告，该项特色在之后的北斗卫星导航系统发展过程中一直得到了延续。

2007年4月14日，我国发射了第一颗北斗二号卫星，这颗卫星采用与GPS相似的体制，即"无源定位"服务，也叫RNSS（Radio Navigation Satellite Service），即卫星无线电导航服务。理论上，采用该种体制卫星导航系统的用户数量是无限制的。

至2012年年底北斗亚太区域导航正式开通时，已发射了16颗卫星，其中14颗组网并提供服务，分别为5颗静止轨道卫星、5颗倾斜地球同步轨道卫星、4颗中地球轨道卫星。2017年11月5日，北斗三号第一、二颗组网卫星发射成功，开启了北斗卫星导航系统全球组网的新时代。相比北斗二号系统，北斗三号系统技术更先进、建设规模更大、系统性更强。

北斗三代使用了抗干扰技术，保护信号不被敌方干扰，已是世界领先水平。北斗卫星导航系统已在多个领域发挥了非常重要的作用，包括测绘、通信、水利、减灾、海事、交通、勘探、森林防火等。

民用功能：个人位置服务，可使用装有北斗卫星导航接收芯片的手机或车载卫星导航装置找到路线。气象应用：可以促进我国天气分析和数值天气预报、气候变化监测和预测，也可提高空间天气预警业务水平，提升我国气象防灾减灾的能力。道路交通管理：卫星导航将有利于减缓交通阻塞，提升道路交通管理水平。通过在车辆上安装卫星导航接收机和数据发射机,车辆的位置信息就能在几秒内自动转发到中心站,这些位置信息可用于道路交通管理。铁路智能交通:卫星导航将促进传统运输方式实现升级与转型。例如,在铁路运输领域,通过安装卫星导航终端设备,可极大缩短列车行驶间隔时间,降低运输成本,有效提高运输效率。海运和水运:海运和水运是全世界最广泛的运输方式之一,也是卫星导航最早应用的领域之一。北斗卫星导航系统将在任何天气条件下,为水上航行船舶提供导航定位和安全保障。航空运输:当飞机在机场跑道着陆时,最基本的要求是确保飞机相互间的安全距离。利用卫星导航精确定位与测速的优势,有效减小飞机之间的安全距离,甚至在大雾天气情况下,可以实现自动盲降,极大提高飞行安全和机场运营效率。应急救援:在2008年北京奥运会、汶川抗震救灾中发挥了重要作用。作为全球系统,北斗卫星导航系统首先在2012年左右覆盖亚太地区,并已在2020年前覆盖全球。

### 思考练习

① 名词解释:测量学、工程测量学、测绘、测设、大地水面、水准面、高程、绝对高程、相对高程、高差。
② 园林工程测量学的任务是什么?
③ 测量工作的原则和基本工作内容是什么?
④ 地面点位的确定方法有哪些?
⑤ 笛卡尔的数学坐标和测量平面坐标的异同点是什么?

## 任务0.2 测量误差及安全作业要求

### ◆ 任务目标

能分析园林工程测量工作误差的来源。

### ◆ 教学资源

① 参考资料:多媒体课件、教学参考书等。
② 教学场所:多媒体教室、园林工程测量实训室和校内实训基地。

### ◆ 相关知识

#### 0.2.1 测量误差及其分类

在测距、测角、测高差等实际测量工作中,如对某个观测值进行多次重复观测,即使仔细的测量人员采用精密的测量方法和先进的测绘仪器，每次的测量结果可能都会存在差异。如根据几何原理，平面四边形内角和理论值为360°，但用测角仪器，分别对平面四边形内角进行多次观测，测量结果和理论值360°存在一定差异，这种情况称为误差。

测量误差是指多次测量结果的观测值与真实值之间的差异。真实值，也称为真值、理论值，是在一定时间及空间条件下体现事物的真实数值，数学表达式为 $\Delta = L - X$，式中，$\Delta$ 为误差；$X$ 为真实值；$L$ 为观测值。在测量工作中，测量误差总是存在的，无法完全避免，只有清楚误差产生的原因及特性，才能更好地控制和减少误差，评判测量的精度和可靠性。因此，在测量工作中，对误差的分析和控制是必要的。

#### 0.2.1.1 测量误差产生的原因

测量误差产生的原因主要有测量仪器误差、观测者人为误差和外界环境条件误差。例如，仪器本身的精度及测量状态、观测人员的测量经验和熟练程度、测量作业环境以及不同的施测方法等，都可能对测量结果产生影响，导致误差的产生。

（1）测量仪器误差

测量工作是通过测量仪器进行的，每一种仪器都有一定限度的精密度，限制和影响观测结果，尽管仪器使用前需通过检验和校正，但仍会有一些剩余误差（仪器出厂时自身误差限制在一定范围内）。例如，经纬仪水平度盘的分划刻度不均匀，使测角产生误差。

（2）观测者人为误差

这是指观测者完全按照测量规范正确操作测量仪器进行测量工作而产生的误差。观测者是通过自身的感觉器官来进行测量工作的，由于人的感觉器官鉴别能力有一定的局限性，因此安置仪器、瞄准、读数等方面会产生误差。此外，观测者的技术熟练程度、工作经验和态度也会直接影响观测结果，如经纬仪对中误差和瞄准误差都属于人为观测误差。

（3）外界环境条件误差

是指由于观测时所处的外界自然环境与仪器所要求的标准状态不一致而产生的误差。这些环境因素与温度、湿度、风力、日照、气压、振动、电磁场、空气的透明度、空气的含尘量、大气折射等有关，如水准测量中，大气折射差会使水准尺读数产生误差。

通常把以上三个条件统称为观测条件。观测条件相同的各次观测值称为同精度观测值，即同一精度的仪器设备，采用同样的观测方法，在相同的外界环境条件下，同等技术的观测人员进行观测的测量值，这是园林工程测量的主要误差观测值。在测量工作中，操作时选择良好的观测条件、适合的观测方法，严格按照测量规范的要求进行作业，可提高测量结果的精度，减小误差。可采用直接观测和间接观测方法（一般测量某一项工作，以直接测得的数据为观测结果即为直接观测，通过建立数学或函数关系计算观测结果，就是间接观测）；也可采用独立观测和非独立观测方法（独立观测是指对某一项待测量进行重复观测，各个观测结果无任何关系；非独立观测结果存在数学或因果关系）。

### 0.2.1.2 测量误差的分类

（1）粗差

一种超限的大量级的观测误差，是指比在正常观测条件下可能出现的最大误差还要大的误差，也称为错误。这是由于观测者的粗心、不正确操作仪器或各种干扰因素造成的错误测量结果，显著偏离真值，需剔除该次测量结果，重新观测。如发生读错、听错、记错等。只要测量工作者具有仔细和认真负责的工作态度，遵守测量规范，正确使用测量仪器设备，按照正确的测量方法施测，并对观测结果进行及时检验，这样的错误是可以避免和及时发现的。

（2）系统误差

在相同观测条件下，对某量进行一系列的观测，如果观测误差的大小和符号表现出一致性倾向，即按一定的规律变化或保持为特定的常数，这种误差就称为系统误差。例如，用一副名义长度为 50m，而实际长度为 50.005m 的钢尺进行量距时，每丈量一尺段就会产生 0.005m 的误差，由于尺长误差是一个定值，由此引起的距离误差会随着所测距离的长度呈正比例增加，随着尺段数的增加而累积，且符号始终一致。系统误差具有累积性，对测量成果影响较大，但系统误差在符号、大小方面具有一定的规律性，应设法将其消除或减弱，达到实际上可以忽略不计的程度。

常用的方法有：改正观测结果、仪器检验与校正、采用适当的观测方法等。例如，在钢尺量距前，对钢尺进行检定，求出尺长误差的大小，再对丈量的距离进行尺长改正，可以消除由于尺长误差引起的距离误差。在水平角测量时，采用盘左、盘右观测，可以消除视准轴误差等系统误差的影响。在进行水准测量时，保持前后视距相等，可以消除由于视准轴与水准管轴不平行而产生的系统误差。

（3）偶然误差

在相同观测条件下，对某量进行一系列的观测，如果误差的大小及符号都没有表现出一致性的倾向，表面上看没有任何规律，这种误差称为偶然误差。例如，在角度测量中，测角误差是由照准误差、读数误差、外界环境的变化所引起的误差和仪器自身不完善所引起的误差等综合影响的结果。其中的每一项误差都是由许多偶然因素所引起的，无法预知其大小或符号，因此，由它们综合影响产生的测角误差也必然呈现出偶然性。在观测过程中，系统误差和偶然误差往往同时出现，应判断何种误差占主要地位，控制系统误差至可忽略不计的程度，再根据偶然误差的特性，处理观测值，评判观测结果是否符合规范要求。

通过对大量观测数据的误差分析，总结出偶然误差具有以下 4 个特性。

① 有限性。在一定的观测条件下，偶然误差的绝对值不会超过一定的限值。
② 聚中性。重复观测的结果中，绝对值小的误差比绝对值较大的误差出现的机会多。
③ 对称性。绝对值相等的正、负误差出现的可能性相等。
④ 抵偿性。随着观测次数的无限增加，偶然误差的算术平均值趋近于零。

## 0.2.2 衡量观测值精度的标准

在相同观测条件下,对同一量进行多次观测,获得观测结果的同时,还应对测量结果误差分布的密集和离散程度进行评价,即测量精度的评价。如果误差在零附近分布较为密集,则表示该组观测质量较好,观测精度较高;反之,误差分布较为离散,该组观测质量较差,观测精度较低。在实际工作中,通常采用中误差、相对误差和容许误差作为评定观测值精度的标准。

(1) 中误差

中误差不等于真误差,它仅是一组真误差的代表值,中误差的大小反映了该组观测值精度的高低,通常称中误差为观测值的中误差。用中误差评定精度能灵活地反映较大误差的影响,且比较稳定,通常不需要太多的观测次数就能得到比较可靠的数据来评定观测值的精度。

(2) 相对误差

真误差和中误差都是绝对误差,在测量工作中,对于某些观测成果,有时只用绝对误差很难判断出观测值精度的高低。相对误差是观测值中误差的绝对值与观测值之比,通常用 $K$ 来表示,即 $K=|m|/L$。$K$ 值越小,相对误差越小,式中,$L$ 为观测值;$m$ 为观测值的中误差。

(3) 容许误差

在一定观测条件下,由于偶然误差的绝对值不会超过一定的限度,因此,可以用这一限值来衡量观测值是否达到了精度标准。大量的数理统计实践证明:在一组大量的同精度观测的误差中,绝对值大于 1 倍中误差的偶然误差出现的概率约为 30%;大于 2 倍中误差的偶然误差出现的概率约为 5%;大于 3 倍中误差的偶然误差出现的概率仅约为 0.3%。在实际工作中,观测次数不会太多,因此,可认为绝对值大于 3 倍中误差的偶然误差是不太可能出现的,通常采用 2 倍中误差作为偶然误差的极限值,称为容许误差(也称极限误差),用 $\Delta$ 表示,即 $\Delta_w = 2m$,式中,$m$ 为观测值的中误差。

有的测量工作也采用 3 倍中误差作为偶然误差的容许误差,即 $\Delta_g = 3m$。容许误差是检验观测值中粗差的标准,在一列同精度观测值中,若发现该列中某个误差超过 3 倍中误差,可认为该误差属于粗差,应将其舍去。

## 0.2.3 测量安全工作要求

园林工程测量是一门理论与实践相结合的课程,动手操作时间占比较多,学习中需要使用工程测量实训室和测绘仪器设备,应遵守工程测量实训室管理条例和仪器设备的安全使用规则,避免人员受到伤害,丢失、损坏仪器设备。测量仪器设备使用规则和安全操作要求,可确保测量工作的安全、高效和准确进行,有助于提高学生的安全意识和操作技能。

## 0.2.3.1 测量仪器设备的使用规则

（1）进行测量工作前

在进行任何测量工作前，都要以小组为单位，领取测量仪器设备，并当场对其进行全面的检查，确保仪器设备各部件处于良好的工作状态，无损坏或故障，如有缺损，应及时补领或更换；对现场环境进行详细了解，识别潜在的安全风险，并采取相应的预防措施。

（2）搬运仪器设备时

搬运仪器设备时，应预先检查仪器箱盖是否关紧锁好，拉手、背带是否牢固，轻取轻放，避免剧烈震动，各小组之间不得擅自调换，仪器保管落实到个人。

（3）打开仪器箱后

打开仪器箱后，要牢记仪器在箱中的安放位置，以便用后按原样放回。

（4）架设三脚架

架设三脚架于空旷区域，检查三脚架螺旋是否牢固，连接仪器，旋紧连接螺旋，及时关闭仪器箱盖，以免落入灰尘或雨水，若发现设备存在问题或故障，应立即停止使用，及时报告给相关人员进行维修。

（5）测量工作进行中

① 保持工作区域的整洁和有序，避免杂物、障碍物等可能对测量工作造成干扰或存在安全隐患的因素，注意与其他作业人员的沟通与协调，避免相互之间的干扰或冲突。在进行测量时，严格按照测量规范和操作流程进行测量工作，应保持稳定和专注，避免分心或疏忽导致的安全事故，确保测量结果的准确性和可靠性。

② 仪器设备需要时刻有人看守，应采取相应措施，防止仪器设备日晒雨淋。

③ 应用专业擦拭镜头工具清理望远镜镜头，及时擦拭雨水和灰尘，收纳时盖好物镜盖。

④ 旋紧各个螺旋，且不可用力过猛，转动仪器或望远镜时，应先松开制动螺旋，再轻轻转动；使用微动螺旋时，应先旋紧制动螺旋，轻轻转动微动螺旋。

⑤ 对于不熟悉的部件，一定在教师的指导下进行操作，以免损坏仪器，若遇到复杂或不确定的测量情况，应及时与相关人员沟通，寻求解决方案。

⑥ 短距离迁站时，可旋紧制动螺旋，将仪器设备竖直紧靠身体，手握支架或基座，保持相对稳定，长距离迁站或路况不好时，仪器装箱携带。

⑦ 工作完成后，电子设备需关闭电源，松开制动螺旋，一手握住仪器，另一手拧连接螺旋，将仪器从脚架上取下，握紧支架或基座，轻放于仪器箱中，再拧紧制动螺旋，关箱上锁，及时归还实训室。当面检查、验收、登记并签字，如有丢失或损坏，应如实登记，写出书面报告说明情况，并按实训室管理规定赔偿。

（6）其他设备使用注意事项

① 使用钢卷尺、皮卷尺时，不应满量程使用，如30m量程的卷尺，一般使用25～27m，以免损坏卷尺，如遇雨水，擦干后卷入盒中，避免卷尺打结以及被碾压和踩踏。

② 使用水准尺、花杆时应扶直，携带时，禁止拖行、放置重物，以免磨损分划刻度和漆面。

③ 对于棱镜和带有圆水准器的棱镜杆和支架，应轻拿轻放，以免破损。棱镜脏污时，应用专业的擦拭工具擦拭，避免划伤镜头；使用完毕，盖上镜头保护盖，装袋保存。

④ 小件工具如垂球、测钎、尺垫等，应指定专人负责保管，用完即收，防止遗失。

#### 0.2.3.2 测量记录与计算规则

（1）确保数据的真实性和可追溯性

对测量数据进行准确、完整、规范的记录和处理，确保数据的真实性和可追溯性。

① 进行外业测量工作时，测量人员应熟悉手簿记录、计算等内容，要及时、如实、准确、清楚地填写观测手簿。

② 记录观测仪器型号、日期、天气、测站、观测者及记录者姓名，填写齐全。

③ 原始数据不得涂改，如有错误，应用横线将错误数字划去，在原始数据上方填写新测数据，并在备注栏内注明原因。

④ 观测员读出数据后，记录员应重复，数据无误，方可记录。记录数位对齐，位数满足要求（如水准尺读数为 1.400m，度盘读数 0°06′00″中的 "0" 均应填写，分、秒要按两位数记录）。字体大小占格高的 1/2，工整，标准书写阿拉伯数字（"1" 起笔带钩，使之不易改成 "4" "7" "9" 等；钩不易太长，以防误认为 "7"；"7" 的拐角应带棱，一笔到底，竖笔应有一定的弧度；"8" 应一笔写成，起笔、停笔在右上角并留有缺口，可防止由 "3" 改 "8"；"9" 的缺口也留在右上角，可防止由 "0" 改 "9"）。应带上 "＋" 号或 "－" 号，特别注意 "＋" 号不能省略。

⑤ 水平角观测中，若秒值读记错误应重新观测，度、分读记错误可在现场更正，在各测回中不得连环更改；在同一观测站内，不得有两个相关数据"连环涂改"，如数据记错，应重新观测。

⑥ 在距离测量和水准测量中，厘米及以下数值不得更改；米和分米的读记错误，在同一距离、同一高差的往返测或两次测量的相关数字不得连环更改。

（2）对数据进行合理的分析和评估

及时发现和纠正可能存在的误差或问题。数据运算应根据所取位数，按 "4 舍 6 入，5 前奇进偶舍" 的取数规则凑整，如数据 1.2435 和 1.2445，在保留三位小数时均进位为 1.244；内业用表格进行平差计算时，已知数据用钢笔填写，计算过程用铅笔，最后结果用钢笔。如填写和计算有错误之处，不允许将整个计算重新抄一遍，以免抄错数字。

（3）严格遵守数据保密规定，防止数据泄露或滥用

① 测量外业中所有观测记录、计算成果均属保密资料，任何单位和个人都应妥善保管，不得丢弃，所有报废的资料需经有关保密机构同意和在监督下统一销毁。

② 测绘内业或科研中所用未公开的测绘数据、资料都属于国家机密，要按有关规定进行存放、使用，并按有关密级要求进行保密。接触秘密资料的人员，应按规定领、借资料和成果，并按规定上交，任何单位和个人不得私自复制、拷贝有关测绘资料。

③ 加强传统的纸质图纸、数据资料、数字化资料的保管和保密，生产作业或科研所用的含涉密资料的计算机一般不要"联网"，必须接入互联网的要进行加密处理。

④ 使用计算机进行内业作业时，作业前应备份，作业中随时存盘，作业结束后要及时备份和上交资料，任务完成通过验收后，及时清理陈旧备份，以免误用陈旧数据和无关人员接触数据。

## 思考练习

分析测量工作过程中可能产生误差的原因。

# 项目 1
# 园林施工场地高程测量

某教学基地的广场及周边地物进行升级改造建设，确定广场及周边地物的高程是建造施工的必要工作之一。为了便于教学基地建设设计，绘制测区地貌，施工建设中场地平整，工程放样工作顺利进行，需对广场及周边景物的一些点位高程进行测量，这项工作称为高程测量。高程测量的任务是测量地面点的高程，即求出该点到某一基准面的垂直距离。高程测量的常用方法有水准高程测量、三角高程测量、全球定位系统高程测量、气压高程测量等。在园林工程施工建设中，高程控制测量主要采用等外水准测量（普通水准测量）方法施测。它是地形测量、断面测量及航测外业获得图根高程点的方法，有操作简单、工作速度快等优点。

## 知识目标

① 熟悉水准仪的构造和使用方法。
② 理解水准测量的原理和方法。
③ 掌握水准测量中高程和高差的计算方法。
④ 掌握水准路线布设和内业计算方法。
⑤ 掌握水准测量中的误差来源和注意事项。

## 能力目标

① 能熟练使用水准仪。
② 能布设水准路线，进行园林场地等外水准测量。
③ 能对园林施工场地等外水准测量结果进行内业计算。

## 素质目标

① 接受任务后，能厘清任务思路，快速进入工作状态。
② 培养吃苦耐劳和团队合作的精神。
③ 培养爱护仪器设备和安全生产的意识。

## 任务 1.1
# 地面两点间高差测量

### ◆ 任务目标

会熟练使用光学水准仪测量地面两点间高差。

### ◆ 教学资源

① 材料用具：按照实训小组分配仪器和设备，每个小组备有一台 $DS_3$ 水准仪（含三脚架）、一对水准尺、一份记录手簿，自备铅笔、计算器。
② 参考资料：多媒体课件、教学参考书等。
③ 教学场所：多媒体教室、园林工程测量实训室和校内实训基地。

### ◆ 相关知识

#### 1.1.1 水准仪及水准测量工具的认识和使用

水准仪是进行水准测量的主要仪器，它可以提供水准测量所必需的水平视线。目前通用的水准仪从构造上可分为两大类：一类是利用水准管来获得水平视线的水准管水准仪，其主要形式为"微倾式水准仪"；另一类是利用补偿器来获得水平视线的"自动安平水准仪"。此外，还有一种新型水准仪——电子水准仪，它配合条纹编码尺，利用数字化图像处理的方法，可自动显示高程和距离，使水准测量实现了自动化。

我国的水准仪系列标准分为 $DS_{05}$、$DS_1$、$DS_3$ 和 $DS_{10}$ 四个等级。D 是大地测量仪器的代号，S 是水准仪的代号，均取"大"和"水"两个字汉语拼音的首字母。数字代表仪器的精度，表示每千米往返测高差中数的中误差，以毫米（mm）计。其中 $DS_{05}$ 和 $DS_1$ 型号的水准仪用于国家一、二等水准测量及其他精密水准测量，$DS_3$ 和 $DS_{10}$ 型号的水准仪用于国家三、四等水准测量和一般工程水准测量。自动安平水准仪自问世以来发展很快，现在各国生产的各种不同构造、不同型号的自动安平水准仪有几十种之多，基本操作大多相同，本任务以北京博飞 $DZS_3$ 自动安平水准仪为例进行介绍。

##### 1.1.1.1 自动安平水准仪的构造

自动安平水准仪是一种不用水准管而能自动获得水平视线的水准仪（图 1.1-1）。自动安平水准仪在用圆水准器使仪器粗略整平后，经过 1～2s 即可直接读取水平视线读数。当仪器有微小的倾斜变化时，补偿器能随时调整，给出正确的水平视线。因此它具有观测速度快、精度高、易掌握的优点，被广泛地应用在各种工程项目的水准测量中。它主要由望远镜、水准器、基座等部件构成。

（1）望远镜

望远镜是用于瞄准远处的水准尺，在水准尺上读数的装置，最简单的望远镜由物镜、目镜、十字丝分划板、物镜调焦螺旋、目镜调焦螺旋等部件组成（图1.1-2）。物镜和目镜都用两种不同材料的透镜组合而成。物镜光心和十字丝交点的连线，称为望远镜的视准轴，也就是视线，是瞄准目标和读数的依据，十字丝分划板用于辅助观测人员瞄准目标（图1.1-3）。为了准确地照准目标或读数，望远镜内必须同时能看到清晰的物像和十字丝，调节物镜调焦螺旋可以使物像清晰，调节目镜调焦螺旋可以使十字丝成像清晰。

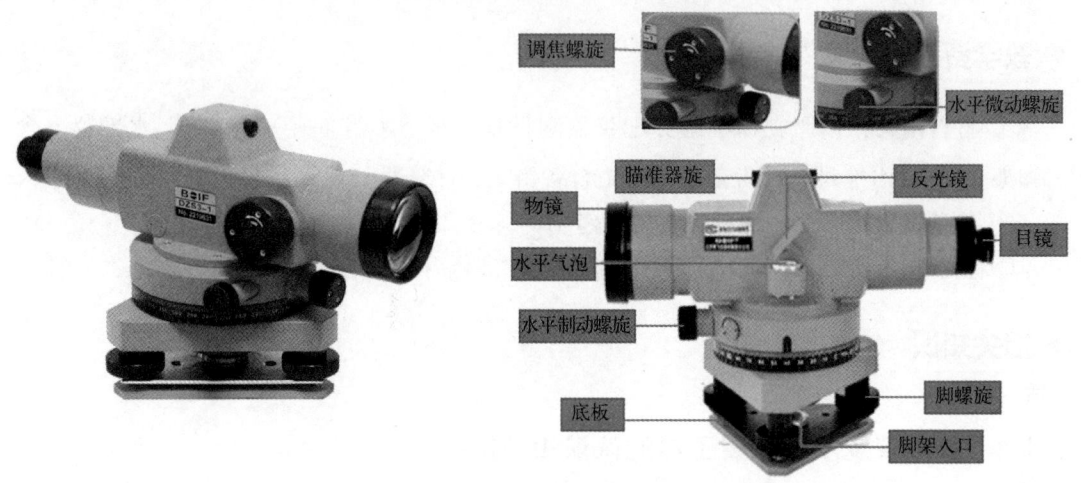

图1.1-1　$DZS_3$自动安平水准仪（北京博飞）

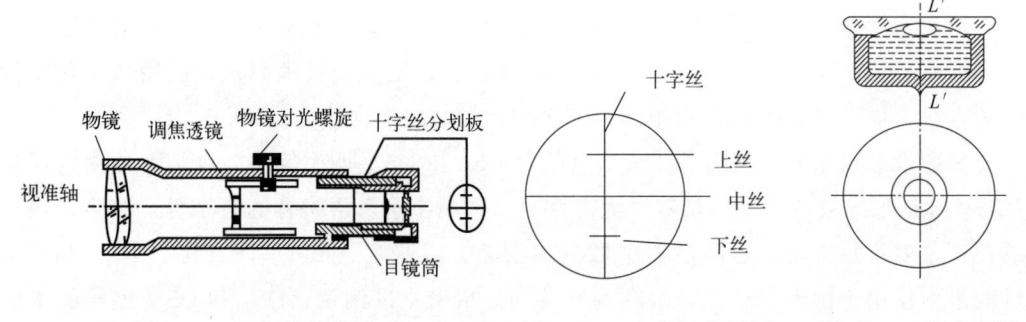

图1.1-2　望远镜的构造　　图1.1-3　十字丝分划板　　图1.1-4　圆水准器

（2）水准器

水准器是测量仪器上的重要部件，它是利用封闭容器中内置液体受重力作用后使气泡居于最高处的特点，判别仪器的竖轴是否竖直和视准轴是否水平的一种装置，能使水准仪获得一条水平视线。水准器分为管水准器和圆水准器两种，而自动安平水准仪有自动补偿器，没有管水准器，在圆水准器气泡居中的条件下，利用仪器内部的自动安平补偿器，就能获得视线水平的正确读数，提高了观测速度和整平精度。因此这里只介绍圆水准器。

圆水准器是一个封闭的圆形玻璃容器，顶盖的内表面为一个球面，半径可为0.12～

0.86m，容器内盛乙醚类液体，留有一个小圆气泡（图1.1-4）。容器顶盖中央刻有一个小圈，小圈的中心是圆水准器的零点。通过零点的球面法线是圆水准器的轴，当圆水准器的气泡居中时，圆水准器的轴位于铅垂位置。圆水准器的分划值，是顶盖球面上2mm弧长所对应的圆心角值，水准仪上圆水准器的角值为$8'\sim15'$。

(3) 基座

基座起着支撑仪器上部和连接脚架的作用，由轴座、脚螺旋、三角压板和底板组成。用于支撑仪器的上部，使其在水平方向上转动，并通过螺旋与三脚架连接。调节三个脚螺旋可使圆水准器的气泡居中（使仪器粗略整平）。

### 1.1.1.2 水准测量其他辅助工具

(1) 水准尺

水准尺，也被称为水准尺杆，是水准测量中用于标定水准点高程的标尺。水准尺的种类繁多，每种水准尺都有其独特的特点和适用场景。选择和使用水准尺主要基于其强度、耐用性和轻便性，根据具体的测量需求和环境条件来决定。根据用途和设计，水准尺可以分为以下几种类型。

① 塔尺。塔尺也被称为塔式水准尺，是一种高度可调的水准尺。它由多节尺身套接而成，可以根据需要调整高度。塔尺的优点在于其灵活性和高度的可调性，方便携带，非常适合在各种地形和环境下进行水准测量。尺的长度一般为3m、5m、7m，尺的底部为零点，尺面绘有1cm或5mm黑白相间的分格，米和分米处注有数字，多用于等外水准测量[图1.1-5(a)]。

② 双面直尺。双面直尺两面都有刻度，一面为黑色，另一面为红色，由干燥优质木材或合金制成。通常用于需要精确测量的场合，三、四等及以下精度的水准测量（红面尺底零点差为4687mm或4787mm，一般用于测站检核），如建筑工程和土地测量[图1.1-5(a)]。

③ 铟钢水准尺。铟钢水准尺由铁镍合金、玻璃钢制成，也称铟瓦尺，是一种在尺身上印有条码的精密水准尺[图1.1-5(a)]。尺长度一般为1m、2m、3m，这种条码可以被专业的条码读取器识别，从而快速、准确地获取水准尺的刻度值。通常用于精密水准测量和自动化测量系统，如无人机和水准测量机器人。

④ 自动安平水准尺。自动安平水准尺是一种内置自动安平装置的水准尺。这种水准尺在测量时，可以自动调整其水平位置，以减小由于地面不平坦造成的误差。自动安平水准尺通常用于要求高精度测量的领域，如道路和桥梁建设。

(2) 尺垫

尺垫用于在转点上放置水准尺，尺垫可使转点稳固，防止下沉。用钢板或铸铁制成，一般为三角形，中央有一个凸出的半球体，下方有三个尖脚。使用时把三个尖脚用力踩入土中，把水准尺立在凸出的圆顶上[图1.1-5(b)]。

(3) 三脚架

三脚架是水准仪的附件，由木材或金属制成，起到连接、支撑、固定水准仪的作用

[图 1.1-5(c)]。

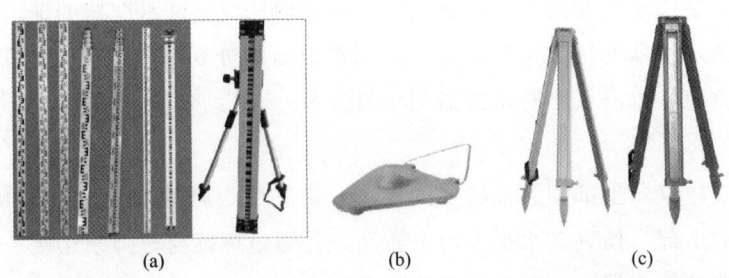

图 1.1-5 水准尺（双面直尺、塔尺和铟钢水准尺）(a)、尺垫 (b) 和三脚架（合金和木质）(c)

### 1.1.1.3 自动安平水准仪的使用

（1）安置仪器

在实训场地任选待测点 $A$、$B$，并在两点上各竖立一根水准尺，沿着测量前进的方向，尽可能在前后视距相等处设置测站（仪器和前面水准尺的距离称为前视距，仪器和后面水准尺的距离称为后视距，放置仪器的点称为测站）。张开三脚架，使其高度适当，架头大致水平，并牢固地架设在地面上，从箱中取出仪器牢固地连接在三脚架上。

（2）粗略整平

粗略整平简称粗平，粗平的工作是通过旋转脚螺旋使圆水准器的气泡居中。操作方法如图 1.1-6 所示，气泡偏离在 a 位置，先用双手按箭头所指方向相对地转动脚螺旋 1 和 2，使气泡移到图 1.1-6 中 b 所示位置，然后单独转动脚螺旋 3，使气泡居中。在粗平过程中，气泡移动的方向与左手拇指转动脚螺旋的方向一致。在熟练操作后，也可直接转动两个脚螺旋，以相同方向、同样速度转动原来的两个脚螺旋 1、2 使气泡居中。

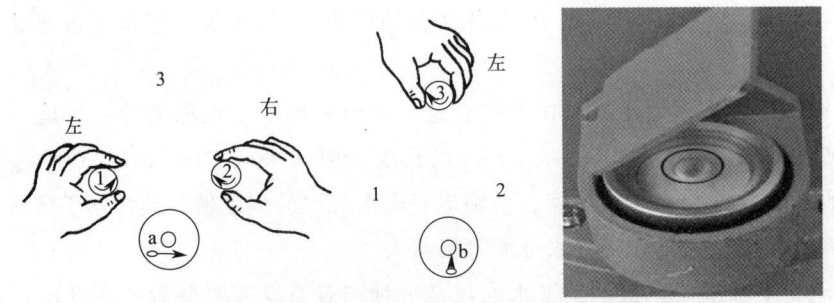

图 1.1-6 圆水准器调平方法

（3）瞄准水准尺

① 调节目镜：根据观测者的视力，转动目镜调节螺旋，使十字丝看得十分清晰。

② 初步瞄准：转动望远镜，利用望远镜上的缺口或准星，瞄准水准尺，瞄准后拧紧制动螺旋（某些型号的自动安平水准仪自带阻尼系统，无水平制动螺旋）。

③ 对光和瞄准：转动物镜对光螺旋，使尺面的像看得十分清楚。转动望远镜微动螺旋，使十字丝对准尺面中央。

④ 消除视差：瞄准目标时，应使尺子的像落在十字丝平面上，否则当眼睛靠近目镜

上下微微晃动时，可发现十字丝和影像不重合，十字丝横丝在水准尺上的读数也随之变动，这种现象称为十字丝视差，如图 1.1-7 所示。由于视差影响着读数的正确性，因此必须消除。消除的方法是反复交替调节目镜和物镜对光螺旋，眼睛处于松弛状态下，直至上下晃动眼睛时十字丝与目标影像不发生相对移动，像面与十字丝面重合，使读数不变为止。

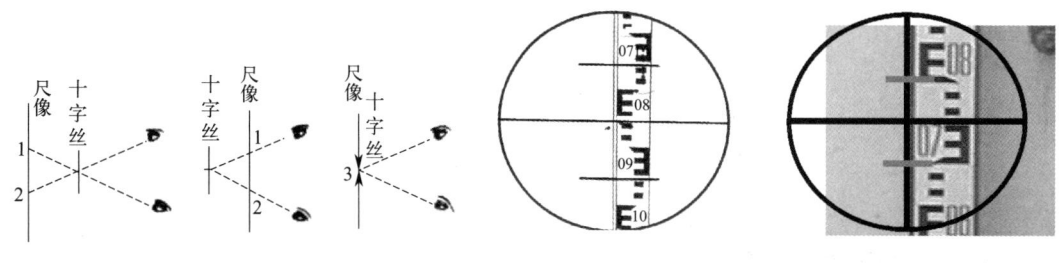

图 1.1-7　十字丝视差　　　　　　　图 1.1-8　读数目镜窗口

（4）读数

读数前再检查气泡是否居中，否则应重新调整，再次读数。用十字丝的横丝照准水准尺，在水准尺上按从小到大的方向读数，读取米、分米、厘米、毫米（估读数）四位数字。如图 1.1-8 所示的读数为 0.860m（倒尺，接地面点为尺子最大量程读数）和 0.752m（正尺，接地面点为尺子最小读数 0.000m）。

## 1.1.2　水准测量原理

水准测量是测量地面点高程的一种常用方法，两点间的高差是确定地面点高程的主要途径。水准测量是指利用水准仪提供一条水平视线，配合水准尺，测得两点间高差，根据已知点高程，计算待定点高程的方法。待测点高程的计算有两种方法，分别是高差法和视线高法。

如图 1.1-9 所示，已知 $A$ 点高程 $H_A$，欲求 $B$ 点高程 $H_B$，确定观测路线方向由 $A$ 向 $B$，沿着前进的方向，已知点 $A$ 称为后视点，待定点 $B$ 称为前视点。

距 $A$、$B$ 等距离处安置水准仪，在 $A$、$B$ 上竖立水准尺，因水准仪指示一条水平视线，该视线在两尺上的读数记作后视读数 $a$ 和前视读数 $b$。

（1）高差法

$A$、$B$ 两点间的高差为后视读数减前视读数，即 $A$、$B$ 两点间的高差为 $h_{AB}=a-b$，则 $B$ 点的高程 $H_B=H_A+h_{AB}$。因高差 $h_{AB}$ 有正负，当高差 $h_{AB}$ 为正值时，$B$ 点高于 $A$ 点；当 $h_{AB}$ 为负值时，$B$ 点低于 $A$ 点，高差为零时，$A$、$B$ 两点等高。

（2）视线高法

水准仪提供一条和大地水准面相平行的水平视线，水平视线高度记做 $H_i$，由图 1.1-9 可知，$H_i=H_A+a=H_B+b$。其中，$A$ 点高程已知，后视读数 $a$ 和前视读数 $b$ 通过测量获得，所以 $H_B=H_{A+(a-b)}$，此方法安置一次仪器可测量多个待测点高程。

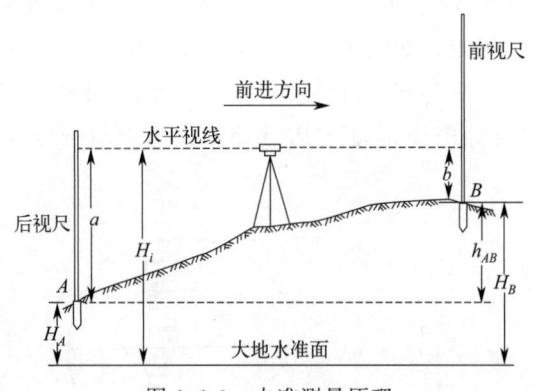

图 1.1-9 水准测量原理

### 1.1.3 每个测站水准测量检验

对每个测站的高差进行校核，称为测站校核。在水准测量中，观测、记录和计算易发生人为误差，为保证测量成果达到一定精度要求，常采用改变仪器高法和双面尺法，一个测站重复测量两次，比较测量结果，以判断测量精度。

（1）改变仪器高法

在每个测站上测出高差后，在原地改变仪器的高度，重新安置仪器，再测一次高差。如果两次测得的高差之差在限差之内，则取其平均数作为这个测站的高差结果，否则需要重测。在普通水准测量中，视距差＜5m，两次观测高差差值＜±10mm，则最后测得高差取平均值。

（2）双面尺法

测量采用双面尺的红、黑两面两次测量高差，观测顺序依次为后视尺黑面读数 $a_\text{黑}$，前视尺黑面读数 $b_\text{黑}$，前视尺红面读数 $b_\text{红}$，后视尺红面读数 $a_\text{红}$，两次测量高差为

$$h_1 = a_\text{黑} - b_\text{黑}$$
$$h_2 = a_\text{红} - b_\text{红}$$

以黑面高差为准，红面高差与黑面高差比较，若红面高差比黑面高差大，则先将红面高差减去 100mm，再与黑面高差比较，误差在 ±10mm 以内取平均值；反之，将红面高差加上 100mm，再与黑面高差比较，在普通水准测量中，视距差＜5m，两次观测高差差值＜±10mm，则最后测得高差取平均值。

### 1.1.4 水准仪的检验和校正

使用仪器之前，应先进行检查，检查水准仪外表面是否光洁，光学零部件的表面有无油迹、擦痕、霉点和灰尘；胶合面有无脱胶，镀膜面有无脱膜现象；望远镜视场是否明亮、清晰；各部件有无松动现象；仪器转动部分是否灵活、稳当，制动、微动螺旋、调焦螺旋能否顺利扭动；另外，还应检查仪器箱内配备的附件及备用零件是否齐全，三脚架是否牢固。

水准测量的精度首先取决于水准仪是否符合要求，所以，在进行水准测量前必须对仪器进行细致的检查，如不满足要求，需对仪器进行校正，保证测量工作顺利进行。根据水准测量原理，水准仪必须提供一条水平视线，才能准确测定两点间高差。因此，水准仪必须满足圆水准器轴平行于仪器竖轴（$L'L'//VV$）；十字丝横丝垂直于仪器竖轴；管水准器轴平行于视准轴（望远镜）（$LL//CC$），见图1.1-10。

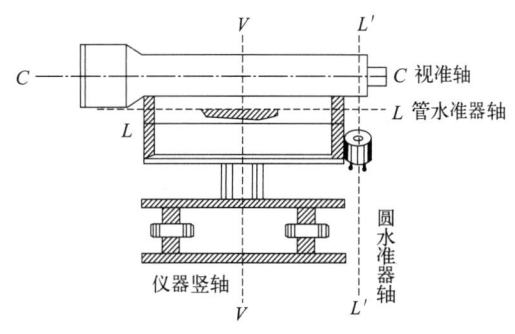

图1.1-10 普通水准仪的主要轴线

#### 1.1.4.1 圆水准器轴平行于仪器竖轴的检验和校正

（1）检验方法

调平水准仪，使圆水准器气泡居中，然后将仪器旋转180°，若气泡仍在居中位置，说明圆水准器轴平行于仪器竖轴；如气泡有偏移，则表明条件没有满足，需进行校正（图1.1-11）。

（2）校正方法

转动脚螺旋，使气泡向中心方向移动偏离值的一半，再调整圆水准器底部的校正螺栓，使气泡居中完成校正工作（图1.1-12）。再检验，再调整，需反复进行多次，直到将仪器整平后旋转仪器到任何位置，气泡都居中，校正工作结束。

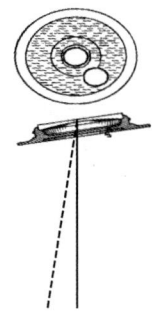

图1.1-11 普通水准仪的检验

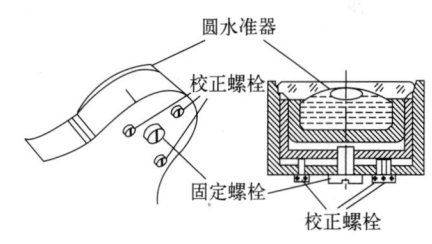

图1.1-12 气泡底部校正螺栓

#### 1.1.4.2 十字丝的横丝垂直于仪器竖轴

当仪器粗平后，竖轴处于铅垂位置时，如十字丝的横丝垂直于仪器竖轴，横丝则处于水平位置。观测时，横丝的任意位置在标尺上的读数都是相同的。

（1）检验方法

整平仪器后，将十字丝的横丝一端对准远处一个清晰目标点$P$，随后旋转水平微动螺旋，使目标点移到横丝的另一端。若目标点始终在横丝上移动，则表示横丝水平，否则应进行校正（图1.1-13）。

（2）校正方法

旋开十字丝护盖，松开十字丝环的四个固定螺栓中的相邻两个，旋转十字丝环，使横丝的一端移至其偏离位置的一半处，最后旋紧十字丝环的固定螺栓，旋上护盖（图1.1-13）。

#### 1.1.4.3 仪器水准管轴应平行于视准轴（望远镜轴）

如水准管气泡居中，则水准管轴和望远镜视准轴互相平行，在竖直面上的投影才能重合，准确读出水准尺的读数（后视读数$a$，前视读数$b$）。若两者不平行，则产生倾斜$i$角，这是水准仪检验的重要项目。水准尺离水准仪距离越远，读数误差也越大。当仪器的前视距离与后视距离相等时，则根据后视读数减前视读数求得高差。

（1）检验方法

选择相距60~80m的两点$A$、$B$，立水准尺。$C$为距离两点等距的点，在$C$点安置水准仪，测两点间标准高差$h_1=a_1-b_1$（可变换仪器高，两次高差在3mm之内，取平均值）。再把水准仪移动至离$B$点2~5m的位置，此时两点间高差记为$h_2=a_2-b_2$（可变换仪器高，两次高差在3mm之内，取平均值）。若$h_1\neq h_2$，则表明水准管轴不平行于视准轴，引起远尺上读数$a_2$有误差，以致$h_2$有误差；近尺上的读数，因距离很小，受水准管轴不平行视准轴误差的影响很小，可以忽略（图1.1-14）。一般情况下$i=\dfrac{h_2-h_1}{D_{AB}}\rho$（$\rho$表示弧度，取206265″，$D_{AB}$表示$A$、$B$两点间距离），对于$DS_3$水准仪，$i\geqslant 20″$时，需校正。

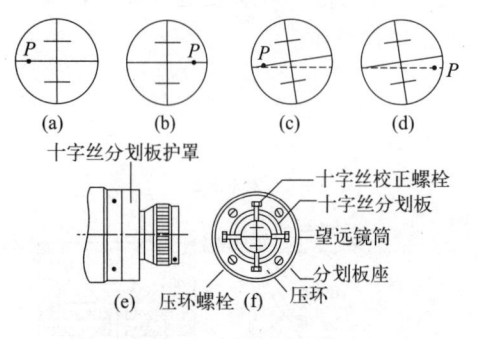

图1.1-13 校正十字丝

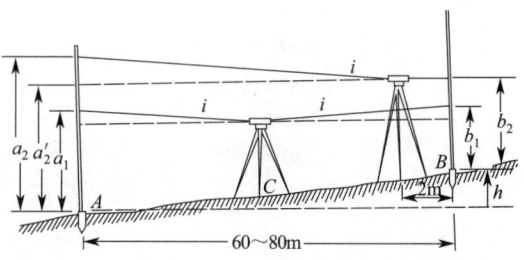

图1.1-14 检验$i$角

（2）校正方法

根据$h_1$计算远端正确的$a_2'$，即$a_2'=b_2+h_1$，照准远尺$A$，旋转微倾螺旋，对准准确的$a_2'$。如管水准气泡居中，则不需调整，如不居中，则用校正针先松开水准管左右两端的校正螺旋，再转动上下两个校正螺钉，先松上（下）边螺钉，再紧下（上）边的螺钉，直至气泡居中为止，需反复多次检验校正。

自动安平水准仪没有水准管和微倾螺旋，内部有视线倾斜补偿器，用校正十字丝的方法校正自动安平水准仪的倾斜$i$角，拨动十字丝上下两个"校正螺栓"，使横丝对准正确的$a_2'$数值，反复检验和校正，直至照准$A$尺，读数是$a_2'$即可。

## 1.1.5 水准测量误差来源

### 1.1.5.1 仪器误差

(1) 残余误差

仪器校正不完善,校正后仍存在部分误差,如 $i$ 角误差。在观测中尽量保证前后视距大致相等,可以减弱 $i$ 角误差对读数的影响。

(2) 水准尺误差

水准尺刻划不准、尺长弯曲等影响测量精度,需根据测量规范,按照不同等级选择相应的水准尺,精度较高时,还需对水准尺进行检验,符合要求才能使用。

### 1.1.5.2 观测误差

(1) 气泡居中

气泡在整个观测任务中都应在圆水准器的中心位置。观测自动安平水准仪时应注意,如视窗中出现橘黄色,应及时调整气泡。

(2) 读数误差

水准尺估读毫米位数的误差和观测者眼睛的分辨率、视线长度成正比,与望远镜放大倍数成反比。观测时,应根据测量等级选择合适的视距。视线长度大于 60m 时,读数误差会增加。

(3) 水准尺竖立不直

根据水准测量原理,水准尺需直立在水准点上,若水准尺倾斜,则读数变大。为保证测量精度,立尺人员尽量保证水准尺直立且稳,也可选择带有圆水准气泡的水准尺,气泡居中即可。

(4) 调焦误差

调焦不当产生的视差会影响读数,需消除视差。

以上影响误差的因素均是人为因素,需熟练操作水准仪,提高操作技术,尽量减弱人为误差。

### 1.1.5.3 外界环境影响误差

主要包括仪器下沉、尺垫下沉、地球曲率、大气折射、温度和风力。

(1) 仪器下沉

仪器下沉会使视线读数降低,影响高差观测,需用尺垫减弱该影响。

(2) 尺垫下沉

尺垫下沉会增加下一站后视读数,引起高差误差,需往返观测,高差取平均值,消除影响。

(3) 地球曲率和大气折射

工作时水准仪的视准轴是水平直线,而大地水准面是曲面,因此,在读数中就有误差。当两点间距 100m 时,因地球曲率,高差可产生 0.78mm 的误差。每个测站尽量"前后视距相等",可消除地球曲率的影响。

接近地面的空气温度不均匀,所以空气的密度也不均匀。光线在密度不均匀的介质中沿曲线传播,称为"大气折射"。一般情况下,白天近地面的空气温度高,密度低,弯曲的光线凹面向上;晚上近地面的空气温度低,密度高,弯曲的光线凹面向下。近地面的温度梯度大,大气折射的曲率大。由于空气的温度随时间、地点一直处于变动之中,所以应避免用接近地面的视线进行工作,尽量抬高视线,用前后等视距的方法进行水准测量。

(4)温度

温度会引起仪器物镜、十字丝等相对位置发生变化,对于精密的光学测量仪器,微小的位移量可能使轴线产生几秒偏差,从而使测量结果产生误差。所以用精密水准测量时必须撑伞,精密水准仪从箱中拿出来后,需放置在阴凉地点,半小时后再开始工作,避免日光直接照射光学元件,夏天正午前后两个小时不作业。

(5)风力

风会使视线抖动,增加读数误差,应避免在大风、恶劣天气下进行测量工作。

## ◆ 任务内容和实施过程

实训场地内已知 $A$ 点高程为 $50\mathrm{m}$,测量由 $A$ 向 $B$ 两点间的高差 $h$(图1.1-15),并计算 $B$ 点高程。

本任务的实施依据水准测量原理,操作步骤如下。

(1)水准仪的安置

架设水准仪于 $A$、$B$ 等距处,脚架调节适当高度,连接仪器和脚架,架头大致水平。

(2)粗略整平

使圆水准器的气泡居中,视线水平(按图1.1-6调节脚螺旋或调节脚架)。先将圆水准器的气泡放置在两个脚螺旋中间位置,两只手同时向内或向外旋转脚螺旋,

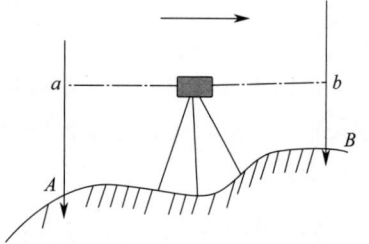

图1.1-15 场地内地面点简图

气泡的运动方向与左手拇指运动方向一致,使气泡移动到两个脚螺旋连线的中间位置,再旋转第三个脚螺旋。顺时针旋转气泡向上运动,逆时针旋转气泡向下运动,至气泡居中。

(3)照准目标(水准尺)读数

用望远镜上的准星瞄准后视 $A$ 水准尺,拧紧水平方向制动螺旋,调节目镜调焦螺旋,使分划板十字丝清晰。调节物镜调焦螺旋,使影像清晰,消除视差。移动水平微动螺旋,让分划板上的十字丝落在水准尺上,读中丝读数,分别读米、分米、厘米,估读毫米。然后照准前视 $B$ 水准尺,读数,即后视读数记作 $a$ 为 $1.345\mathrm{m}$,前视读数记作 $b$ 为 $1.234\mathrm{m}$。

为保证测量成果达到一定精度,用改变仪器高法对该测站重新观测,如果两次测得的高差之差在限差之内(视距差 $<5\mathrm{m}$,两次观测高差差值 $<\pm10\mathrm{mm}$),将结果记入表1.1-1中,取其平均数作为这个测站的高差结果,否则需重测,仪器升高 $10\mathrm{cm}$ 后,重新观测 $a$ 为 $1.355\mathrm{m}$,$b$ 为 $1.242\mathrm{m}$。

以上操作同水准仪使用相关操作步骤。

（4）计算

$A$、$B$ 两点间高差（水准测量原理）计算如下。

$$h_{AB}=a-b=1.345-1.234=0.111(\text{m})$$
$$h'_{AB}=a-b=1.355-1.242=0.113(\text{m})$$

两次高差差值为 2mm，符合精度范围，故高差 $\bar{h}_{AB}$ 取平均值，为 0.112m。

B点高程：$H_B=H_A+\bar{h}_{AB}=50+0.112=50.112(\text{m})$。

## 注意事项

① 测量之前，检查仪器各部件是否完好，设备要轻拿轻放，在坚实地面上设站选点，前后视距尽量相等。

② 中心连接螺旋不宜拧得太紧，以防破损，水准仪上各部位螺旋操作时用力不得过猛。

③ 瞄准、读数时，仔细对光，清除视差，以十字丝的横丝读数，不要误用上、下丝，圆水准器的气泡居中，水准尺立直，读数估读到毫米位数。

④ 成像清晰时观测，中午气温高，折射强，不宜观测。

表 1.1-1　单个测站水准测量手簿

仪器号_____班组_____观测者_____记录者_____单位_____日期_____

| 测站 | 点号 | 水准尺读数/m | | 高差/m | 平均高差/m | 高程/m |
|---|---|---|---|---|---|---|
| | | 后视读数 | 前视读数 | | | |
| Ⅰ | A | 1.345 | — | 0.111 | 0.112 | 50 |
| | B | — | 1.234 | | | |
| | A | 1.355 | — | 0.113 | | |
| | B | — | 1.242 | | | 50.112 |
| Ⅱ | B | — | — | — | — | |
| | C | — | — | | | |
| | B | — | — | — | | |
| | C | — | — | | | — |

## ◆ 知识拓展

### 数字水准仪的认识和使用

目前先进的水准仪，配合专门的铟钢水准尺，可通过仪器中内置的电子读数系统自动获取水准尺的读数。测量数据和计算数据可进行存储和导出，降低测绘作业劳动强度，避免人为的主观读数误差，提高测量精度和效率，可用于国家二、三、四等水准测量，满足建筑工程测量、地形测量和水准测量等要求。

（1）数字水准仪构造和配件

以苏州一光 EL 302A 为例，见图 1.1-16。

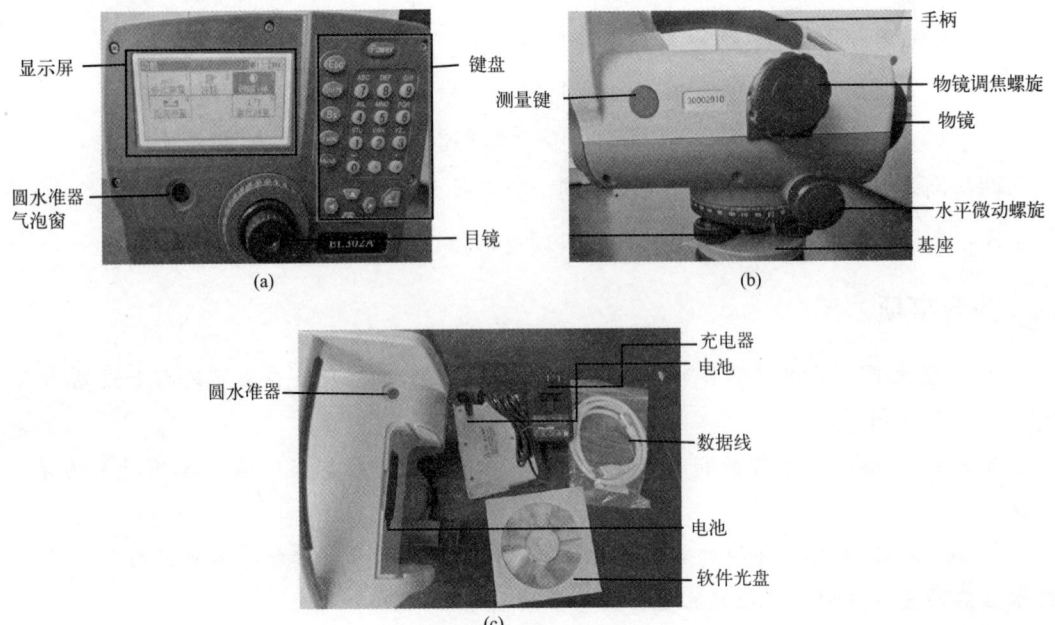

图 1.1-16 苏州一光 EL 302A 数字水准仪外部构造和配件

（2）按键说明

按键功能说明见表 1.1-2。

表 1.1-2 按键功能说明

| 按键 | 第一功能 | 第二功能 |
| --- | --- | --- |
| POWER | 电源开关 | |
| ESC | 退出各种菜单功能 | |
| MEAS | 开始测量 | |
| Shift | 按键切换、按键情况在显示器上端显示 | |
| Bs | 删除前面输入的内容 | |
| Func | 显示功能菜单 | |
| ⏎ | 确认输入 | |
| , | 输入逗号 | 输入减号 |
| 。 | 输入句号 | 输入加号 |
| 0～9 | 数字 | 字母,特殊符号 |
| ◀▲▼▶ | 菜单导航 | 上下翻页改变复选框 |

（3）数字水准仪的安置

① 安置三脚架，架头大致水平，一只手握住仪器，另一只手旋紧螺旋，牢固连接水准仪。

② 整平仪器，旋转脚螺旋（同自动安平水准仪），圆水准器气泡居中，仪器安平。

③ 瞄准，调焦，用粗瞄准器瞄准水准尺，调节目镜，使十字丝清晰；调节物镜调焦螺旋，使尺像清晰，消除视差；调节微动螺旋，将十字丝分划板调至水准尺条码中间，对准条码，可电子读数，对准水准尺另一面，可人工读数。

（4）数字水准仪功能

按动"Power"键开机后，进入主菜单，选择文件，可新建命名文件。配置菜单下可进行仪器设置（大气折射、加常数、日期时间等）；测量菜单下可进行基本测量工作，包括距离测量、多次测量，以及单点测量、水准线路、中间点测量、放样、连续测量；计算菜单下有线路平差的计算功能，如图 1.1-17 所示。按"Func"键，屏幕显示功能如图 1.1-18 所示。

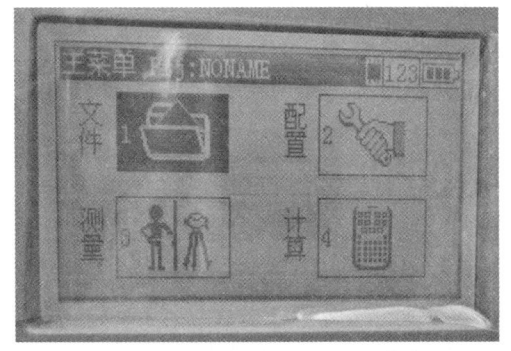
图 1.1-17　主菜单

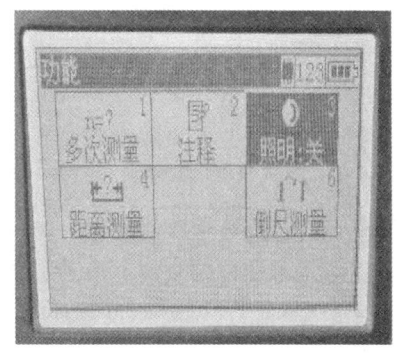
图 1.1-18　屏幕显示功能

① 距离测量：照准目标，按动"MEAS"键，即可测量仪器到目标的水平距离。

② 多次测量：选择这项后，可设置观测次数，最多为 10 次；重复测量完成后，屏幕会显示测量员的读数、距离和标准偏差。

③ 单点测量：不输入已知高程，进入单点测量程序内，输入点号、代码，照准目标水准尺，按测量键，屏幕上显示两点间的水平距离 $H_D$ 和待测点水准尺读数 $R$。

④ 水准线路测量：操作步骤同光学水准仪观测水准路线。选择水准线路测量后，选择"新线路"，输入线路名称，选择测量模式"BF（后前）、BFFB（后前前后）、BBFF（后后前前）、FBBF（前后后前）"。如选择 BF 测量模式，则输入基准高 $Z$，照准后视尺进行后视测量，屏幕显示后视高程 $Z_i$、后视尺读数 $R_b$ 和后视距水平距离 $H_D$，选从项目，进入前视测量。测量完成后，仪器显示读数 $Z$、前视尺读数 $R_f$ 和前视距 $H_D$。

⑤ 中间点测量：通过已知高程点，可测量多个未知点高程和两点之间的距离及高差。开机后进入主菜单，选择测量，进入测量菜单，选择中间点测量（图 1.1-19），输入已知点 2 的基准高程 $Z$，照准 2，按 MEAS 键后屏幕显示点 2 水准尺高度 $R$ 和水平距离 $H_D$，再照准 1 号点水准尺，按 MEAS 键，屏幕显示点 1 的高程 $Z$ 和点 2 之间的高差 $h$，以及水准仪到点 2 之间的水平距离 $H_D$，还可依次测量其他未知点高程。

⑥ 放样：铺路垫层、土地平整等应达到设计高程，需要进行高程放样。进入主菜单，选择测量，进入测量菜单，选择放样，输入已知点 1 高程 $Z$（图 1.1-19），照准点 1，按 MEAS 键，屏幕显示水准尺高度 $R$ 和水平距离 $H_D$。接收数

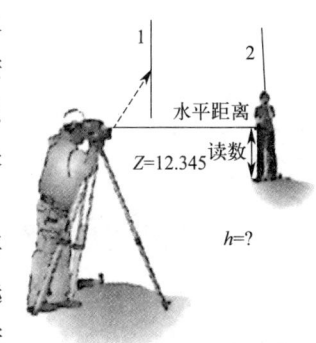
图 1.1-19　中间点测量

据后,输入放样点 2 的设计高程,屏幕显示点 2 水准尺的实际高度 $R_h$,照准点 2,按 MEAS 键,屏幕显示待放样高程和实际高程的差值 $R_z$,正值,立尺员向下移动水准尺,负值,再向上移动水准尺,再测量,至 $R_h$ 为 0,标记水准尺所在高度位置,即为待放样高程。

⑦ 计算:在水准线路中,由于起点和终点高程已知,所以用测量高差和理论高差做比较得到一个差值。"线路平差"程序可根据视距按比例将该差值分配到每一站上,得到平差后的高程即为结果。在此操作中,测量值没有被改变。转点的视距根据各自的仪器站点改正。线路平差只有在水准路线完整并连同转点高程一起保存在存储器上才可以进行。测量线路时可能发生不知道终点高程的情况,对于此在平差时可以输入理论高程,也可平差环形水准线路。

线路平差的必要条件如下。

a. 整条水准路线需要记录在存储器上同一个工程文件下。

b. 无论何种情况都要使仪器处于 RMC(既保存测量数据,也保存计算数据)模式,否则线路平差不能进行,因为在该工程中没有空间存储平差后的高程数据。

c. 在一站测量中,水准路线不能中断,例如跳过了某一步。

d. 不同的水准片段如果以"新路线"开始,只能分别平差。

e. 线路不能重复。

f. 开始线路平差之前,确保电池电量充足。

g. 在线路测量和平差时,不能改动存储器上的测量数据。

(5)数字水准仪使用注意事项

① 进行水准测量时需选择合适的时间,日出前后 30min 内,正午前后 2h 内不能进行测量,因为受大气折射率影响较大;气温突变、大风天气不能进行观测,因为对仪器及配件影响较大。

② 仪器使用前,应将仪器置于露天阴影下 30min 左右,使仪器和外界气温趋于一致,开机预热,至少单次测量 20 次后再记录结果。

③ 应在仪器规定的温度下工作,望远镜不能对着太阳,尽量避免遮挡视线,有遮挡时,水准尺遮挡≤20%,振动源消失后,方可读数。

④ 数字水准仪每天作业前需检测 $i$ 角。

# 任务 1.2

## 地面点高程测量

◆ **任务目标**

熟练使用水准仪测量施工场地多个地面点的高程,能准确填写普通水准测量记录手簿，能计算两点间高差和待测点高程。

### ◆ 教学资源

① 材料用具：按照实训小组分配仪器和设备，每个小组备有一台 $DZS_3$ 水准仪（含三脚架）、一对水准尺、一份记录手簿，自备铅笔、计算器。
② 参考资料：多媒体课件、教学参考书等。
③ 教学场所：多媒体教室、园林工程测量实训室和校内实训基地。

### ◆ 相关知识

#### 1.2.1 水准点

用水准测量的方法测定高程控制点，这些高程控制点称为水准点，工程上常用 BM 来标记。先在测区内设立一些高程控制点，并精确测出它们的高程，然后根据这些高程控制点测量附近其他点的高程，这项工作称为高程控制测量。我国目前采用的是青岛观象山验潮站的水准原点，高程为 72.260m，作为全国高程测量的基准点，即 "1985 国家高程基准"。根据 1952~1979 年的观测资料计算得出的平均海水面为新的高程基准面。

国家高程控制网是用精密水准测量方法建立的，所以又称国家水准网。国家水准网的布设也是采用从整体到局部，由高级到低级，分级布设、逐级控制的原则。国家水准网分为四个等级。一等水准网是精度最高的高程控制网，它是国家高程控制的骨干，也是地学科研工作的主要依据。二等水准网布设在一等水准环线内，是国家高程控制网的全面基础。三、四等水准网直接为地形测图或工程建设提供高程控制点。一般城市水准测量按其精度要求分为二至五等水准测量和图根水准测量。为了满足工程建设和地形测图需求，还需布设工程水准测量和图根水准测量，也称等外水准测量、普通水准测量。一般园林施工场地选择普通水准测量对地面点高程进行测量。一个测区内若没有国家水准点，也可假设高程，作为整个测区的起点。

水准点一般分为永久性和临时性两大类，按照安装方式分为明标和暗标两类。永久性的水准点一般用混凝土标石制成，顶部嵌有金属或瓷质等不易锈蚀的材料制成的半圆形标志，标志的最高点作为高程点的位置。标石埋设于地质稳定、便于使用和便于保存的地下一定深度，也可将标志直接灌注在坚硬的岩石层上或坚固的永久性建筑物上，以保证水准点能够稳固安全、长久保存以及便于观测使用。在城镇居民区，也可以采用把金属标志嵌在墙上的"墙上水准点"。临时性的水准点则可用更简便的方法来设立，在稳固的地物上钉上木桩、大铁钉或用红油漆做标志，也可用刻凿在岩石上的或用油漆标记在建筑物上的简易标志。如图 1.2-1 所示，(a)~(c)均为永久水准点，(d)为临时性水准点。

在园林场地的测量中，多用临时性水准点。对做好标记的水准点要进行编号，并绘制

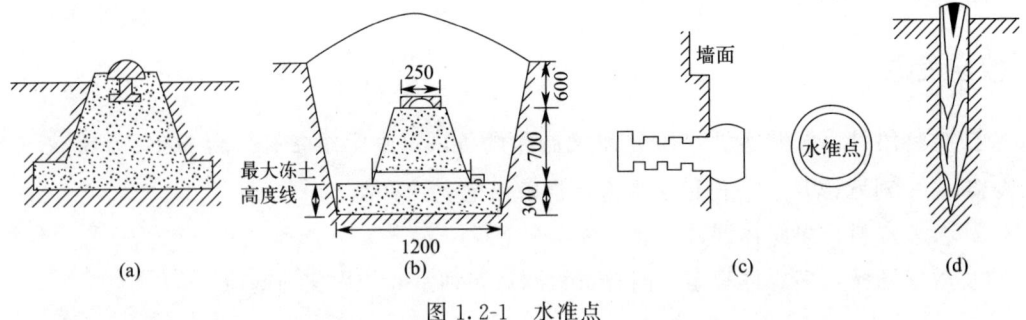

图 1.2-1 水准点

出与附近固定建筑物或其他明显地物的位置关系草图,称为"点之记",方便使用时寻找,如图 1.2-2 所示。

### 1.2.2 水准测量的方法

对于相距较远的两个点或高差较大情况下,只安置一次仪器,不能测得它们的高差,这时需要加设若干个临时的立尺点,作为传递高程的过渡点,称为转点。图 1.2-3 中的 $TP_1$、$TP_2 \cdots TP_n$ 称为转点,每安置一次仪器,称为一个测站。在图 1.2-3 中,欲测量 $B$ 点高程和 $A$ 点至 $B$ 点的高差 $h_{AB}$,选择一条施测路线,用水准仪依次测第 1 测站高差 $h_1$,第 2 测站高差 $h_2 \cdots \cdots$ 第 $n$ 测站高差 $h_n$,所以 $A$、$B$ 点之间高差 $h_{AB} = h_1 + h_2 + \cdots + h_n = (a_1 - b_1) + (a_2 - b_2) + \cdots + (a_n - b_n)$,$B$ 点高程 $H_B = H_A + h_{AB}$。

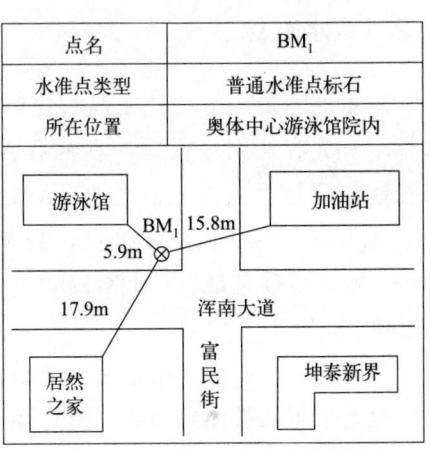

图 1.2-2 水准点的"点之记"

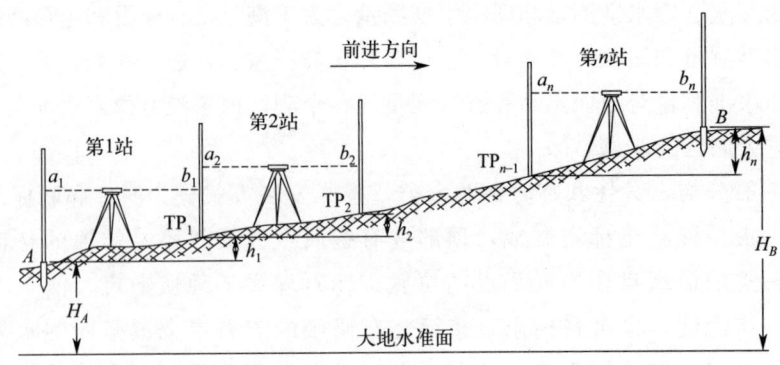

图 1.2-3 连续水准测量

### ◆ 任务内容和实施过程

在校内实训基地,已知水准点 $BM_A$ 的高程 $H_A = 50.000 \text{m}$,现测定 $B$ 点的高程 $H_B$,由于 $A$、$B$ 两点相距较远(或地势起伏较大),需分段设转点进行测量,具体施测步骤包括准备、计划、选点、埋石、观测、迁站以及计算等工作。

（1）水准路线的拟定

测量工作者在开展工作之前，必须做好水准路线的拟定工作，让整个水准测量任务有计划地顺利进行。水准测量计划的好坏直接影响水准测量的速度、质量及其相关的工程建设。水准路线的拟定工作包括：水准路线的选择、水准点位的确定。

选择水准路线的基本要求是必须满足具体任务的需要。如施测国家三、四等水准测量，它们必须以高一等级的水准点为起始点，并较为均匀地分布水准点的位置。不同等级的水准测量和不同性质的工程建设，其精度要求是不同的，所以拟定水准路线时应按规范要求进行。

拟定水准路线一般要收集现有的较小比例尺地形图，收集测区已有的水准测量资料，包括水准点的高程、精度、高程系、施测年份及施测单位。设计人员还应亲自到现场勘察，核对地形图的正确性，了解水准点的现状。在此基础上根据任务需求确定如何合理使用已有资料，进行图上设计。一般来说，精度要求高的水准路线应该沿公路、大道布设；精度要求较低的水准路线也应尽可能沿各类道路布设，路线通过的地面要坚实，使仪器和标尺都能稳定。为了不多增加测站数，并保证足够的精度，还应使路线的坡度较小，水准点的位置在拟定水准路线时也应考虑；对于较大测区，如果水准路线布成网状，则应考虑平差计算的初步方案，以便内业工作顺利进行。设计结束后，绘制一份水准路线布设图；图上按一定比例绘出水准路线、水准点的位置，注明水准路线的等级、水准点的编号。

（2）选点、埋石

水准路线拟定后，即可根据设计图到实地踏勘、选点和埋石。所谓踏勘就是到实地查看图上设计是否与实地相符；埋石就是水准点的标定工作；选择水准点具体位置的工作称为选点。

水准点选点的原则：交通方便；土质坚实；坡度均匀且小等。为了工程建设的需要而设置临时性水准点，可以木桩、钉点和油漆作为临时性水准点。

（3）观测、记录

将水准尺立于已知高程的水准点上作为后视，水准仪置于施测路线附近合适的位置，在施测路线的前进方向上取后视距大致相等的距离放置尺垫，将尺垫踩实后，将水准尺立在尺垫上作为前视尺。观测员将仪器设站于两水准尺中间，安置仪器，经过粗平，瞄准后视水准尺，读取中丝读数。转动照准部，瞄准前视水准尺，读取中丝读数。记录员根据观测员的读数在手簿中记下相应数字，立即计算高差，并检查视距与前后视距差是否超限，若超限应进行调整。符合要求后就完成了第一个测站的全部工作。第一站结束之后，记录员招呼后尺员向前转移，并将仪器迁至第二测站。这时，第一测站的前视点便成为第二测站的后视点。依第一站相同的工作程序进行第二站的工作。依次沿水准路线方向施测直至全部路线观测完为止，观测数据记录于表1.2-1中。

表 1.2-1　普通水准测量手簿

方向由 $A$ 至 $B$　　　年　　月　　日　观测者：　　　　记录者：

| 测站 | 点号 | 视距/m | 水准尺读数/m | | 高差/m | | 高程/m | 备注 |
|---|---|---|---|---|---|---|---|---|
| | | | 后视 | 前视 | + | − | | |
| 1 | $A$ | 33 | 1.367 | | | −0.064 | +50.000 | 已知点 |
| | $TP_1$ | 34 | | 1.431 | | | 49.936 | |
| 2 | $TP_1$ | 92 | 1.421 | | +0.105 | | | |
| | $TP_2$ | 91 | | 1.316 | | | 50.041 | |
| 3 | $TP_2$ | 42 | 1.023 | | | −0.155 | | |
| | $TP_3$ | 43 | | 1.178 | | | 49.886 | |
| 4 | $TP_3$ | 37 | 1.528 | | +0.045 | | | |
| | $TP_4$ | 38 | | 1.483 | | | 49.931 | |
| 5 | $TP_4$ | 61 | 1.425 | | | −0.587 | | |
| | $B$ | 63 | | 2.012 | | | 49.344 | |
| 校核 | $h_{AB}=\sum a-\sum b$ | | $\sum a=6.764$ | $\sum b=7.420$ | +0.150 | −0.806 | $H_B-H_A$ | |
| | | | $\sum a-\sum b=-0.656$ | | $\sum h=-0.656$ | | $=-0.656$ | |

如需保证测量成果达到一定精度，还需对每个测站进行重复观测。如果两次测得的高差之差在限差之内（视距<5m，两次观测高差差值<±10mm），则对每一个测站高差取平均值，进而计算高程，此处不详述，参照任务1.1。

## 注意事项

① 在水准点（已知点或待定点）上立尺时，不得放尺垫。

② 水准尺应直立，不能左右倾斜或者前后俯仰。

③ 在观测员未迁站之前，后视点尺垫不能提动。

④ 前后视距离应大致相等，立尺时可用步丈量。

⑤ 外业观测记录必须在编号、装订成册的手簿上进行。已编号的各页不得任意撕去，记录中间不得留空页或空格。

⑥ 一切外业原始观测值和记事项目，必须在现场用铅笔直接记录在手簿中，记录的文字和数字应端正、整洁、清晰。

⑦ 外业手簿中的记录和计算的修改以及观测结果的作废，禁止擦拭、涂抹与刮补，而应以横线或斜线正规划去，并在本格内的上方写出正确数字和文字。除计算数据外，所有观测数据的修改和作废，必须在备注栏内注明原因并将重测结果记录清楚。重测记录前需加"重测"两字。

在同一测站内不得有两个相关数字"连环更改"。例如：更改了标尺的黑面前两位读数后，就不能再改同一标尺的红面前两位读数，否则就叫连环更改。若有连环更改记录，应立即废去重测。

对于尾数读数有错误（厘米和毫米读数）的记录，无论何种原因都不允许更改，而应将该测站的观测结果废去重测。

⑧ 有正、负意义的量，在记录计算时，都应带上"＋""－"号，"＋"不能省略。针对中丝读数，要求读记四位数，前后的 0 都要读记。

⑨ 作业人员应在手簿的相应栏内签名，并填注作业日期、开始及结束时刻、天气及观测情况和使用仪器型号等。

⑩ 作业手簿必须经过小组认真检查（即记录员和观测员各检查一遍），确认合格后，方可提交上一级检查验收。

## 任务 1.3
## 园林施工场地等外水准路线外业测量

### ◆ 任务目标

能根据测区实际情况布设水准路线、布设控制点，并对控制点高程施测。

### ◆ 教学资源

① 材料用具：按照实训小组分配仪器和设备，每个小组备有一台 $DZS_3$ 水准仪（含三脚架）、一对水准尺、一份记录手簿，自备铅笔、计算器、记录板等。

② 参考资料：多媒体课件、教学参考书等。

③ 教学场所：多媒体教室、园林工程测量实训室和校内实训基地。

### ◆ 相关知识

#### 1.3.1 高程控制测量

测定控制点高程的工作称为高程控制测量，包括获取控制点的绝对高程和相对高程，常用的测量方法为水准测量、三角高程测量和 GPS 拟合高程测量。水准测量常用在地势平坦的区域，具有测量精度高的优点，因此在工程建设和大比例尺地形图绘制中常用此方法。测区高程系统应采用"1985 国家高程基准"，小测区不具备联测条件时也可采用假定高程系统，控制点之间的距离应小于 1km，需至少有 3 个控制点。城市、工程建设中水准测量精度等级的划分依次为二至四等和直接用于图根测量的水准测量。一般情况下，城市首级高程控制网不应低于三等水准，测区视需要，各等级高程控制网均可作为首级高程控制，故小区域高程控制测量可以以国家和城市等级水准点为基础，建立四等水准网、图根水准网或水准路线，用四等或图根水准测量（等外水准测量或普通水准测量）的方法测定控制点的高程，依据《城市测量规范》（CJJ/T 8—2011）和《工程测量标准》（GB

50026—2020），各等级水准测量的主要技术指标见表 1.3-1。

表 1.3-1 各等级水准测量的主要技术指标

| 等级 | 每千米高差中数中误差（全中误差）/mm | 水准仪级别 | 路线长度/km | 水准尺 | 观测次数 | | 附合导线或环线闭合差（或测段往返测高差不符值）/mm | |
|---|---|---|---|---|---|---|---|---|
| | | | | | 与已知点联测 | 符合或环线 | 平地 | 山地 |
| 二等 | ≤±2 | $DS_1$，$DZS_1$ | — | 钢瓦尺 | 往返各一次 | 往返各一次 | $≤±4\sqrt{L}$ | — |
| 三等 | ≤±6 | $DS_1$，$DZS_1$ | ≤50 | 钢瓦尺 | 往返各一次 | 往一次 | $≤±12\sqrt{L}$ | $≤±4\sqrt{n}$ |
| | | $DS_3$，$DZS_3$ | | 钢瓦尺 | | 往返各一次 | | |
| 四等 | ≤±10 | $DS_3$，$DZS_3$ | ≤16 | 钢瓦尺、双面尺 | 往返各一次 | 往一次 | $≤±20\sqrt{L}$ | $≤±6\sqrt{n}$ |
| 图根 | ≤±20 | $DS_{10}$ | ≤5（视线长度≤0.1） | 水准尺 | 符合或闭合水准路线往一次 | 支水准路线往返各一次 | $≤±40\sqrt{L}$ | $≤±12\sqrt{n}$ |

注：$L$ 为测段长度，以 "km" 为单位，$n$ 为测站数。

### 1.3.2 水准路线的布设

水准路线是水准测量施测过程所经过的路线，根据测区已知水准点情况和测区的条件布设水准路线，包括闭合水准路线、附合水准路线、支水准路线。布设水准路线的目的是检核测量成果的正确性。

#### 1.3.2.1 水准路线

（1）闭合水准路线

从一个已知水准点出发，经过各待测水准点后又回到该已知水准点上的路线，常适用于块状测区，如图 1.3-1(a) 所示。

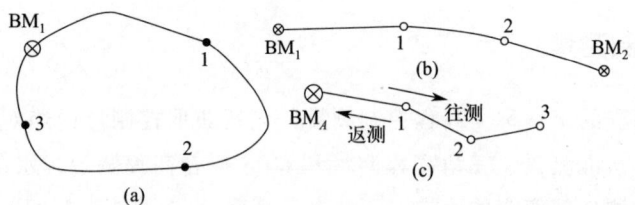

图 1.3-1 水准路线

（2）附合水准路线

从一个已知水准点出发，经过各待测水准点附合另一个已知水准点上的路线，常适用于带状测区，如图 1.3-1(b) 所示。

（3）支水准路线

从一个已知水准点出发，到某个待测点结束的路线。要求往返观测时比较往返观测高差，检核测量结果，如图 1.3-1(c) 所示。

## 1.3.2.2 水准网

若干条水准路线相互连接构成结点或网状形式，称为水准网。只有一个高级点的称为独立水准网。有 3 个以上高级点的称为附合网，见图 1.3-2。

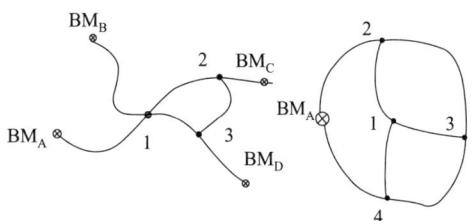

图 1.3-2 水准网

### ◆ 任务内容和实施过程

已知某校区某高级控制点 $A$ 高程为 50.000m，因工程施工需求，需测量校区内其他若干点高程，根据测区面积情况和工作需求，设计闭合水准路线，实施等外水准路线测量工作。

教师带领学生进行现场操作，踏勘校区内情况，布设 4~6 个水准点，水准点之间距离≤200m，学生根据教师提示逐步进行操作。完成测量后，教师对学生的工作过程和成果进行评价和总结，按教师的总结和要求，学生对闭合水准路线测量的结果进行检核，判断是否合格，最终提交水准测量记录表。从水准路线的布设形式看，闭合水准路线的起点与终点为同一点，它是附合水准路线的特例，具体的工作步骤如下。

① 收集资料：收集测区已有的成果资料，找到高等级已知高程的控制点。

② 选点布设水准路线：根据测区面积和测量等级布设水准点，充分利用原有的控制点，点位应选在土质坚实、稳固、便于保存的地方，视野相对开阔，便于加密、扩展和寻找。

③ 高差施测：按照"安置仪器、粗略整平、照准调焦、读数"的操作程序观测每一个测站的高差，操作方法同连续水准测量方法，将读数填写于等外水准测量记录手簿（表 1.3-2）。

④ 水准测量成果检核，符合测量规范要求（表 1.3-1 中高差闭合差要求）。数据结果校核平差，不符合要求的应查找原因，重新观测，详细内容见任务 1.4。

表 1.3-2 等外水准测量记录手簿

测自 $A$ 至 $B$ ＿＿＿年＿＿＿月＿＿＿日 观测者：＿＿＿＿＿ 记录者：＿＿＿＿＿

| 测站 | 点号 | 视距/m | 水准尺读数/m | | 高差/m | | 高程/m | 备注 |
| --- | --- | --- | --- | --- | --- | --- | --- | --- |
| | | | 后视 | 前视 | ＋ | － | | |
| 1 | 2 | 3 | 4 | 5 | 6 | 7 | 8 | 9 |
| 1 | $A$ | 30 | 1.316 | | | 0.009 | ＋50.000 | 已知点 |
| | $TP_1$ | 31.200 | | 1.325 | | | | |
| 2 | $TP_1$ | 31.205 | 1.243 | | | 0.164 | | |
| | $TP_2$ | 30 | | 1.407 | | | | |
| 3 | $TP_2$ | 32 | 1.430 | | 0.127 | | | |
| | $TP_3$ | 32 | | 1.303 | | | | |

续表

| 测站 | 点号 | 视距/m | 水准尺读数/m | | 高差/m | | 高程/m | 备注 |
|---|---|---|---|---|---|---|---|---|
| | | | 后视 | 前视 | + | − | | |
| 4 | TP$_3$ | 32 | 1.368 | | 0.136 | | | |
| | TP$_4$ | 32 | | 1.232 | | | | |
| 5 | TP$_4$ | 30 | 1.367 | | | 0.008 | | |
| | TP$_5$ | 30 | | 1.375 | | | | |
| 6 | TP$_5$ | 30 | 1.325 | | 0.090 | | | |
| | A | 30 | | 1.415 | | | | |
| 校核 | | 340.405 | $\sum a = 8.049$ | $\sum b = 8.057$ | +0.263 | −0.271 | | |
| | | | $\sum a - \sum b = -0.008$ | | $\sum h = -0.008$ | | | |

### 注意事项

① 观测时手不要按在脚架上。

② 检查塔尺衔接处是否严密，清除尺底淤泥；扶尺者要身体站正，双手扶尺，保证扶尺竖直。

③ 在待测点和已知高程点上不能放置尺垫；未读后视读数之前不得碰动后视尺垫；未读前视读数仪器不得迁站；工作中间停测时，应选择稳固、易找的固定点作为转点，并测出其前视读数。

④ 记录要原始，要当场写清楚。当记录发生错误时，应在错误数字上画一横线，将正确的数字写在错误的数字上方。记录要按规定的格式填写，字迹整齐、清楚、端正。所有数据必须进行检核，未经检核的数据不能使用。

⑤ 水准尺上读数一律为 4 位数，记录员听到观测员读数后必须向观测员回报，经观测员默许后方可记入手簿，以防听错、记错。

## 任务 1.4 园林施工场地等外水准路线测量内业计算

### ◆ 任务目标

能根据城市测量规范要求对外业测量的数据进行校核平差，计算符合限差要求的控制点高程。

### ◆ 教学资源

① 材料用具：按照实训小组分配仪器和设备，每个小组备有一台 DZS$_3$ 水准仪（含

三脚架）、一对水准尺、一份记录手簿，自备铅笔、计算器、记录板等。

② 参考资料：多媒体课件、教学参考书等。

③ 教学场所：多媒体教室、园林工程测量实训室和校内实训基地。

## ◆ 相关知识

### 1.4.1 水准测量的成果校核

在外业水准测量中，无论采用哪种测量方法和测站检核都不能保证整条水准路线的观测高差计算准确，故在内业计算前，必须对外业手簿数据进行检查，采用水准路线校核的方法，检查无误后方可进行水准点的高程计算。

#### 1.4.1.1 各个水准路线高差闭合差计算

高差的观测值与理论值（或重复观测值）之差，统称为闭合差。高差闭合差通常用 $f_h$ 表示。

(1) 附合水准路线高差闭合差的计算

理论上高差应满足要求，但高差实测值和理论值不符合，即产生高差闭合差，如下所示。

$$f_h = \sum h_{实测} - \sum h_{理论} = \sum h_{实测} - (H_{终} - H_{起})$$

$$\sum h_{实测} = h_1 + h_2 + h_3 + \cdots$$

式中，$f_h$ 为高差闭合差，m；$\sum h_{实测}$ 为实际测得高差总和，m；$\sum h_{理论}$ 为高差总和理论值，m；$H_{终}$ 为路线终点已知高程，m；$H_{起}$ 为路线起点已知高程，m。

(2) 闭和水准路线高差闭合差的计算

闭和水准路线，起点和终点为同一个高程点，理论高差为 0，实测高差一般不为 0，所以产生高差闭合差 $f_h$ 为

$$f_h = \sum h_{实测} - \sum h_{理论} = \sum h_{实测} - 0 = \sum h_{实测}$$

(3) 支水准路线高差闭合差的计算

支水准路线往返高差理论上应符合，高差绝对值相等，符号相反，但实测往返高差绝对值一般不相等，所以产生高差闭合差 $f_h$ 为

$$f_h = \sum h_{往} + \sum h_{返}$$

式中，$\sum h_{往}$ 为往测高差之和；$\sum h_{返}$ 为返测高差之和。

#### 1.4.1.2 高差闭合差容许值的计算

高差闭合差是衡量高差观测值精度的一个指标。布设附合水准路线或闭合水准路线的长度不得大于8km，结点间水准路线长度不得大于6km，支水准路线长度不得大于4km，在这个长度范围内，若外业测量高差闭合差≤容许值，即 $f_h \leqslant f_{h容许}$，则成果符合要求，如超过了这个限度则应查明原因，返工重测。

依据《城市测量规范》（CJJ/T 8—2011）和《工程测量标准》（GB 50026—2020），

表 1.3-1 的各等级水准测量技术指标，普通水准测量（图根水准测量）的高差闭合差的容许值（单位 mm）计算如下。

平坦地区

$$f_{h容许} = \pm 40\sqrt{L}$$

山地时

$$f_{h容许} = \pm 12\sqrt{n}$$

式中，$L$ 为水准路线的长度，km；$n$ 为测站数。

### 1.4.1.3 高差闭合差的调整

如果高差闭合差在允许范围内，可将闭合差反号，按距离或测站数平均分配于各测站。所分配的数值称为各测段的高差改正数 $V_i$，则有平坦地面 $V_i$ 为

$$V_i = \frac{-f_h}{\sum L} L_i$$

对于山区，按测段的测站数分配闭合差，则各测段的高差改正数为 $V_i$。

$$V_i = \frac{-f_h}{\sum n} n_i$$

式中，$\sum n$ 为水准路线的总测站数；$i$ 为测段编号，m。

### 1.4.1.4 待测点高程计算

（1）改正后高差的计算

各测段观测高差值加上相应的改正数，即得改正后高差。

$$\hat{h}_i = h_i + v_i$$

式中，$\hat{h}_i$ 为改正后的高差，m。

（2）待测点高程的计算

由起始点的已知高程 $H_0$ 开始，逐个加上相应测段改正后的高差 $h_i$，即得下一点的高程 $H_i$。

$$H_i = H_{i-1} + h_i$$

【例 1.4-1】某附合水准路线观测结果（普通水准）见图 1.4-1，起始点 $BM_1$ 的高程为 204.286m，终点 $BM_2$ 的高程为 208.579m，求各待定点 $A$、$B$、$C$ 的高程。

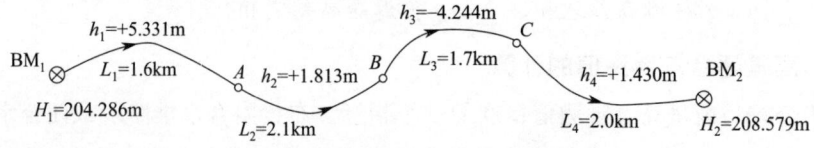

图 1.4-1　附合水准路线观测

**解：**（1）高差闭和差及容许值的计算

$$f_h = \sum h_{实测} - \sum h_{理论} = (h_1 + h_2 + h_3 + h_4) - (H_终 - H_起) = 4.33 - 4.293 = 0.037(\text{m})$$

$$f_{h容许}=\pm 40\sqrt{L}=\pm 40\sqrt{7.4}=\pm 108(\text{mm})$$

因为 $f_h < f_{h容许}$，所以外业测量数据符合要求，可进行闭合差调整。

（2）高差闭合差的调整和改正后高差的计算

改正数（按测站长度分配高差闭合差）为

$$v_i=\frac{-f_h}{\sum L}L_i$$

通过上式计算得各段高差改正数为

$$v_1=-8\text{mm}$$
$$v_2=-11\text{mm}$$
$$v_3=-8\text{mm}$$
$$v_4=-10\text{mm}$$

改正后高差为

$$\hat{h}_i=h_i+v_i$$

通过上式计算得

$$h_1=+5.331+(-8)=+5.323(\text{m})$$
$$h_2=+1.813+(-11)=+1.802(\text{m})$$
$$h_3=-4.244+(-8)=-4.252(\text{m})$$
$$h_4=+1.430+(-10)=+1.420(\text{m})$$

（3）高程计算

$$H_i=H_{i-1}+h_i$$

根据上式计算，则

$$H_A=204.286+5.323=209.609(\text{m})$$
$$H_B=209.609+1.802=211.411(\text{m})$$
$$H_C=211.411+(-4.252)=207.159(\text{m})$$
$$H_2=207.159+1.420=208.579(\text{m})（计算检核合格）$$

将上述算例结果填入表 1.4-1。

表 1.4-1　内业数据成果校核

| 点号 | 距离/km | 高差/m | 改正数/mm | 改正后高差/m | 高程/m | 辅助计算 |
|---|---|---|---|---|---|---|
| BM$_1$ | | | | | 204.286 | 附合水准路线： |
| A | 1.6 | +5.331 | -8 | +5.323 | 209.609 | $f_{h容许}=\pm 40\sqrt{7.4}=108(\text{mm})$ |
| B | 2.1 | +1.813 | -11 | +1.802 | 211.411 | $f_h=\sum h+(H_{终}-H_{起})$ |
| C | 1.7 | -4.244 | -8 | -4.252 | 207.159 | $=+37\text{mm}$ |
| BM$_2$ | 2.0 | +1.430 | -10 | +1.420 | 208.579 | $\lvert f_h\rvert<\lvert f_{允许}\rvert$，外业测量数据符合精度要求 |
| $\sum$ | 7.4 | +4.330 | -37 | +4.293 | +4.293 | |

**【例 1.4-2】** 如图 1.4-2 所示为闭合水准路线，已知 $BM_1$ 点的高程值为 60m，布设列表计算各点高程，记录于表 1.4-2 中。

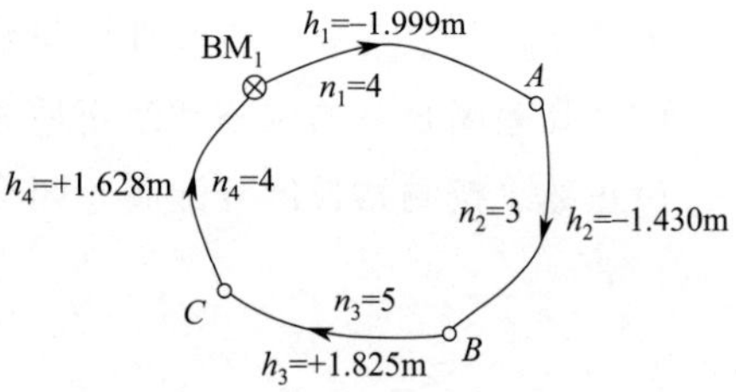

(1) 高差闭合差及容许值计算

$$f_h = \sum h_{实测} - \sum h_{理论}$$
$$= (h_1 + h_2 + h_3 + h_4) - 0 = 0.024(m)$$
$$f_{h容许} = \pm 12\sqrt{n} = \pm 12\sqrt{16} = \pm 48(mm)$$

图 1.4-2 闭合水准路线

因为 $f_h < f_{h容许}$，所示外业测量数据符合要求，可进行闭合差调整。

表 1.4-2 闭合水准路线内业数据成果校核

| 点号 | 测站数 | 高差/m | 改正数/mm | 改正后高差/m | 高程/m | 辅助计算 |
|---|---|---|---|---|---|---|
| $BM_1$ | | | | | 60.000 | 闭合水准路线： |
| $A$ | 4 | -1.999 | -6 | -2.005 | 57.995 | $f_{h容许} = \pm 12\sqrt{n} = \pm 48mm$ |
| $B$ | | | | | 56.561 | $f_h = \sum h_{测} + 0$ |
| $C$ | 3 | -1.430 | -4 | -1.434 | 58.378 | $= +24mm$ |
| | 5 | +1.825 | -8 | +1.817 | | $|f_h| < |f_{容许}|$，外业测量 |
| $BM_1$ | 4 | +1.628 | -6 | +1.622 | 60.000 | 数据符合精度要求 |
| $\sum$ | 16 | +0.024 | -24 | 0 | 0 | |

(2) 高差闭合差的调整和改正后高差的计算

高差改正数为

$$v_i = \frac{-f_h}{\sum n} n_i$$

$$v_1 = -6mm$$
$$v_2 = -4mm$$
$$v_3 = -8mm$$
$$v_4 = -6mm$$

改正后的高差为

$$h_1 = -1.999 + (-6) = -2.005(m)$$
$$h_2 = -1.430 + (-4) = -1.434(m)$$
$$h_3 = +1.825 + (-8) = +1.817(m)$$
$$h_4 = +1.628 + (-6) = +1.622(m)$$

(3) 高程计算

$$H_{BM_1} = 60.000m$$
$$H_A = 60.000 + (-2.005) = 57.995(m)$$
$$H_B = 57.995 + (-1.434) = 56.561(m)$$

$$H_C = 56.561 + 1.817 = 58.378 \text{(m)}$$
$$H_{BM_1} = 58.378 + 1.622 = 60.000 \text{(m)}（计算检核合格）$$

**【例 1.4-3】** 如图 1.4-3 所示为支水准路线，$A$ 点高程 50m，路线长度为 4km，测量 1 点高程。

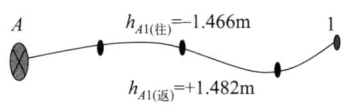

图 1.4-3　支水准路线

（1）计算闭合差和容许值检核
$$f_h = \sum h_{往} + \sum h_{返} = -1.466 + 1.482 = +0.016 \text{(m)}$$
$$f_{h容许} = \pm 40\sqrt{L} = \pm 40\sqrt{4} = \pm 80 \text{(mm)}$$

因为 $f_h < f_{h容许}$，所以外业测量数据符合要求，可进行闭合差调整。

（2）计算高差（取往返测绝对值的平均值，其符号与往测相同）
$$h_{A1} = \frac{-(1.466 + 1.482)}{2} = -1.474 \text{(m)}$$

（3）计算点 1 高程
$$H_1 = H_A - h_{A1} = 50 - 1.474 = 48.526 \text{(m)}$$

## ◆ 任务内容和实施过程

### 1.4.2　将任务 1.3 外业测量获得的数据进行高程内业计算

（1）绘制水准路线略图，转抄外业观测所得数据

如图 1.4-4 所示，将表 1.3-2 中各测点、各测站路线长度、实测高差和 $A$ 点已知高程数据填入表 1.4-3 相应的栏中。

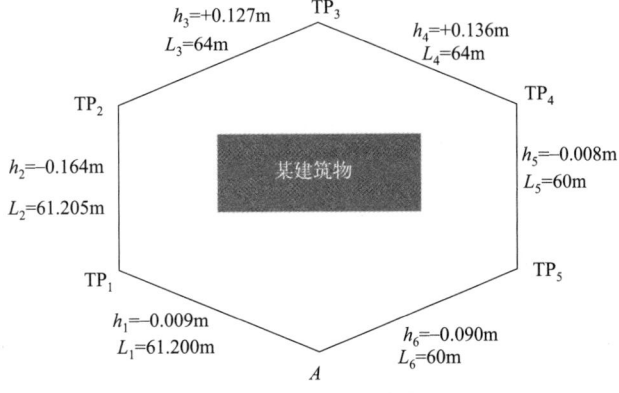

图 1.4-4　任务 1.3 水准测量草图

（2）计算高差闭合差 $f_h$

如图 1.4-4 所示，在闭合水准路线中，因 $A$ 点的高程已知，理论上
$$f_h = \sum h_{理论} = 0$$

但由于水准路线测量中含有错误的测量结果或不可避免的误差影响，因此 $\sum h_{实测}$ 往

往不等于 0，$\sum h_{实测}$ 的值就是高差闭合差。

$$f_h = \sum h_{实测} - \sum h_{理论} = \sum h_{实测} - 0 = \sum h_{实测}$$

$$f_h = \sum h_{实测} - \sum h_{理论} = (h_1 + h_2 + h_3 + h_4 + h_5 + h_6) - 0 = -0.008(\text{m})$$

将计算结果填入表 1.4-3 中。

（3）计算高差闭合差容许值 $f_{h容许}$

$$f_{h容许} = \pm 40\sqrt{L} = \pm 40\sqrt{0.340} = \pm 23(\text{mm})$$

填入表 1.4-3 中。

（4）观测高差的调整

经过以上的计算，可以看出：$|f_h| < |f_{h容许}|$，可按照水准测量长度成比例计算出各观测高差改正数。

$$v_i = \frac{-f_h}{\sum L} L_i$$

算出所有改正数之和，它的数值应与高差闭合差数值相等、符号相反，填入表 1.4-3 中。

（5）计算各点高程

先计算出各观测高差改正后高差，再计算出改正后高差之和，结果应为 0，填入表 1.4-3 中。根据 $BM_A$ 点高程和各观测站改正后的高差依次计算各待测点高程，并将结果填入表 1.4-3 中。

表 1.4-3　内业数据处理成果计算

日期：_____　　　　　　　　计算者：_____　检查者：_____

| 点号 | 距离/m | 高差/m | 改正数/mm | 改正后高差/m | 改正后高程/m | 备注 |
|---|---|---|---|---|---|---|
| $BM_A$ | 61.200 | −0.009 | +1 | −0.008 | 50 | 已知 |
| $TP_1$ | | | | | 49.992 | |
| $TP_1$ | 61.205 | −0.164 | +1 | −0.163 | | |
| $TP_2$ | | | | | 49.829 | |
| $TP_2$ | 64 | +0.127 | +2 | +0.129 | | |
| $TP_3$ | | | | | 49.958 | |
| $TP_3$ | 64 | +0.136 | +2 | +0.138 | | |
| $TP_4$ | | | | | 50.096 | |
| $TP_4$ | 60 | −0.008 | +1 | −0.007 | | |
| $TP_5$ | | | | | 50.089 | |
| $TP_5$ | 60 | −0.090 | +1 | −0.089 | | |
| $BM_A$ | | | | | 50 | |
| $\sum$ | 340.405 | −0.008 | +8 | 0 | | |
| 辅助计算 | 观测值较小，测量路线长度选用单位 m<br>$f_h = \sum h_{实测} - 0 = -0.008(\text{m})$<br>$f_{h容许} = \pm 40\sqrt{L} = \pm 40\sqrt{0.340} = \pm 23(\text{mm})$<br>$|f_h| < |f_{容许}|$，外业测量数据符合精度要求 | | | | | |

◆ **知识拓展**

### 1.4.3 水准测量

小区域的首级控制网和工程施工高程控制测量,一般先布设三等或四等水准网,再用图根水准测量和三角高程测量加密。

三、四等水准测量与普通水准测量进行的工作大体相同,都需要拟订水准路线、选点、埋石和观测等步骤,所不同的是四等水准测量必须使用双面尺观测,记录计算、观测顺序、精度要求不相同。三、四等及普通水准测量技术要求见表1.4-4,仪器等级采用$DS_3$级水准仪,水准尺不同于普通水准尺,它是双面水准尺,每次观测时使用两把尺子,称为一对,每根水准尺一面为红色,另一面为黑色。一对水准尺的黑面尺底刻划均为零,而红面尺一根尺底刻划为4.687m,另一根尺底刻划为4.787m,这个数值用$K$表示,称为同一水准尺红、黑面常数差。下面以四等水准测量为例,介绍用双面水准尺法在一个测站的观测程序、记录与计算。

表1.4-4 三、四等及普通水准测量技术要求

| 技术项目 | 等级 | | |
| --- | --- | --- | --- |
| | 三等 | 四等 | 普通水准 |
| 1. 仪器 | $DS_3$水准仪 双面水准尺 | $DS_3$水准仪 双面水准尺 | $DS_3$水准仪 双面或单面水准尺 |
| 2. 测站观测程序 | 后-前-前-后 | 后-后-前-前 | 后-后-前-前 |
| 3. 视线最低高度 | 三丝能读数 | 三丝能读数 | 中丝读数>0.3m |
| 4. 最大视线长度/m | 75 | 100 | 150 |
| 5. 前后视距差/m | ≤±2.0 | ≤±3.0 | ≤±20 |
| 6. 视距读数法 | 三丝读数(下-上) | 直读视距 | 直读视距 |
| 7. $K$+黑-红/mm | ≤±2.0 | ≤±3.0 | ≤±4.0 |
| 8. 黑红面高差之差/mm | ≤±3.0 | ≤±5.0 | ≤±6.0 |
| 9. 前后视距累积差 | ≤±5.0m | ≤±10.0m | ≤±100m |
| 10. 高差闭和差/mm | ≤±12$\sqrt{L}$ | ≤±20$\sqrt{L}$ | ≤±40$\sqrt{L}$ |
| 11. 其他 | | | |

#### 1.4.3.1 观测方法与记录

四等水准测量一般采用双面水准标尺和中丝测高法进行观测,而且每站按后-后-前-前和黑-红-黑-红的顺序进行观测。每站的记簿格式如表1.4-5所示,括号中数字1~8号代表观测记录顺序,9~18号为计算的顺序与记录位置。具体操作步骤如下。

① 照准后视水准尺黑面,读取下、上、中三丝读数,填入编号(1)、(2)、(3)栏。
② 将水准尺翻转为红面,后视水准尺红面,读取中丝读数,填入编号(4)栏。
③ 前视水准尺的黑面,读取下、上、中三丝读数,填入(5)、(6)、(7)栏。
④ 将水准尺翻转为红面,前视水准尺红面,读取中丝读数(8)栏,这样的观测顺序

简称为"后-后-前-前"。三等水准测量的顺序为"后-前-前-后",观测顺序有所改变。

表 1.4-5　四等水准测量记录计算

| 测站编号 | 后尺 下丝 | 前尺 下丝 | 方向及尺号 | 标尺读数 | | $K+$ 黑$-$红 | 高差中数 | 备注 |
|---|---|---|---|---|---|---|---|---|
| | 上丝 | 上丝 | | 黑面 | 红面 | | | |
| | 后距 | 前距 | | | | | | |
| | 视距差 $d$ | $\sum d$ | | | | | | |
| | (1) | (5) | 后 | (3) | (4) | (13) | | |
| | (2) | (6) | 前 | (7) | (8) | (14) | | |
| | (9) | (10) | 后-前 | (15) | (16) | (17) | (18) | |
| | (11) | (12) | | | | | | |
| 1 | 1571 | 0739 | 后 $K8$ | 1384 | 6171 | 0 | | |
| | 1197 | 0363 | 前 $K7$ | 0551 | 5239 | 1 | | |
| | 37.4 | 37.6 | 后-前 | +0833 | +0932 | −1 | 0.8325 | |
| | −0.2 | −0.2 | | | | | | $K_8=4787$ |
| 2 | 2121 | 2196 | 后 $K8$ | 1934 | 6621 | 0 | | $K_7=4687$ |
| | 1747 | 1821 | 前 $K7$ | 2008 | 6796 | −1 | | |
| | 37.4 | 37.5 | 后-前 | −0074 | −0175 | +1 | −0.0745 | |
| | −0.1 | −0.3 | | | | | | |
| 3 | 1914 | 2055 | 后 $K8$ | 1726 | 6513 | 0 | | |
| | 1539 | 1678 | 前 $K7$ | 1866 | 6554 | −1 | | |
| | 37.5 | 37.7 | 后-前 | −0140 | −0041 | +1 | −0.1405 | |
| | −0.2 | −0.5 | | | | | | |

### 1.4.3.2　计算与检核

(1) 测站上的计算与检核

① 视距计算。根据视线水平时的视距原理"(下丝$-$上丝)$\times 100$"计算前、后视距离。

$$后视距离(9)=(1)-(2)$$
$$前视距离(10)=(5)-(6)$$

前后视距差(11)=(9)$-$(10),前后视距离差不超过 3m。

前后视距累计差(12)=上一个测站(12)+本测站(11),前后视距累计差不超过 10m。

② 同一水准尺黑、红面读数差计算($K_7=4.687$、$K_8=4.787$)。

$$(13)=(3)+K-(4)$$
$$(14)=(7)+K-(8)$$

同一水准尺黑、红面读数差不超过 3mm。

③ 高差计算与检核。

黑面尺读数之高差为

$$(15)=(3)-(7)$$

红面尺读数之高差为
$$（16）=（4）-（8）$$
黑、红面所得高差之差检核计算。
$$（17）=（15）-（16）\pm 0.100=（13）-（14）$$
式中，±0.100 为两水准尺常数 $K$ 之差。

黑、红面所得高差之差不超过 5mm。

④ 计算平均高差。
$$（18）=\frac{1}{2}[（15）+（16）\pm 0.100]$$

（2）每页的计算和检核

① 总视距计算与检核。

本页末站（12）= $\sum$（9）- $\sum$（10）。

本页总视距 = $\sum$（9）+ $\sum$（10）。

② 总高差的计算和检核。

当测站数为偶数时
$$总高差=\sum（18）=\frac{1}{2}[\sum（15）+\sum（16）]$$
$$=\frac{1}{2}\{\sum[（3）+（4）]-\sum[（7）+（8）]\}$$

当测站为奇数时
$$\sum（18）=\frac{1}{2}[\sum（15）+\sum（16）\pm 0.100]$$

## 1.4.4 三角高程测量

在山区或丘陵地区，由于地面高差较大，水准测量比较困难，因此可以采用三角高程测量的方法测定地面点的高程，这种方法速度快、效率高，特别适用于地形起伏大的山区。但是，三角高程测量的精度较水准测量的精度低，一般用于较低等级的高程控制中。

### 1.4.4.1 三角高程测量的原理

三角高程测量是指根据地面上两点间的水平距离和观测的竖直角来计算两点间的高差，然后根据其中已知点的高程推算未知点的高程。如图 1.4-5 所示，已知 $A$ 点高程为 $H_A$，欲求算 $B$ 点的高程，必先测定 $A$、$B$ 两点间的高差 $h_{AB}$。在 $A$ 点安置仪器，量取仪器高 $i$，在 $B$ 点立觇标，量取其高度 $v$，用望远镜的十字丝交点瞄准觇标顶端，测出竖角 $\alpha$。

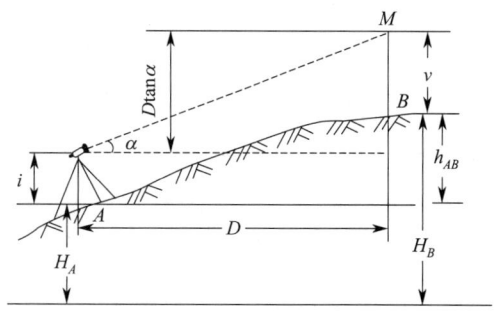

图 1.4-5 三角高程测量

若用经纬仪视距出 $A$、$B$ 两点间的水平距离 $D$，则可求得 $A$、$B$ 两点间的高差 $h_{AB}$，此为经纬仪三角高程测量，即

$$h_{AB} = D\tan\alpha + i - l$$

如果用电磁波测距仪测定两点间的斜距 $D'$，则也可求得 $A$、$B$ 两点间的高差 $h_{AB}$，此为电磁波测距三角高程测量，即

$$h_{AB} = D'\sin\alpha + i - l$$

则由公式 $H_B = H_A + h_{AB}$ 可求得 $B$ 的高程 $H_B$。

三角高程测量一般采取对向（往返）观测（又称直反觇观测）。即先在已知高程点 $A$ 安置仪器，在未知高程点 $B$ 立觇杆，测得高差 $h_{AB}$，称为直觇，然后在未知高程点 $B$ 安置仪器，在已知高程点 $A$ 立觇标，测得高差 $h_{BA}$，称为反觇。若直觇高差和反觇高差的较差不超过容许值，则取两者的平均值作为最后结果。

### 1.4.4.2　三角高程测量外业和内业工作

(1) 三角高程测量外业工作

① 安置仪器于测站上，量取仪器高 $i$，读至 mm。

② 立觇标于测点上，量出觇标高 $l$，读至 mm。

③ 用经纬仪观测竖角 $\alpha$，进行测回，较差在 $25''$ 内取平均值作为最后结果。

④ 采用对向观测，方法同上。若使用测距仪，则测出斜距 $D'$。

(2) 三角高程测量内业工作

三角高程测量内业工作的目的是计算出未知点的高程。计算前，先整理、检查外业观测数据，确认合格后方可进行计算。

① 高差的计算。根据公式计算直觇、反觇的高差，然后计算两者较差，若不超出容许值，则取平均值，符号同直觇高差符号，见表 1.4-6。

② 高程的计算。计算高差闭合差。

$$f_h = \sum h - (H_B - H_A)$$

若 $|f_h| \leqslant |f_{h容许}|$，说明精度达到要求，可按距离成正比例进行高差闭合差的调整，求得改正后高差，就可根据已知的起点高程逐点推算未知点的高程。

表 1.4-6　三角高程测量高差计算

| 已知点 | $A$ | |
|---|---|---|
| 未知点 | $B$ | |
| 觇法 | 直 | 反 |
| 水平距离 $D$/m | 488.01 | 488.01 |
| 竖直角 $\theta$ | $+6°52'07''$ | $-6°34'38''$ |
| $D\tan\theta$ | $+58.78$ | $-56.27$ |
| 仪器高/m | 1.49 | 1.50 |
| 觇标高/m | 3.00 | 2.50 |
| 两标改正/m | 0.02 | 0.02 |
| 高差/m | $+57.29$ | $-57.25$ |
| 平均高差/m | $+57.27$ | |

## ◆ 项目小结

项目小结如图 1.4-6 所示。

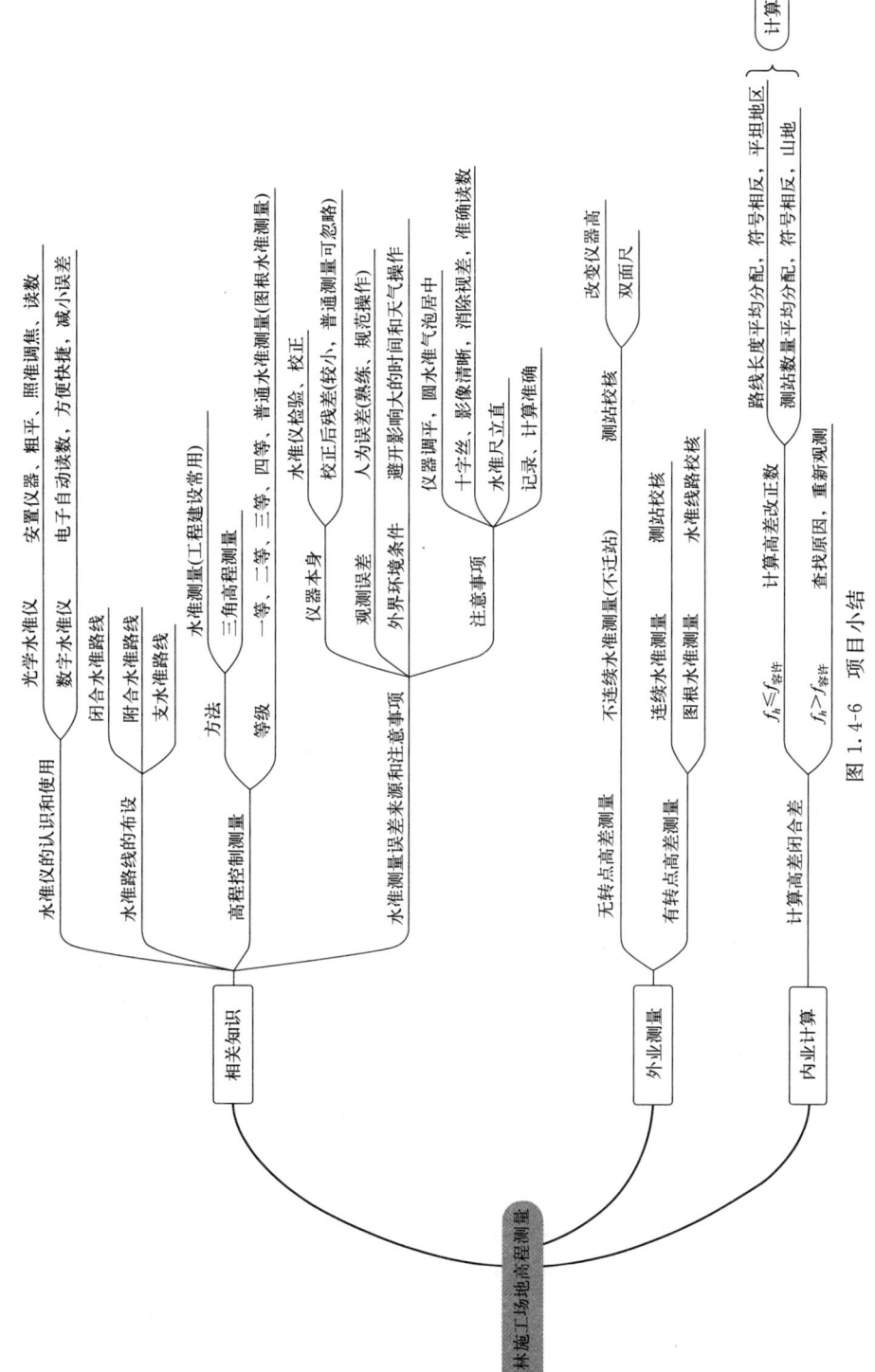

图 1.4-6 项目小结

## 思考练习

① 名词解释：水准点、视差、高差闭合差、附合水准路线、闭合水准路线、支水准路线。

② 详述 $DZS_3$ 自动安平水准仪的各部件名称和操作方法。

③ 已知 $A$ 点的高程 $H_A=49.282\text{m}$，$A$ 点立尺读数为 $1.136\text{m}$，$B$ 点读数为 $1.310\text{m}$，$C$ 点读数为 $0.992\text{m}$，求此时仪器视线高程是多少？$H_B$ 和 $H_C$ 各为多少？

④ 已知 $A$ 点高程 $50.235\text{m}$，由 $A$ 向 $B$ 各测站水准尺读数如图 1.4-7 所示，试计算 $B$ 点高程 $H_B$，填入表 1.4-7 中。

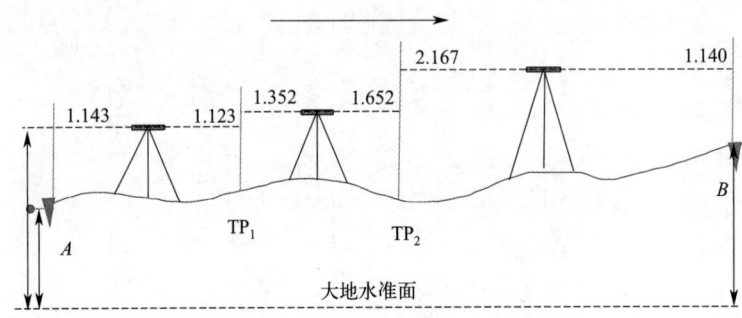

图 1.4-7 水准路线

表 1.4-7 水准测量手簿

测自 $A$ 至 $B$　　　年　月　日　　观测者：＿＿＿　　记录者：＿＿＿

| 测站 | 点号 | 视距/m | 水准尺读数/m | | 高差/m | | 高程/m | 备注 |
|---|---|---|---|---|---|---|---|---|
| | | | 后视 | 前视 | ＋ | － | | |
| 1 | $A$ | | | | | | ＋50.235 | 已知点 |
| | | | | | | | | |
| 2 | | | | | | | | |
| | | | | | | | | |
| 3 | | | | | | | | |
| | | | | | | | | |
| 4 | | | | | | | | |
| | | | | | | | | |
| 5 | | | | | | | | |
| | | | | | | | | |
| 校核 | | | | | | | | |

→》 **项目 2**

# 小区域大比例尺平面图测绘

为培养具备专业素养和实践能力的园林工程技术人才，与园林工程项目相结合，以虚拟的园林工程项目"某校区规划建设"设立相对应的"小区域大比例尺地形图绘制"项目。该项目涉及实地测量、数据采集、地形图绘制和质量控制等多个方面，在开始测绘之前，需要进行充分的前期准备。首先，要明确任务目标，了解测绘区域的基本情况，包括地理位置、地貌、建筑物位置分布等。其次，根据任务需求选择合适的测量仪器和设备，如经纬仪、全站仪、GPS接收器、测距仪等。项目1已介绍了地貌测量方法，所以本项目主要介绍某校园大比例尺平面图的测绘方法和步骤，包括收集测区已有的成果资料及选点布设导线控制网。通过经纬仪导线测量（包括测量导线之间的连接角，即水平角，两点之间水平距离，即导线长度测量）和全站仪导线测量获得控制点点位信息，通过碎部测量获取地物特征点位置信息，采用手绘或计算机软件绘制成大比例尺平面图，为该区域的规划、建设和管理提供基础地理信息。

通过本项目的学习，能了解大比例尺平面图、地形图绘制的相关知识，如绘图比例尺，地物和地貌的表示方法，平面图、地形图的测绘、拼接、检查、整饰、应用等内容，并掌握测绘大比例尺平面图的基本技能，包括经纬仪导线测量、全站仪导线测量和碎部测量操作方法及程序。

## 📚 知识目标

① 熟悉角度、平面图、地形图、比例尺精度等基本理论知识。

② 熟悉角度测量、距离测量的原理、测量方法和数据采集处理计算。

③ 掌握测量仪器（经纬仪、全站仪）的构造、使用原理和操作方法，以及采集野外数据和数据处理的方法。

④ 掌握小区域控制测量的原理、过程和数据处理计算方法。

⑤ 掌握地形图的应用知识，平面图、地形图中地物、地貌识读知识，并测绘与修整大比例尺平面图。

⑥ 熟悉地物、地貌在地形图上的表示方法，地形图识读，在地形图上可以获得地

物、地貌、高程、地面点位置等相关信息。

⑦ 熟悉利用地形图计算点坐标、高程、点间距离。

⑧ 掌握角度测量、距离测量的误差来源和注意事项。

## 能力目标

① 能利用 $DJ_6$ 光学经纬仪、电子经纬仪、全站仪（宾得 200）等测量仪器设备进行测角度、测坐标，完成数据的外业采集和内业数据处理工作。

② 能熟练判读地形图，并利用地形图计算园林工程建设所需的高程、角度、距离和坐标。

③ 能进行小区域大比例尺平面图（地形图）测绘。

## 素质目标

① 接受任务后，能厘清任务思路，快速进入工作状态。

② 培养吃苦耐劳、团队合作的精神，以及集体利益观念，善于进行测组内和测组间的沟通、协调。

③ 培养安全生产意识、爱护仪器设备、保护公共财产的良好职业道德。

# 任务 2.1 角度测量

### ◆ 任务目标

会熟练运用 $DJ_6$ 光学经纬仪测量水平角。

### ◆ 教学资源

① 材料用具：按照实训小组分配仪器和设备，每个小组备有一台 $DJ_6$ 光学经纬仪（含三脚架）、两根花杆、一份记录手簿，自备铅笔、计算器。

② 参考资料：多媒体课件、教学参考书等。

③ 教学场所：多媒体教室、园林工程测量实训室和校内实训基地。

### ◆ 相关知识

#### 2.1.1 角度测量原理

为确定一点的空间位置，角度是需要测量的基本要素之一，所以角度测量是一种基本的测量工作，目的是确定地面点的相互位置关系。角度测量包括水平角测量和竖直角测量。

(1) 水平角测量原理

水平角是指从空间一点出发的两个方向在水平面上的投影所夹的角度，范围是 $0°\sim 360°$。如图 2.1-1 所示，$A$、$B$、$O$ 为三个高度不同的地面点，那么方向线 $OA$、$OB$ 所夹的角即 $\angle AOB$ 是水平角。依据水平角定义，将 $A$、$B$、$O$ 三点分别沿铅垂线方向投影到水平面上，其投影线 $oa$ 和 $ob$ 所夹的 $\beta$ 角，即为方向线 $OA$、$OB$ 所夹的水平角。

由此得知，地面上任意两方向线间的水平角就是通过该方向线所作两铅垂面组成的二面角的大小。其二面角的大小可以在与过 $A$ 点铅垂线相垂直的任意水平面内求得。为了测定水平角的大小，可以设想在过顶角 $A$ 点上放置一个水平刻度圆盘，即水平度盘，圆盘中心 $O'$ 正通过 $O$ 点的铅垂线（图 2.1-1）。那么方向线 $OA$、$OB$ 在水平度盘上的投影，相对于水平度盘上的读数分别为 $m$ 和 $n$，则水平角 $\beta$ 就是两个读数之差，即 $\beta=n-m$。两条方向线由装在仪器上的望远镜提供，这就是水平角的测角原理。

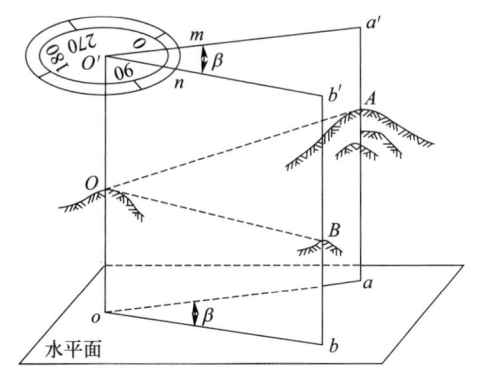

图 2.1-1　水平角测量

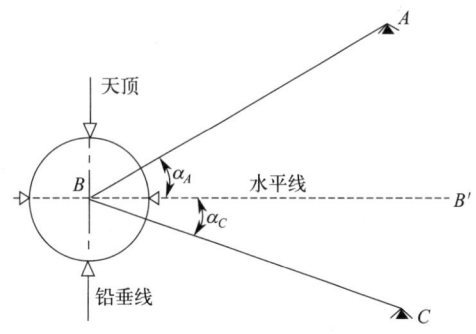

图 2.1-2　竖直角测量

(2) 竖直角测量原理

竖直角是指某一方向与其在同一铅垂面内的水平线所夹的角度，范围是 $-90°\sim 90°$，如图 2.1-2 所示。测量中竖直角就是测站点到目标点的视线与水平线在竖直面内投影的夹角，通常用 $\alpha$ 表示。竖直角有正负之分，视线高于水平视线称为仰角，为正值；视线低于水平视线称为俯角，为负值。视线 $AB$ 与测站点天顶方向之间的夹角称为天顶距，用 $Z$ 表示，它与竖直角有如下关系。

$$Z=90°-\alpha$$

所以，对于竖直角测量，也可直接进行天顶距测量。

竖直角与水平角一样，角度值也是度盘上两个角度差，为了测定竖直角的大小，设置一个竖直度盘（竖盘），竖盘平面必须与过视线的铅垂面平行，其中心在过 $B$ 点的水平线上；竖盘能够上下转动，且有一根指标线处于铅垂位置，不随度盘的转动而转动。指标线始终处于铅垂位置，水平方向读数固定，只需观测目标方向读数，即水平视线与目标视线的竖直度盘读数差就是所测量的竖直角。

## 2.1.2 光学经纬仪的构造和使用

目前，经纬仪的种类很多，常用的有光学经纬仪和电子经纬仪。按精度划分，我国有 $DJ_1$、$DJ_2$、$DJ_6$、$DJ_{15}$ 等几个等级，它们的基本结构和测角原理基本相同。本小节主要介绍测量中常用的 $DJ_6$ 光学经纬仪（参照北京博飞光学水准仪）。D、J 分别表示"大地测量"和"经纬仪"汉语拼音的第一个字母，数字"6"表示仪器的测角精度指标，1 个测回方向观测中误差不超过±6″。

### 2.1.2.1 $DJ_6$ 光学经纬仪的构造

$DJ_6$ 光学经纬仪的基本构造包括照准部、水平度盘、基座三部分，如图 2.1-3 所示。

（1）照准部

照准部主要部件有望远镜、管水准器、竖直度盘、读数设备等。望远镜由物镜、目镜、十字丝分划板、调焦透镜组成。

望远镜的主要作用是照准目标，望远镜与横轴固连在一起，由望远镜制动螺旋和微动螺旋控制其做上、下转动。照准部可绕竖轴在水平方向转动，由照准部制动螺旋和微动螺旋控制其水平转动。

照准部上的水准管用于精确整平仪器。

竖直度盘是为了测竖直角而设置的，可随望远镜一起转动。另设竖盘指标自动补偿器装置和开关，借助自动补偿器使读数指标处于正确位置。

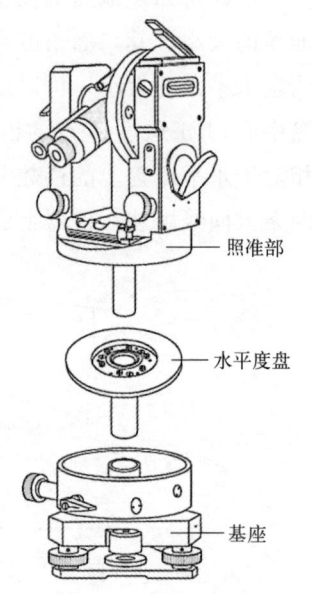

图 2.1-3 $DJ_6$ 光学经纬仪的构造

读数设备，通过一系列光学棱镜将水平度盘和竖直度盘及测微器的分划都显示在读数显微镜内，通过仪器反光镜将光线反射到仪器内部，以便读取度盘读数。

另外，为了能将竖轴中心线安置在过测站点的铅垂线上，在经纬仪上都设有对点装置。一般光学经纬仪都设置有垂球对点装置或光学对点装置，在垂球对点装置中心螺旋下面装有垂球挂钩，将垂球挂在钩上即可。光学对点装置是指通过安装在旋转轴中心的转向棱镜，将地面点成像在对点分划板上，通过对中目镜放大，同时看到地面点和对点分划板的影像。若地面点位于对点分划板刻划中心，并且水准管气泡居中，则说明仪器中心与地面点位于同一铅垂线上。

（2）水平度盘

水平度盘是一个光学玻璃圆环，圆环上按顺时针刻划注记 0°～360°分划线，主要用于测量水平角。观测水平角时，经常需要将某个起始方向的读数配置为预先指定的数值，称为水平度盘的配置，水平度盘的配置机构有复测机构和拨盘机构两种类型。$DJ_6$ 光学经纬仪采用的是拨盘机构，当转动拨盘机构变换手轮时，水平度盘随之转动，水平读数发生变化，而照准部不动，当压住度盘变换手轮下的保险手柄时，可将度盘变换手轮向里推进并转动，即可将度盘转动到需要的读数位置上。

（3）基座

基座主要是支承仪器上部并与三脚架起连接作用的一个构件，主要由轴座、三个脚螺旋和底板组成，并带有圆水准器。轴座是支撑仪器的底座，照准部同水平度盘一起插入轴座，用固定螺栓固定。将仪器底板稳固连接在三脚架上，调节三个脚螺旋使圆水准器气泡居中，粗略整平仪器，从而使竖轴竖直，水平度盘水平。圆水准器用于粗略整平仪器，三个脚螺旋用于整平仪器，从而使竖轴竖直，使水平度盘水平。连接板用于将仪器稳固地连接在三脚架上。

### 2.1.2.2　经纬仪各部件的名称及作用

经纬仪各部件的名称和作用如图 2.1-4 所示。

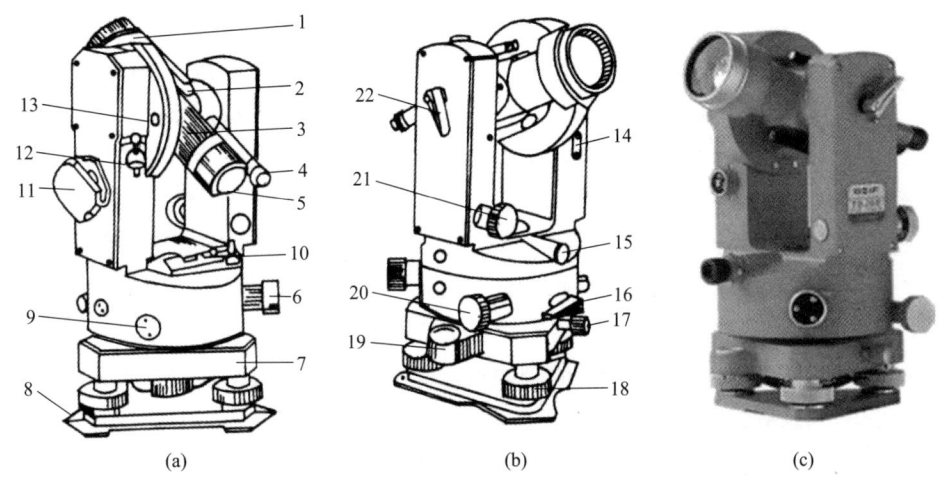

图 2.1-4　经纬仪各部件的名称和作用

1—望远镜；2—准星（瞄准器），粗略瞄准目标；3—物镜调焦螺旋，调节影像清晰度；4—测微尺（读数显微镜）调焦螺旋，读数窗口清晰显示；5—目镜调焦螺旋，调节十字丝清晰度；6—水平度盘变换器，目标读数置数；7—基座，支撑仪器连接脚架；8—底板；9—堵盖，保护螺栓；10—水准管（管水准器）；11—度盘照明反光镜，接收光源；12—自动归零钮；13—竖直度盘，测量竖直角；14—调指标差螺板；15—光学对中器，瞄准地面点；16—水平制动螺旋（手柄），水平盘方向制动；17—底座制动螺旋，固定底座和仪器连接螺旋；18—脚螺旋，调节圆水准器或管水准器气泡居中；19—圆水准器气泡，仪器粗略整平；20—水平微动螺旋，仪器制动后起作用，微小调节水平方向；21—竖直微动螺旋，目标竖直方向微小移动；22—竖直制动螺旋（手柄），竖盘方向制动

### 2.1.2.3　其他配件

与经纬仪配合使用的各种标志如图 2.1-5 所示，（a）～（d）依次是花杆（标杆）、测钎、觇标、吊垂球。

### 2.1.2.4　DJ$_6$ 光学经纬仪的使用

使用经纬仪时包括对中、整平、望远镜调焦及照准目标等工作。

（1）对中

对中的目的是使仪器水平度盘中心处于测站点的铅垂线上。对中有两种方法：垂球对中和光学对中器对中。

① 垂球对中。张开三脚架，使三脚架头中心粗略对准测站点的标志中心，调节三脚

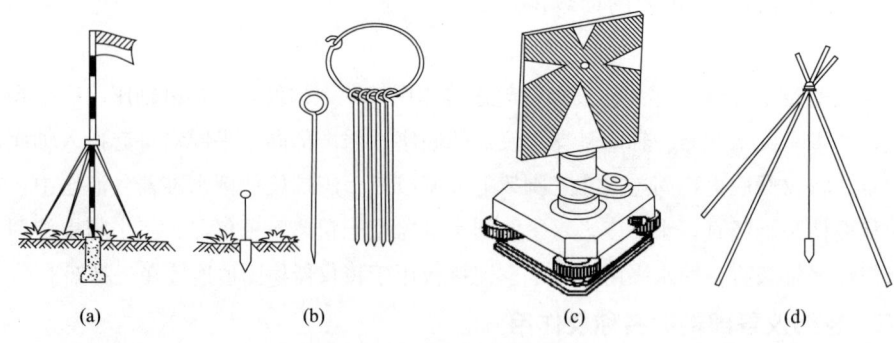

图 2.1-5　测角时照准标志

架腿部，使高度适于观测，目估使架头大致水平，装上仪器，旋紧中心螺旋，挂上垂球，若垂球离测站中心较远，则需将三脚架做等距平移，或者固定一脚移动另两脚，使垂球尖大致对准地面标志，然后将脚尖踩入土中，微松中心螺旋，双手扶握仪器支架，使仪器在架头移动，待垂球尖准确对准测站点标志中心后，旋紧中心连接螺旋。用垂球对中时，对中误差一般应小于 2~3mm。

② 光学对中器对中。光学对中器对中精度较高，一般可使对中误差小于 1mm，具体步骤：张开三脚架，目估对中且使三脚架架头大致水平，三脚架高度适中；将经纬仪固定在三脚架上，调整对中器目镜焦距，使对中器的圆圈标志和测站点影像清晰；踩实一条架腿，两手掂起另外两条架腿，用自己的脚尖点住测站点标志，眼睛通过对点器的目镜来寻找自己的脚尖，找到脚尖便找到了测站点标志，对中地面点标志，放下两条架腿踩实即可；然后通过对点器目镜观测测站点，检查是否严格对中，若没有严格对中，可调节三个脚螺旋使之严格对中。

(2) 整平

整平的目的是使仪器的水平度盘处于水平位置，竖直轴处于铅垂位置。若是垂球对中，应按下述方法进行整平。

如图 2.1-6 所示，旋转仪器使照准部管水准器与任意两个脚螺旋的连线平行，用两手同时相对或相反方向转动这两个脚螺旋，让气泡居中。然后将仪器旋转 90°，使管水准器与前两个脚螺旋连线垂直，转动第三个脚螺旋，使气泡居中。若管水准器位置正确，如此反复进行数次即可达到精确整平的目的，即管水准器转到任何方向时，水准气泡都居中，或偏离不超过 1 格。

若是光学对中器对中，应按下列方法进行整平。

首先，调节三脚架的伸缩连接处，靠伸缩脚架使圆水准器气泡居中；其次，按图 2.1-6 的方法，调平照准部水准管气泡，观察光学对中器与测站点标志是否完全重合（此时一定有很小偏离）；最后，松开中心连接螺旋，平行移动仪器使光学对中器与测站点标志完全重合。注意：松开中心连接螺旋，而不是完全松开。如此反复几次，直到严格整平为止。

(3) 望远镜调焦

调焦就是调节十字丝和物像同时清晰的过程。首先调节目镜使十字丝清晰，随后调节

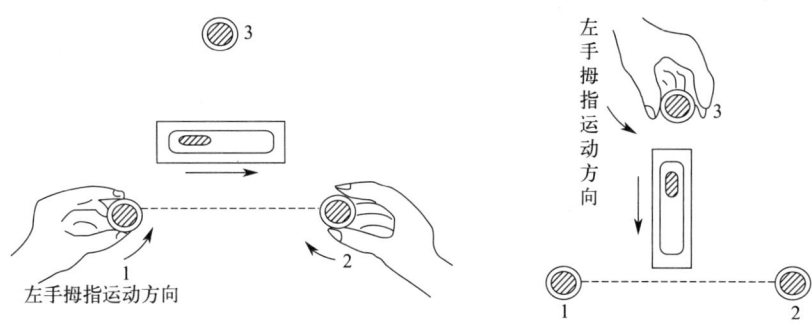

图 2.1-6　管水准器调平

物镜对光螺旋使物像清晰。为了提高测角精度，观测时一定要消除十字丝视差。十字丝视差的消除在望远镜使用中已提到，这里不再叙述。

（4）照准目标

照准目标就是用十字丝的中心部位照准目标，不同的角度测量所用的十字丝是不同的，但都是用接近十字丝中心的位置照准目标。

在水平角测量中，应用十字丝的纵丝（竖丝）照准目标。当所照准的目标较粗时，常用单丝对其进行平分；若照准的目标较细，则常用双丝对称夹住目标，如图 2.1-7 所示。当目标倾斜时，应照准目标的根部来减弱照准误差的影响。

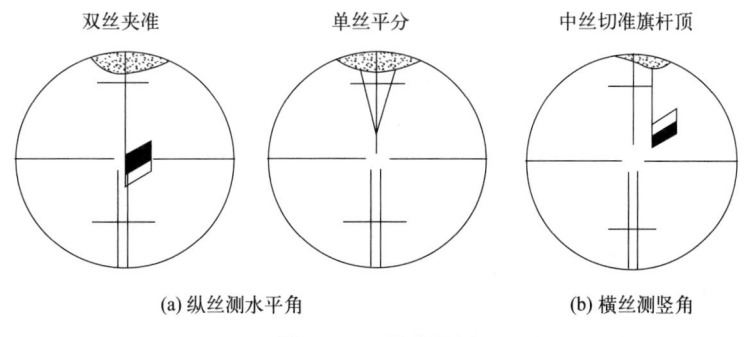

图 2.1-7　照准目标

进行竖直角测量时，应用十字丝的横丝（中丝）切准目标的顶部或特殊部位，在记录时一定要注记照准位置[图 2.1-7(b)]。松开照准部和望远镜的制动螺旋，转动照准部和望远镜，用粗瞄准器使望远镜大致照准目标，随即从镜内找到目标并使其移动到十字丝中心附近，固定照准部和望远镜制动螺旋，再旋转其微动螺旋，则可准确照准目标的固定部位，读取水平角或竖直角数值。为了减少仪器的隙动误差，使用微动螺旋精确照准目标时，一定要用旋进方向。测水平角时，照准部要按规定的方向旋转，这样可减少仪器的隙动误差。

（5）读数和置数

如图 2.1-8 所示，$DJ_6$ 光学经纬仪一般采用分微尺读数。在读数显微镜内，可以同时看到水平度盘和竖直度盘的像。注有"H"字样的是水平度盘，注有"V"字样的是竖直度盘，在水平度盘和竖直度盘上，相邻两分划线间的弧长所对的圆心角称为度盘的分划值。$DJ_6$ 光学经纬仪分划值为 1°，按顺时针方向每度注有度数，小于 1°的读数在分微尺上读取。读数窗内的分微尺有 60 个小格，其长度等于度盘上间隔为 1°的两根分划线在读数窗中的影像长度。因此，测微尺上一小格的分划值为 $1'$，可估读到 $0.1'$，分微尺上的零分划线为读数指标线。

读数方法：瞄准目标后，将反光镜掀开，使读数显微镜内光线适中，然后转动、调节读数窗口的目镜调焦螺旋，使分划线清晰，并消除视差，直接读取度盘分划线注记读数及分微尺上 0 指标线到度盘分划线读数，两数相加即得该目标方向的度盘读数，记做 $00°00'00''$。采用分微尺读数方法简单、直观。如图 2.1-8 所示，水平盘读数为 $125°13'12''$。

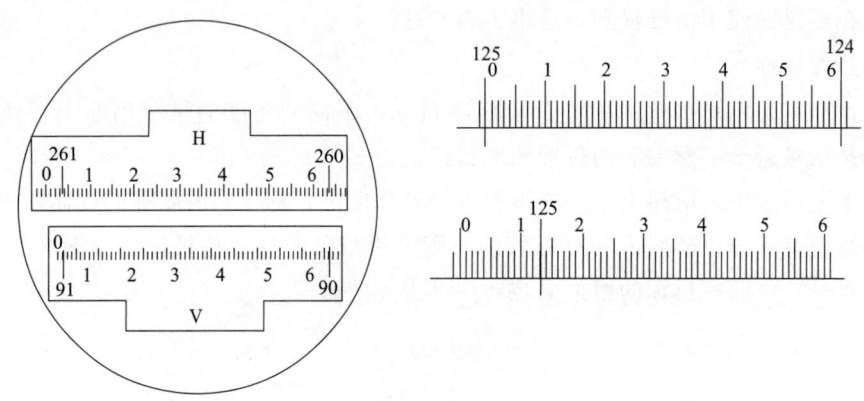

图 2.1-8 读数显微镜窗

为了减弱度盘的刻划误差和方向值的计算方便，在水平角观测时，通常规定某一清晰、成像稳定的目标作为"零方向"，将度盘读数调整为 0°或某一规定值。这个操作过程称为"配置度盘读数"。

操作步骤如下：
① 当仪器整平后，用盘左照准目标；
② 转动度盘变换手轮，使度盘读数调整至预定读数即可；
③ 为防止观测时碰动度盘变换手轮，度盘"置数"后应及时盖上护盖。

当观测角要求较高时，通常在一个测站上观测好几个测回，为了减弱度盘刻划误差的影响，各测回的"零方向"值为

$$m = \frac{180°}{n}(i-1)$$

式中，$n$ 为测回数；$i$ 为测回序号。

所谓"盘左"，就是当望远镜照准目标时，竖盘在望远镜的左侧，又称为"正镜"；竖盘位于望远镜的右侧时称为"盘右"，又称为"倒镜"。用盘左观测水平角时称为"上半测回"；用盘右观测水平角时称为"下半测回"；上半测回和下半测回合称"一测回"。

## 2.1.3 水平角观测方法

### 2.1.3.1 测回法

测回法适用于在一个测站有两个观测方向的水平角观测。如图 2.1-9 所示，设要观测的水平角为 $\angle AOB$，先在目标点 $A$、$B$ 设置观测标志，在测站点 $O$ 安置经纬仪，然后分别瞄准 $A$、$B$ 两个目标点进行读数，水平度盘两个读数之差即为要测的水平角。为了消除水平角观测中的某些误差，通常对同一角度要进行盘左、盘右两个盘位观测。

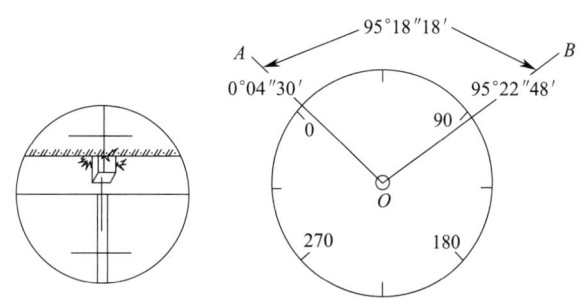

图 2.1-9 经纬仪瞄准目标及测回法观测水平角

具体步骤如下。

① 安置仪器于测站点 $O$ 上，对中、整平。

② 盘左位置瞄准 $A$ 目标，读取水平度盘读数为 $a_左$，设为 $0°04'30''$，记入表 2.1-1 盘左 $A$ 目标水平度盘读数一栏。

③ 松开制动螺旋，顺时针方向转动照准部，瞄准 $B$ 点，读取水平度盘读数为 $b_左$，记为 $95°22'48''$，记入表 2.1-1 盘左 $B$ 目标水平度盘读数一栏，此时完成上半测回的观测，即 $\beta_左 = b_左 - a_左$。

④ 松开制动螺旋，倒转望远镜成盘右位置，瞄准 $B$ 点，读取水平度盘的读数为 $b_右$，记为 $277°19'12''$，记入表 2.1-1 盘右 $B$ 目标水平度盘读数一栏。

⑤ 松开制动螺旋，逆时针方向转动照准部，瞄准 $A$ 点，读取水平度盘读数为 $a_右$，记为 $182°00'42''$，记入表 2.1-1 盘右 $A$ 目标水平度盘读数一栏。此时完成下半个测回观测，即 $\beta_右 = b_右 - a_右$，上、下半测回合称为一个测回，取盘左、盘右所得角值的算术平均值作为该角的一测回角值，即 $\beta = (\beta_左 + \beta_右)/2$。

对于 $DJ_6$ 光学经纬仪，测回法的限差规定：一是两个半测回角值较差≤$40''$（上半测回角值和下半测回角值之差）；二是各测回角值差≤$36''$，测量结果满足限差要求，一测回角值取平均值，各测回角值取平均值，否则，需要重新测量。对于精度要求不同的水平角，有不同的规定限差。当要求提高测角精度时，往往要观测 $n$ 个测回，每个测回可按变动值概略公式 $[m = \dfrac{180°}{n}(i-1)]$ 的差数改变度盘起始读数，其中 $n$ 为测回数，例如测回数 $n=4$，则各测回的起始方向读数应等于或略大于 $0°$、$45°$、$90°$、$135°$，这样做的主要目的是减弱度盘刻划不均匀造成的误差。

表 2.1-1　水平角观测手簿（测回法）

| 测站 | 测回 | 竖盘位置 | 目标 | 水平度盘读数 | 半测回角值 | 一测回角值 | 各测回平均角值 | 备注 |
|---|---|---|---|---|---|---|---|---|
| O | 1 | 左 | A | 0°4′30″ | 95°18′18″ | 95°18′24″ | 95°18′18″ | |
| | | | B | 95°22′48″ | | | | |
| | | 右 | A | 182°00′42″ | 95°18′30″ | | | |
| | | | B | 277°19′12″ | | | | |
| O | 2 | 左 | A | 90°3′6″ | 95°18′24″ | 95°18′12″ | | |
| | | | B | 185°21′30″ | | | | |
| | | 右 | A | 269°57′18″ | 95°18′0″ | | | |
| | | | B | 5°15′18″ | | | | |

#### 2.1.3.2　方向观测法（全圆观测法）

当一个测站有三个或三个以上的观测方向时，应采用方向观测法进行水平角观测，方向观测法是以所选定的起始方向（零方向）开始，依次观测各方向相对于起始方向的水平角值，也称方向值。两任意方向值之差，就是这两个方向之间的水平角值。如图 2.1-10 所示，为三个观测方向，需采用方向观测法进行观测，现就其观测、记录、计算及精度要求做如下介绍。

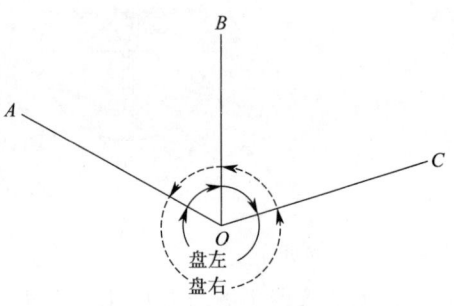

图 2.1-10　方向观测法

① 安置经纬仪于测站点 $O$，对中、整平。

② 盘左位置瞄准起始方向（也称零方向）$A$ 点，并配置水平度盘读数，使其略大于零。转动水平度盘变换器使读数分划吻合，读取 $A$ 方向水平度盘读数，以顺时针方向转动照准部，依次瞄准 $B$、$C$ 点读数。为了检查水平度盘在观测过程中有无带动，最后再一次瞄准 $A$ 点读数，称为归零，照准部顺时针转动一圈测量各个方向值，因此也叫全圆观测法。每一次照准要求测微器两次重合读数，将方向读数按观测顺序自上而下记入表 2.1-2，以上称为上半个测回。

③ 接上述步骤，在 $A$ 点变换盘右位置，瞄准 $A$ 点读取水平度盘的读数，逆时针方向转动照准部，依次瞄准 $C$、$B$、$A$ 点，将方向读数按观测顺序自下而上记入表 2.1-2。以上称为下半个测回。上、下半测回合称为一个测回。需要观测多个测回时，各测回间应按 $m = \dfrac{180°}{n}(i-1)$ 变换度盘位置。精密测角时，每个测回照准起始方向时，应改变度盘和测微盘位置的读数，使读数均匀分布在整个度盘和测微盘上。

④ 计算方法与步骤。

a. 半测回归零差的计算。每半测回零方向有两个读数，它们的差值称为归零差。表 2.1-2 中第一测回上、下半测回归零差分别为盘左 18″−12″=+6″，盘右 6″−0″=+6″。

表 2.1-2 水平角观测手簿（方向观测法）

仪器：DJ$_6$    测站：O    等级：    日期：×月×日
天气：晴    观测者：    开始时间：8时30分
成像：清晰    记录者：    觇标类型：花杆    结束时间：10时10分

| 测回数 | 目标 | 水平度盘读数 盘左 | 水平度盘读数 盘右 | 2C | 平均读数 $\frac{左+(右\pm180°)}{2}$ | 一测回归零方向值 | 各测回归零方向值 | 备注 |
|---|---|---|---|---|---|---|---|---|
| 1 | A | 0°2′12″ | 180°2′0″ | +12 | (0°2′9″)<br>0°2′6″ | 0°0′0″ | 0°0′0″ | |
| | B | 37°44′24″ | 217°44′6″ | +18 | 37°44′15″ | 37°42′6″ | 37°42′10″ | |
| | C | 110°29′6″ | 290°29′0″ | +6 | 110°29′3″ | 110°26′54″ | 110°26′53″ | |
| | A | 0°2′18″ | 180°2′6″ | +12 | 0°2′12″ | | | |
| 归零差 | | $\Delta_左=+6″$ | $\Delta_右=+6″$ | | | | | |
| 2 | A | 90°3′18″ | 270°3′24″ | −6 | (90°3′22″)<br>90°3′21″ | 0°0′0″ | | |
| | B | 127°45′42″ | 307°45′36″ | +6 | 127°45′39″ | 37°42′17″ | | |
| | C | 200°30′24″ | 20°30′12″ | +12 | 200°30′18″ | 110°26′56″ | | |
| | A | 90°3′24″ | 270°3′24″ | 0 | 90°3′24″ | | | |
| 归零差 | | $\Delta_左=6″$ | $\Delta_右=0″$ | | | | | |

b. 计算一个测回各方向的平均读数。平均值=[盘左读数+(盘右读数±180°)]/2。例如：B 方向平均读数=1/2[37°44′24″+(217°44′06″−180°)]=37°44′15″，填入第 6 列。

c. 计算起始方向值。第 6 列两个 A 方向的平均值 1/2（0°2′6″+0°2′12″）=0°2′9″，填写在第 5 列 A 行上。

d. 计算归零后方向值。将各方向平均值分别减去零方向平均值，即得各方向归零方向值。注意：零方向观测两次，应将平均值再取平均。

例如：B 方向归零方向值=37°44′15″−0°2′9″=37°42′6″。

e. 计算各个角值。如只有一个测回，则∠AOB=37°42′06″−0°0′0″=37°42′6″，∠BOC=110°26′54″−37°42′6″=72°44′48″。

f. 一测回中二倍视准轴误差变动范围 2C 值计算。

$$2C=L-(R\pm180°)$$

式中，L 表示盘左读数；R 表示盘右读数，当 R≥180°时，取"−"，当 R<180°时，取"+"号。

本例里有第二个测回，需求各测回归零方向，两个测回归零方向取平均值填写在第 7 列里，再求角度值。需要注意限差要求，DJ$_6$ 光学经纬仪的半测回归零差≤±18″，同一方向各测回互差≤±24″，2C≤±18″，所有数据需满足限差才能计算，否则只能重新观测。用高等级的仪器进行测量，限差要求也高。

## 2.1.4 竖直角观测方法

竖直度盘的刻划有全圆顺时针和全圆逆时针两种。如图 2.1-11 所示盘左位置，图(a)为全圆逆时针方向注字，图(b)为全圆顺时针方向注字。当视线水平时指标线所指的盘左读数为 90°，盘右读数为 270°，对于竖盘指标的要求是，始终能够读出与竖盘刻划中心在同一铅垂线上的竖盘读数。为了满足这个要求，早期的光学经纬仪多采用水准管竖盘结构。这种结构将读数指标与竖盘水准管固连在一起，转动竖盘水准管定平螺旋，使气泡居中，读数指标处于正确位置，可以读数。现代的仪器则采用自动补偿器竖盘结构，这种结构借助一组棱镜的折射原理，自动使读数指标处于正确位置，也称为自动归零装置，整平和瞄准目标后，能立即读数，因此操作简便，读数准确，速度快。

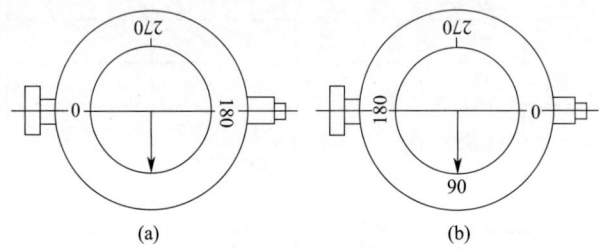

图 2.1-11 竖直度盘的注记形式

（1）竖直角观测的步骤

① 安置仪器于测站点 $O$，对中、整平后，打开竖盘自动归零装置。

② 盘左位置瞄准 $A$ 点，用十字丝横丝照准或相切目标点，读取竖直度盘的读数 $L$，设为 48°17′36″，记入表 2.1-3。这样就完成了上半个测回的观测。

③ 将望远镜倒镜变成盘右，瞄准 $A$ 点，读取竖直度盘的读数 $R$，设为 311°42′48″，记入观测手簿，这样就完成了下半个测回的观测。上、下半测回合称为一个测回，根据需要进行多个测回的观测。

表 2.1-3 竖直角观测记录

| 仪器型号 | | 班组 | | 观测者 | | 记录者 | | 日期 | |
|---|---|---|---|---|---|---|---|---|---|
| 测站 | 目标 | 竖盘位置 | 竖盘读数 | 指标差/(″) | 半测回竖直角 | 一测回竖直角 | 备注 |
| $O$ | $A$ | 左 | 48°17′36″ | 12 | 41°42′24″ | 41°42′36″ | |
| | | 右 | 311°42′48″ | | 41°42′48″ | | |
| | $B$ | 左 | 98°28′40″ | −13 | −8°28′40″ | −8°28′53″ | |
| | | 右 | 261°30′54″ | | −8°29′6″ | | |

（2）竖直角的计算

竖直角是指某一方向与其在同一铅垂面内的水平线所夹的角度，则视线方向读数与水平线读数之差即为竖直角值。其水平线读数为一个固定值，实际只需观测目标方向的竖盘读数。度盘的刻划注记形式不同，用不同盘位进行观测时，视线水平时读数也不相同。因此，应根据不同度盘的刻划注记形式相对应的计算公式计算所测目标的竖直角。下面以顺时针方向注字形式说明竖直角的计算方法及如何确定计算式。如图 2.1-12 所示，盘左位置视线水平时读数为 90°。望远镜上仰，视线向上倾斜，指标处读数减小，根据竖直角定义仰角为正，则盘左时竖直角计算公式为 $\alpha_左 = 90° - L$，盘右时竖直角公式为 $\alpha_右 = R - 270°$。因为竖盘读数 $L$ 和 $R$ 通常含有误差，$\alpha_左$、$\alpha_右$ 不相等，所以取两者的平均值为倾角 $\alpha$ 的最后结果，则

$$\alpha = \frac{1}{2}(\alpha_左 + \alpha_右) = \frac{1}{2}[(R-L) - 180°]$$

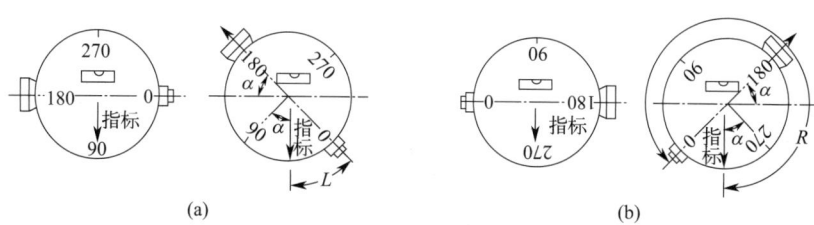

图 2.1-12 DJ$_6$ 光学经纬仪竖直角的计算法则

（3）竖盘指标差

上述竖直角计算公式依据竖盘的构造和注记特点，即视线水平，竖盘自动归零时，竖盘指标应指在正确的读数 90°或 270°上。但因仪器在使用过程中受到震动或者制造上不严密，使指标位置偏移，导致视线水平时的读数与正确读数有一个差值，此差值称为竖盘指标差，用 $x$ 表示。由于指标差存在，盘左读数和盘右读数都差了一个 $x$ 值。如指标线沿度盘注记增大的方向偏移，使读数增大，则 $x$ 为正；反之 $x$ 为负。

盘左时，竖直角为

$$\alpha_左 = 90° - (L - x)$$

盘右时，竖直角为

$$\alpha_右 = (R - x) - 270°$$

盘左、盘右测得的竖直角相减，则得

$$x = \frac{1}{2}(R + L - 360°)$$

盘左、盘右测得的竖直角相加，则得

$$\alpha = \frac{1}{2}(R - L - 180°)$$

从上式可以看出，取盘左、盘右观测结果的中数，可以消除指标差的影响。用单盘位观测时，应加指标差改正，可以得到正确的竖直角。当指标偏移方向与竖盘注记的方向相同时，指标差为正，反之为负。以上各公式是按顺时针方向注字形式推导的，同理可推出逆时针方向注字形式计算公式。

由上述可知，测量竖直角时，盘左、盘右观测取平值可以消除指标差对竖直角的影响。同一台仪器的指标差，在短时间段内理论上为定值，即使受外界条件变化和观测误差

的影响，也不会有大的变化。因此，在精度要求不高时，先测定 $x$ 值，以后可以用单盘位观测，加指标差改正得正确的竖直角。在竖直角测量中，常以指标差检验观测成果的质量，即在观测不同的测回中或不同的目标时，指标差的互差不应超过规定的限制。例如：$DJ_6$ 级经纬仪用于一般工作时指标差互差不超过 25″。

## ◆ 任务内容和实施过程

### 2.1.5 测回法测量水平角

实训场地内有导线点 $M$、$N$、$P$，现需要量测导线连接角，即 $\angle P$、$\angle M$、$\angle N$，如图 2.1-13 所示。

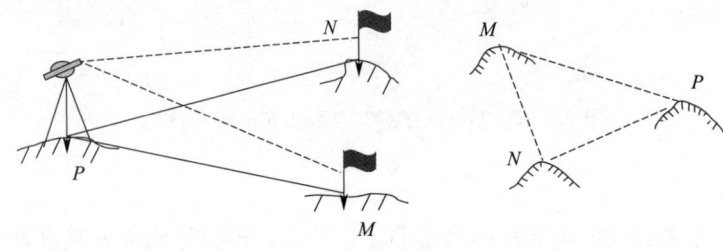

图 2.1-13　导线连接角

选用测回法测量待测水平角，普通测量要求每个角测量一个测回即可，学生现场操作，教师引导，教师首先介绍怎样对中，以及仪器的基本操作和读数，学生以组为单位进行外业测量，同时记录并计算所测数据，教师对学生的操作过程进行评价和总结。

① 安置仪器。

a. 将仪器安置到测站 $P$ 点，$M$、$N$ 点分别安置花杆。

b. 安置 $DJ_6$ 光学经纬仪于测站点上，大致对中。

c. 光学对中，移动架腿进行光学对中。

d. 粗略整平，伸缩架腿，调节圆水准器，使气泡居中。

e. 精确整平，调节三个脚螺旋，使管水准器气泡居中。

f. 检查对中情况，如偏离地面点较小，可松动仪器，轻轻平移仪器；若偏离较大，则需重复 c～e，要求对中点偏离地面小于 3mm。

② 先盘左照准目标 $N$ 点，调焦使物像清晰，十字丝清晰，测微尺窗口读数，记入表 2.1-4。

③ 再顺时针旋转至 $M$，照准 $M$ 点，调焦使物像清晰，十字丝清晰，测微尺窗口读数，记入表 2.1-4。

④ 在 $M$ 处变换成盘右，照准 $M$ 点，调焦使物像清晰，十字丝清晰，测微尺窗口读数，记入表 2.1-4。

⑤ 再逆时针旋转至 $N$，照准 $N$ 点，调焦使物像清晰，十字丝清晰，测微尺窗口读数，记入表 2.1-4。

⑥ 计算测量限差，计算水平角。测量 N 角和 M 角，需迁站至 N、M，方法同 P 角测量。

表 2.1-4 水平角观测（测回法）

| 仪器型号 | | | 班组 | 观测者 | 记录者 | 日期 | |
|---|---|---|---|---|---|---|---|
| 测站 | 竖盘位置 | 目标 | 水平度盘读数 | 半测回角值 | 一测回角值 | 各测回角值 | 备注 |
| P | 左 | N | | | | | |
| | | M | | | | | |
| | 右 | N | | | | | |
| | | M | | | | | |
| M | 左 | P | | | | | |
| | | N | | | | | |
| | 右 | P | | | | | |
| | | N | | | | | |
| N | 左 | M | | | | | |
| | | P | | | | | |
| | 右 | M | | | | | |
| | | P | | | | | |

◆ **测量误差和注意事项**

角度测量的精度受各方面的影响，误差主要来源于三个方面：仪器误差、观测误差及外界环境产生的误差。

## 2.1.6 仪器误差

由于仪器本身制造不精密、结构不完善而导致的误差及检校后的残余误差，例如：照准部的旋转中心与水平度盘中心不重合而产生的误差、视准轴不垂直于横轴而产生的误差、横轴不垂直于竖轴而产生的误差。此三项误差都可以采用盘左、盘右两个位置取平均数来减弱；度盘刻划不均匀的误差可以采用变换度盘位置的方法来进行消除；竖轴倾斜误差对水平角观测的影响不能采用盘左、盘右取平均数来减弱，观测目标越高，影响越大，因此在仪器使用之前需对仪器进行检验与校正，且山地测量时更应严格整平仪器。

为了精确地测定水平角，要求经纬仪各轴线之间必须满足一定的几何条件（图 2.1-14）。

① 照准部水准管轴垂直于仪器竖轴，即与水平度盘平行（$LL \perp VV$）；垂直轴与水平度盘垂直，并通过度盘中心。

② 十字丝纵丝垂直于仪器横轴。

③ 视准轴垂直于仪器横轴（$CC \perp HH$）。

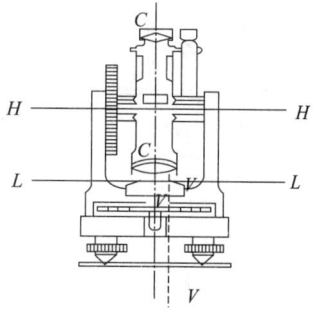

图 2.1-14 经纬仪的主要轴线

④ 仪器横轴垂直于仪器竖轴（$HH \perp VV$）。

以上几个几何条件中，一般仪器出厂时是满足条件的，但受运输、使用、搬运过程中磨损和震动的影响，这些条件可能会发生变化，因此在使用之前必须进行检验和校正。

### 2.1.6.1 照准部水准管轴垂直于仪器竖轴的检验校正

（1）检验

检验的目的是保证仪器竖轴与铅垂线方向一致，即水平度盘处于水平位置。

首先整平仪器，使管水准器与任意两个脚螺旋的连线平行，旋转脚螺旋使气泡居中，然后将照准部旋转180°，若气泡仍居中，说明此条件满足，否则应校正（图2.1-15）。

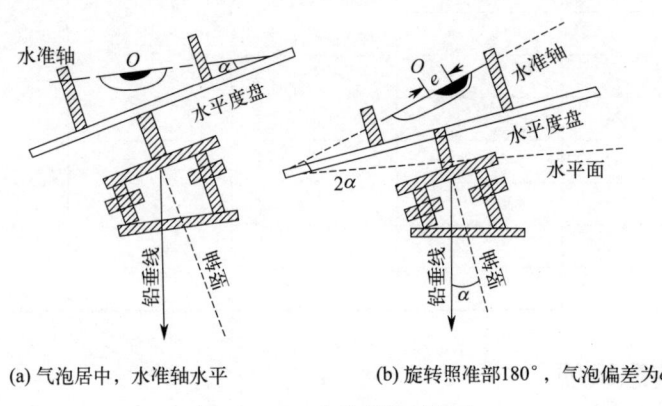

(a) 气泡居中，水准轴水平　　(b) 旋转照准部180°，气泡偏差为$e$

图 2.1-15　水准管轴的检验

（2）校正

旋转脚螺旋，改正气泡偏离格值的一半，如图2.1-16(a)所示，使竖轴处于铅垂方向，用仪器校正针拨动水准管一端的校正螺旋，先松一个后紧一个，使气泡居中，如图2.1-16(b)所示。此条件的检验须反复进行，直到照准部转到任何位置后气泡偏离值都在1格以内。检校完成后，应附带校正圆水准器（同项目1中，水准仪的圆水准器气泡校正）。

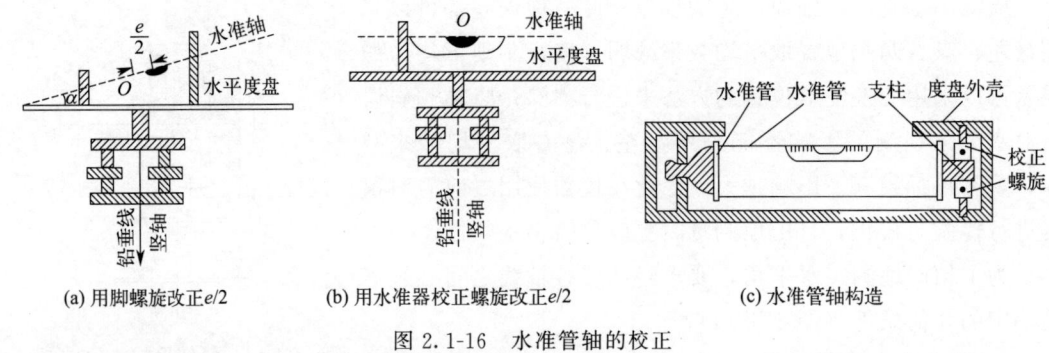

(a) 用脚螺旋改正$e/2$　　(b) 用水准器校正螺旋改正$e/2$　　(c) 水准管轴构造

图 2.1-16　水准管轴的校正

### 2.1.6.2 十字丝纵丝垂直于仪器横轴的检验校正

（1）检验

检验目的是使望远镜十字丝的竖丝与仪器横轴垂直。

精确整平仪器，用竖丝的一端瞄准一个细小固定点，旋紧水平制动螺旋和望远镜制动螺旋，转动望远镜微动螺旋，观察"·"点，是否始终在竖丝上移动。若始终在竖丝上移动，说明满足条件，否则需要校正。

(2) 校正

如图 2.1-17 所示，拧下目镜前面的十字丝护盖，松开十字丝环的压环螺栓，转动十字丝环，使竖丝端点到小点的目标间隔减小一半，再反转到起始端点，反复操作，至竖丝竖直位置，拧紧螺栓。

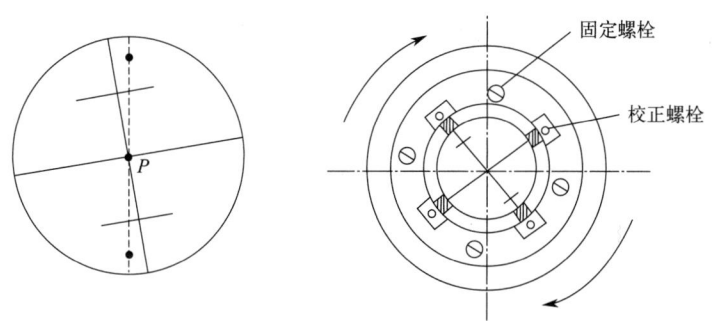

图 2.1-17　十字丝纵丝检验校正

### 2.1.6.3　视准轴垂直于仪器横轴的检验校正

检验目的是使视准轴垂直于仪器横轴，若视准轴不垂直于仪器横轴，则偏差角为 $c$，称为视准轴误差。视准轴误差的检验与校正方法，通常有水平度盘读数法和标尺法两种。

(1) 水平度盘读数法[图 2.1-18(a)]

检验：①安置仪器，盘左瞄准远处与仪器大致同高的一点 $A$，读水平度盘读数为 $\alpha_{左}$；②倒转望远镜，盘右再瞄准 $A$ 点，读水平度盘读数为 $\alpha_{右}$；③若 $\alpha_{左}=\alpha_{右}\pm180°$，则满足条件，若差值 $>2'$ 则需要校正。

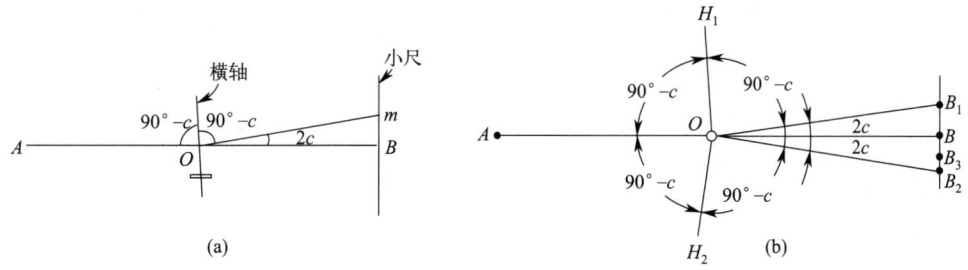

图 2.1-18　视准轴垂直于仪器横轴的检验校正

校正：计算正确读数 $\alpha'_{右}=[\alpha_{右}+(\alpha_{左}\pm180°)]/2$，转动水平微动螺旋，让水平度盘读数为 $\alpha'_{右}$，此时目标 $A$ 偏离十字丝交点，拧下十字丝护盖，用校正针拨动左右校正螺旋，使十字丝交点对准 $A$ 点，反复检验校正，至差值在 $2'$ 以内，旋紧校正螺栓，盖好护盖。

(2) 标尺法

检验：如图 2.1-18(b) 所示，在平坦地面上选择一条直线（60~100m），在 $AB$ 中点 $O$ 架设仪器，并在 $B$ 点垂直横置一个小尺。用盘左瞄准 $A$，倒转镜在 $B$ 点小尺上读取 $B_1$；再用盘右瞄准 $A$，倒镜在 $B$ 点小尺上读取 $B_2$，若 $B_1$ 和 $B_2$ 重合，则条件满足，否则需要校正。

校正：在 $B_1$ 和 $B_2$ 间的 1/4 处，定出 $B_3$ 读数，使 $B_3 = B_2 - (B_2 - B_1)/4$。拨动十字丝左、右两个校正螺栓，使十字丝交点由 $B_2$ 点移至 $B_3$ 点重合，反复检校，直至 $B_1B_2 \leqslant 2mm$ 位置，旋紧十字丝保护盖。

### 2.1.6.4 仪器横轴垂直于仪器竖轴的检验校正

在距离建筑物 20~30m 处的墙上选一个仰角大于 30°的目标点 $P$（图 2.1-19），先用盘左瞄准 $P$ 点，放平望远镜，在墙上定出 $P_1$ 点；再用盘右瞄准 $P$ 点，放平望远镜，在墙上定出 $P_2$ 点，若 $P_1$ 和 $P_2$ 重合，说明此条件满足；若 $P_1P_2 > 5mm$，则需要校正，因仪器横轴是密封的，故该项应由专业维修人员校正。

## 2.1.7 观测误差

(1) 对中误差

安置经纬仪时没有严格对中，使仪器中心与测站中心不在同一铅垂线上引起的角度误差，称为对中误差。对中误差与距离、角度大小有关，观测方向与偏心方向越接近 90°，距离越短，偏心距 $e$ 越大，对水平角的影响越大。为了减少此项误差的影响，在测角时应提高对中精度。

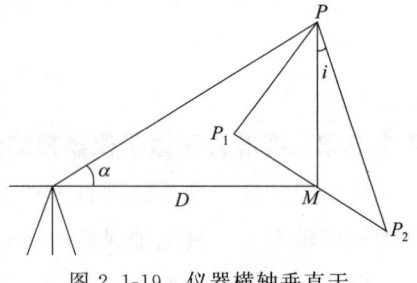

图 2.1-19 仪器横轴垂直于仪器竖轴的检验校正

(2) 目标偏心误差

在测量过程中，照准目标时往往不是直接瞄准地面标志点的本身，而是瞄准标志点上的目标，要求照准点的目标严格位于点的铅垂线上。若安置目标偏离地面点中心或目标倾斜，照准目标的部位偏离照准点中心的大小称为目标偏心误差。目标偏心误差对观测方向的影响与偏心距和边长有关，偏心距越大，边长越短，影响也就越大。因此，照准花杆目标时，应尽可能照准花杆底部，当测角边长较短时，应用线铰（垂球或光学对点器）精确对点。

(3) 照准误差和读数误差

照准误差与望远镜放大率、人眼分辨率、目标形状、光亮程度、对光时是否消除视差等因素有关。测量时选择观测目标要清晰，仔细操作，消除视差。读数误差与读数设备、照明及观测者判断准确性有关。读数时，要仔细调节读数显微镜，调节读数窗的光亮适中。掌握估读小数的方法。

## 2.1.8 外界环境产生的误差

外界条件影响因素很多，也很复杂，如温度、风力、大气折射等因素均会对角度观测产生影响。为了减少误差的影响,应选择有利的观测时间,避开不利因素,如在晴天观测时应撑伞遮阳,防止仪器暴晒,中午最好不要观测。

### 2.1.9 角度测量的注意事项

用经纬仪测角时,往往由于粗心大意而产生错误,如测角时仪器没有对中整平、望远镜瞄准目标不正确、度盘读数读错、记录错误和读数前未旋进制动螺旋等。因此,进行角度测量时必须注意下列几点。

① 仪器安置的高度要合适,三脚架要踩牢,仪器与脚架连接要牢固;观测时不要手扶或碰动三脚架,转动照准部和使用各种螺旋时,用力要适中,可转动即可。

② 对中、整平要准确,测角精度要求越高或边长越短的,对中要求越严格;如观测的目标之间高低相差较大时,更应注意仪器整平。

③ 在水平角观测过程中,如同一测回内发现照准部水准管气泡偏离居中位置,则不允许重新调整水准管使气泡居中;若气泡偏离中央超过一格,则需重新整平仪器,重新观测。

④ 观测竖直角时,每次读数之前,必须使竖盘指标水准管气泡居中或自动归零开关设置"ON"位置。

⑤ 标杆要立直于测点上,尽可能用十字丝交点瞄准对中杆的底部;竖直角观测时,宜用十字丝中丝切于目标的指定部位。

⑥ 不要把水平度盘和竖直度盘读数弄混淆;记录要清楚,并当场计算校核,若误差超限,应查明原因并重新观测。

### ◆ 知识拓展

### 2.1.10 电子经纬仪简介

电子经纬仪是利用光电技术测角,带有角度数字显示和进行数据自动归算及存储装置的经纬仪。它使用微机控制的电子测角系统代替了光学经纬仪的光学读数系统,可将角度的电信号直接记入存储器,以便送入计算机中进行计算。

电子经纬仪与光学经纬仪的根本区别在于它用微机控制的电子测角系统代替光学读数系统,其主要特点是:

① 使用电子测角系统能将测量结果自动显示出来,实现了读数的自动化和数字化;

② 采用积木式结构,可与光电测距仪组合成全站型电子速测仪,配合适当的接口,可将电子手簿记录的数据输入计算机,实现数据处理和绘图自动化。

(1) 电子测角原理简介

电子测角仍然是采用度盘来进行的。与光学测角不同的是,电子测角是从特殊格式的度盘上取得电信号,根据电信号再转换成角度,并且自动地以数字形式输出,显示在电子显示屏上,同时记录在储存器中。根据电子测角度盘取得电信号的方式不同,可分为光栅度盘测角、编码度盘测角和电栅度盘测角等。电子经纬仪仪器构造大同小异，这里以博飞电子经纬仪 DJD2M 为例进行介绍，如图 2.1-20 所示。

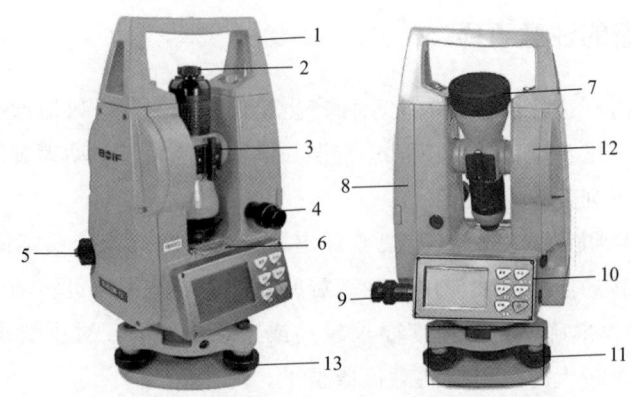

图 2.1-20　电子经纬仪构造

1—把手；2—目镜；3—准星，瞄准器微动螺旋；4—望远镜制动、微动螺旋；5—对中器（电子或光学）；6—管水准器；7—望远镜物镜；8—内嵌式电池盒；9—水平制动、微动螺旋；10—电子显示屏和按键；11—基座；12—竖直度盘；13—脚螺旋

（2）电子经纬仪的性能简介

电子经纬仪采用光栅度盘测角，水平、垂直角度显示读数分辨率为 1″，测角精度达 2″。电子经纬仪装有倾斜传感器，当仪器竖轴倾斜时，仪器会自动测出并显示其数值，同时显示对水平角和垂直角的自动校正。仪器的自动补偿范围为 ±3′。

（3）电子经纬仪的使用

使用电子经纬仪时，首先要在测站点上安置仪器，在目标点上安置反射棱镜，然后瞄准目标，最后在操作键盘上按测角键，显示屏上即显示角度值。对中、整平以及瞄准目标的操作方法与光学经纬仪一样，键盘操作方法见使用说明书即可，在此不详述。

## 思考练习

① 何为水平角？试绘图说明用经纬仪测量水平角的原理。

② 测站点与不同高度的两点连线所组成的夹角是不是水平角？为什么？

③ 经纬仪的安置包括哪些工作？有何作用？如何进行？

④ 如何操作仪器使某方向的水平度盘读数为 0°00′00″？

⑤ 试述测回法和方向测回法观测水平角的外业步骤记录和内业计算方法。

⑥ 经纬仪主要由哪几部分组成？经纬仪上有哪些制动螺旋与微动螺旋？

⑦ 用 $DJ_6$ 型经纬仪观测某一目标，盘左的竖盘读数为 81°45′24″，盘右的竖盘读数为 278°15′12″，试算竖直角及指标差。

## 任务 2.2 距离测量

### ◆ 任务目标

能选择合适的仪器,熟练运用仪器、工具测量地面两点间的水平距离。

### ◆ 教学资源

① 材料用具:按照实训小组分配仪器和设备,每个小组备有一台 $DJ_6$ 光学经纬仪(含三脚架)、花杆若干、钢卷尺、一份记录手簿,自备铅笔、计算器。

② 参考资料:多媒体课件、教学参考书等。

③ 教学场所:多媒体教室、园林工程测量实训室和校内实训基地。

### ◆ 相关知识

在现实中两点之间的距离较长,不能一次测量时,就必须学会距离丈量方法以及直线定线;当要知道某一直线和另一直线的相对角度时,就要学会直线定向。

#### 2.2.1 量距工具

(1) 钢尺

在工程测量中丈量两点之间的水平距离最常用的工具是钢尺。钢尺的长度有 20m、30m、50m 等数种。根据钢尺零刻画位置的不同分为端点尺和刻线尺两种。端点尺以尺的最外端作为尺的零点,如图 2.2-1(a) 所示。刻线尺以尺前端的一条刻划线作为尺长的零点,如图 2.2-1(b) 所示。

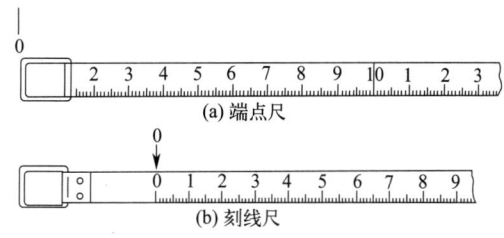

图 2.2-1 端点尺和刻线尺

(2) 其他辅助工具

钢尺量距中使用的辅助工具主要有测钎、标杆、垂球等。标杆[图 2.2-2(a)]长 2~3m,杆上涂以 20cm 间隔的红白漆,用于标定直线。测钎[图 2.2-2(b)]用粗钢丝制成,长约 30cm,一端磨尖,便于插入土中,其上主要用于标志尺段端点位置和计算整尺段数。垂球也称线垂,如图 2.2-2(c) 所示,是在倾斜地面量距的投点工具。如图 2.2-2(d) 所示,弹簧秤用于对钢尺施加一定的拉力,温度计用于测定钢尺量距时的温度,以便对钢尺长度进行校正。

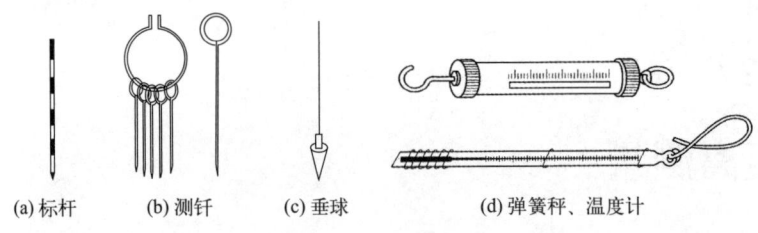

图 2.2-2　量距辅助工具

## 2.2.2　直线定线

当地面上两点间的距离大于钢尺的一个尺段时，需要在直线方向上标定若干分段点以便于钢尺分段丈量。直线定线的目的是使这些分段点在待量直线端点的连线上，其方法有目估定线和经纬仪定线两种。

(1) 目估定线

目估定线适用于钢尺量距的一般方法。如图 2.2-3 所示，设 $A$、$B$ 两点通视良好，要在 $A$、$B$ 两点的直线上标出分段点 1、2。先在 $A$、$B$ 点上竖立标杆，甲站在 $A$ 点标杆后约 1m 处，指挥乙左右移动标杆，直到甲从在 $A$ 点沿标杆的同一侧看到 $A$、2、$B$ 三支标杆成一条线为止。同法可以定出直线上的其他点。两点间定线一般应由远到近，即先定 1 点，再定 2 点。定线时，乙所持标杆应竖直。此外，为了不挡住甲的视线，乙应持标杆站立在直线方向的左侧或右侧。

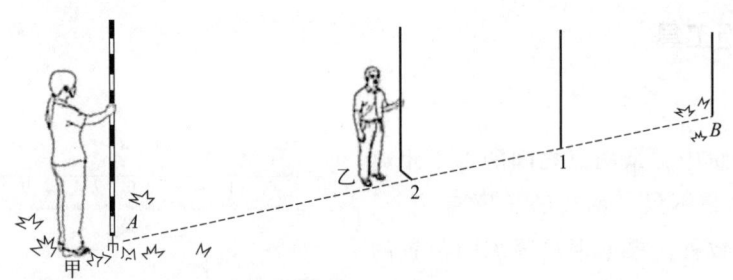

图 2.2-3　目估定线

(2) 经纬仪定线

经纬仪适用于钢尺量距的精密方法。如图 2.2-4 所示，在 $A$ 点安置经纬仪，对中整平后照准 $B$ 点，制动照准部，使望远镜向下俯视，用手势指挥另一人移动标杆直到与十字丝纵丝重合时，在标杆的位置插入测钎，准确定出 1 点的位置。根据需要可按此方法依次定出 2 点、3 点、4 点等。

## 2.2.3　钢尺量距的一般方法

### 2.2.3.1　平坦地面的量距

一般方法量距至少由两人进行。如图 2.2-5 所示，清除待量直线上的障碍物后，在直

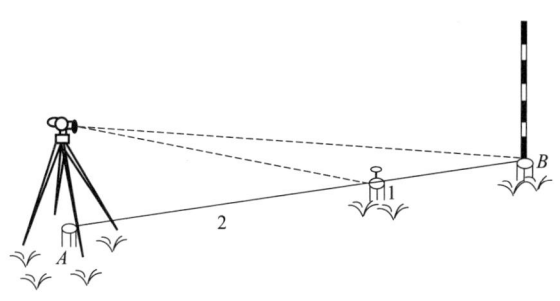

图 2.2-4　经纬仪定线

线两端点 $A$、$B$ 竖立标杆，后尺手持钢尺的零端点位于 $A$ 点，前尺手持钢尺的末端和一组测钎沿 $AB$ 方向前进，行至一个尺段处停下。后尺手用手势指挥前尺手将钢尺拉在 $AB$ 直线上，后尺手将钢尺的零点对准 $A$ 点，当两人同时把钢尺拉紧后，前尺手在钢尺末端的整尺段分划处竖直插下一根测钎得到 1 点，即量完一个尺段。前后尺手抬尺前进，当后尺手到达测钎或记号处时停住，再重复上述操作，量完第二尺段。后尺手拔起地上的测钎，依次前进，直到量完 $AB$ 直线的最后一段为止。

图 2.2-5　平坦地面的距离丈量

最后一段距离一般不会刚好是整尺段的长度，称为余长，则最后 $A$、$B$ 两点间的水平距离为

$$D = nl + q$$

式中，$l$ 为整尺段长度，m；$n$ 为整尺段的数量；$q$ 为余尺段长度，m。

为防止出错并提高精度，一般要往返各量一次，返测时要重新定线和测量。钢尺量距的精度常用相对误差 $K$ 来衡量，即

$$K = \frac{|D_{往} - D_{返}|}{D_{平均}} = \frac{1}{\dfrac{D_{平均}}{|D_{往} - D_{返}|}}$$

式中，$D_{平均}$ 为往返距离的平均值。

在平坦地区，钢尺量距的相对误差不应大于 1/3000；量距困难地区相对误差不应大于 1/1000。如果满足这个要求，则取往测和返测的平均值作为该两点间的水平距离，即

$$D = D_{平均} = \frac{1}{2}(D_{往} + D_{返})$$

## 2.2.3.2 倾斜地面的距离丈量

（1）平量法

沿倾斜地面丈量距离，当地势起伏不大时，可将钢尺拉平丈量，如图 2.2-6 所示。

$$D = \sum_{i=1}^{n} l_i$$

注意：为了得到校核，需要进行两次同方向丈量，不采用往返丈量。计算方法同平坦地面。

（2）斜量法

如图 2.2-7 所示，如果地面上两点 $A$、$B$ 间的坡度较均匀，可先用钢尺量出 $AB$ 间的倾斜距离 $L$，再测量出 $AB$ 高差 $h$，则 $A$、$B$ 两点间的水平距离 $D$ 可由下式计算。

$$D = \sqrt{L^2 - h^2}$$

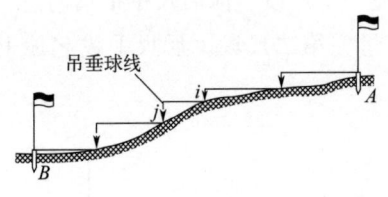

图 2.2-6　平量法示意

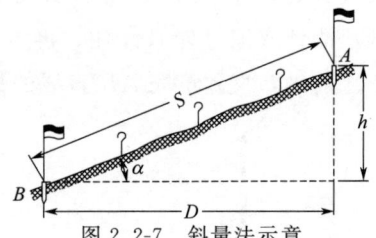

图 2.2-7　斜量法示意

## 2.2.4　视距测量

视距测量是根据几何光学和三角测量原理测距的一种方法。普通视距测量精度一般仅为 1/300～1/200，但由于操作简便，不受地形起伏限制，可同时测定距离和高差，因此被广泛应用于测距精度要求不高的地形测量中。

### 2.2.4.1　普通视距测量的原理

经纬仪、水准仪等光学仪器的望远镜中都有与横丝平行、上下等距对称的两根短横丝，称为视距丝。利用视距丝配合标尺就可以进行视距测量。

（1）视线水平时的水平距离和高差公式

如图 2.2-8 所示，在 $A$ 点安置经纬仪，在 $B$ 点竖立视距尺，用望远镜照准视距尺，当望远镜视线水平时，视线与尺子垂直。上、下视距丝读数之差称为视距间隔或尺间隔，用 $l$ 表示。

根据透镜成像原理，可得 $A$、$B$ 两点间的水平距离公式。

$$D_{AB} = Kl + C$$

式中，$K$ 为视距乘常数，通常 $K = 100$；$C$ 为视距加常数。

对于内对光望远镜，其视距加常数 $C$ 接近零，可以忽略不计，故水平距离公式变为

$$D_{AB} = Kl = 100l$$

相应地，$A$、$B$ 两点间的高差公式为

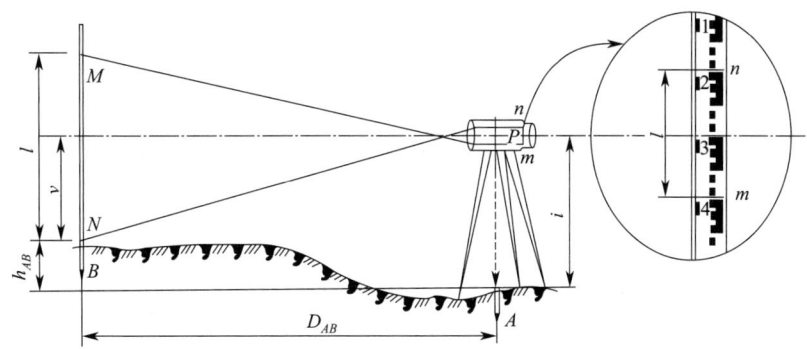

图 2.2-8 视线水平时的视距测量

$$h_{AB} = i - v$$

式中，$i$ 为仪器高，是桩顶到仪器水平轴的高度；$v$ 为中丝在标尺上的读数。

（2）视线倾斜时的水平距离和高差公式

如图 2.2-9 所示，视准轴倾斜时，由于视线不垂直于视距尺，所以不能直接应用上述公式计算视距。由于 $\varphi$ 角很小，约为 $34'$，所以将 $\angle MOM'$、$\angle NON'$ 视为直角，也即只要将视距尺绕与望远镜视线的交点 $O$ 旋转 $\alpha$ 角后就能与视线垂直，并有

$$l' = l\cos\alpha$$

则望远镜旋转中心 $Q$ 与视距尺旋转中心 $O$ 的视距为

$$S = Kl' = Kl\cos\alpha$$

由此求得 $A$、$B$ 两点间的水平距离公式为

$$D = S\cos\alpha = Kl\cos^2\alpha$$

相应地，$A$、$B$ 两点间的高差公式为

$$h_{AB} = h' + i - v = S\sin\alpha + i - v = \frac{1}{2}Kl\sin2\alpha + i - v$$

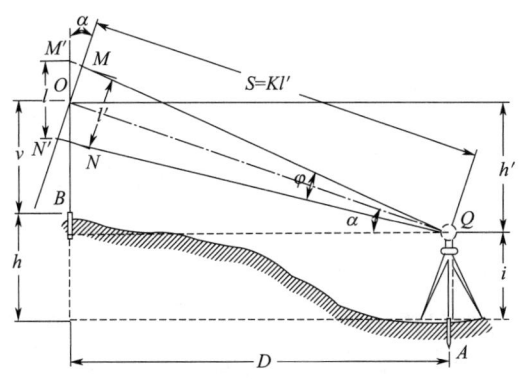

图 2.2-9 视准轴倾斜时的视距测量

### 2.2.4.2 视距测量的施测方法

操作步骤如下。

① 如图 2.2-9 所示，在 $A$ 点安置经纬仪，量取仪器高 $i$，在 $B$ 点竖立视距尺。

② 用经纬仪的盘左（或盘右）位置，转动照准部瞄准 $B$ 点视距尺，分别读取尺间隔 $l$ 和中丝读数 $v$。

③ 转动竖盘指标水准管微动螺旋，使竖盘指标水准管气泡居中，读取竖盘读数，并计算竖直角 $\alpha$。

④ 根据尺间隔 $l$、竖直角 $\alpha$、仪器高 $i$ 及中丝读数 $v$，计算水平距离 $D$ 和高差 $h$。

**【例 2.2-1】** 如图 2.2-9 所示，经纬仪安置在 $A$ 点，量得仪器高 $i=1.600\mathrm{m}$，在 $B$ 点竖立视距尺，在经纬仪的盘左位置，转动照准部瞄准 $B$ 点视距尺，读得尺间隔 $l=0.620\mathrm{m}$ 和中丝读数 $v=1.260\mathrm{m}$；读取竖盘读数 $L=82°02'20''$。已知 $A$ 点高程 $H_A=52.220\mathrm{m}$，求 $A$、$B$ 两点的水平距离和 $B$ 点的高程 $H_B$。

**解：** 竖直角 $\alpha=90°-L=7°57'40''$。

$A$、$B$ 两点的水平距离为

$$D_{AB}=Kl\cos^2\alpha=100\times 0.620\times(\cos 7°57'40'')^2=60.788(\mathrm{m})$$

$A$、$B$ 两点的高差为

$$h_{AB}=\frac{1}{2}Kl\sin 2\alpha+i-v$$

$$=\frac{1}{2}\times 100\times 0.620\sin(2\times 7°57'40'')+1.600-1.260$$

$$=8.834(\mathrm{m})$$

$B$ 点的高程为

$$H_B=H_A+h_{AB}=52.220+8.834=61.054(\mathrm{m})$$

### 2.2.4.3 视距测量的误差

(1) 视距乘常数 $K$ 的误差

仪器出厂时视距乘常数 $K=100$，但由于视距丝间隔有误差，视距尺有系统性刻划误差，以及仪器检定的各种因素影响，都会使 $K$ 值不一定恰好等于 100。$K$ 值的误差对视距测量的影响较大，不能用相应的观测方法予以消除。

(2) 用视距丝读取尺间隔的误差

视距丝的读数是影响视距测量精度的重要因素，视距丝的读数误差与尺子最小分划的宽度、距离的远近，以及成像清晰情况有关。

(3) 标尺倾斜误差

视距计算的公式是在视距尺严格垂直的条件下得到的。若视距尺发生倾斜，将给测量带来不可忽视的误差影响，因此，测量时立尺要尽量竖直。在山区作业时，由于地表有坡度而给人以一种错觉，使视距尺不易竖直，因此，应采用带有水准器装置的视距尺。

(4) 大气折射的影响

大气密度分布是不均匀的，特别在晴天接近地面部分密度变化更大，使视线弯曲，给视距测量带来误差。

(5) 空气对流使视距尺的成像不稳定

空气对流的现象在晴天、视线通过水面上空和视线离地表太近时较为突出，成像不稳定造成读数误差增大，对视距精度影响很大。

## 2.2.5 电磁波测距

电磁波测距是指用电磁波（光波或微波）作为载波传输测距信号来测量距离。与传统测距方法相比，它具有精度高、测程远、作业快、几乎不受地形条件限制等优点。电磁波测距仪按其所用的载波可分为：①用微波作为载波的微波测距仪；②用激光作为载波的激光测距仪；③用红外光作为载波的红外测距仪。后两者统称光电测距仪。微波测距仪与激光测距仪多用于长距离测距，测程可达数十千米，一般用于大地测量。光电测距仪属于中、短程测距仪，一般用于小地区控制测量、地形测量、房产测量等。本小节主要介绍光电测距仪。

### 2.2.5.1 光电测距原理

光电测距是指通过测量光波在待测距离上往返一次所经过的时间 $t$，间接地确定两点间距离。如图 2.2-10 所示，测距仪安置在 $A$ 点，反射棱角安置在 $B$ 点，测距仪发射的光波经反射棱镜反射回来后被测距仪所接收。测量出光波在 $A$、$B$ 两点间往返传播的时间 $t$，则距离 $D$ 为

$$D = \frac{1}{2}ct$$

式中，$c$ 为光波在空气中的传播速度。

光电测距仪按照 $t$ 的测定方法的不同，可分为脉冲法（直接测定时间）和相位法（间接测定时间）两种。由于脉冲宽度和测距仪计时分辨率的限制，脉冲法测距的精度较低，因此，一般精密测距仪都采用相位法间接测定时间。

相位法测距是指通过测量调制光波在待测距离上往返传播所产生的相位差 $\varphi$ 代替测定时间 $t$，来解算距离 $D$。将调制光的往程和返程展开，得到如图 2.2-11 所示的波形。设光波的波长为 $\lambda$，如果整个过程光传播的整波长数为 $N$，最后一段不足整波长，其相位差为 $\Delta\varphi$（数值小于 $2\pi$），

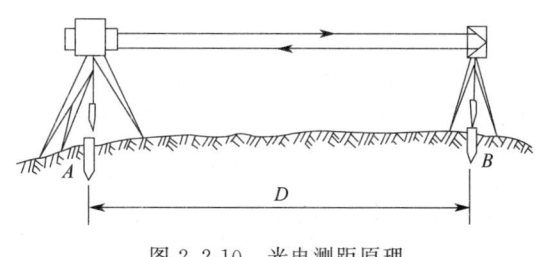

图 2.2-10　光电测距原理

对应的整波长数为 $\Delta\varphi/(2\pi)$，可见图 2.2-11 中 $AB$ 间的距离为全程的一半，即

$$D = \frac{1}{2}\lambda\left(N + \frac{\Delta\varphi}{2\pi}\right)$$

相位式光电测距仪只能测出不足 $2\pi$ 的相位差 $\Delta\varphi$，测不出整波长数 $N$，因此只能测量小于波长的距离。当 $N=0$ 时

$$D = \frac{\lambda}{2} \times \frac{\Delta\varphi}{2\pi}$$

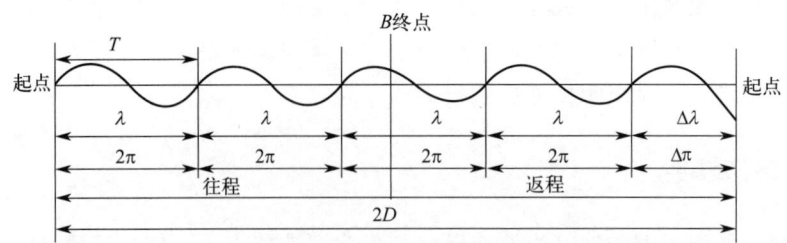

图 2.2-11 相位法测距原理

为了扩大测程,应选择波长 λ 比较大的光尺,但光电测距仪的测相误差约为 1/1000,光尺越长,误差越大。为了解决扩大测程和提高精度的矛盾,短程光电测距仪通常采用两个调制频率,即两种光尺。通常长光尺(称为粗尺)的调制频率为 150kHz,波长 2000m,用于测定百米、十米和米;短光尺(称为精尺)的调制频率为 15MHz,波长为 20m,用于测定米、分米、厘米和毫米。

### 2.2.5.2 测程及测距仪的精度

光电测距仪按测程远近可分为短程光电测距仪(3km 以内)、中程光电测距仪(3~15km)和远程光电测距仪(大于 15km)。按精度划分为 Ⅰ 级($|m_D|\leq 5mm$)、Ⅱ 级($5mm < |m_D| \leq 10mm$)和 Ⅲ 级($10mm < |m_D| \leq 20mm$)测距仪,其中 $|m_D|$ 为 1km 的测距中误差。光电测距仪的精度是仪器的重要技术指标之一。光电测距仪的标称精度公式为

$$m_D = \pm(a + bD)$$

式中,$a$ 为固定误差,mm;$b$ 为比例误差(与距离 $D$ 成正比),mm/km,mm/km 又写为 ppm,即 1ppm=1mm/km,也即测量 1km 的距离有 1mm 的比例误差;$D$ 为距离,km。

### 2.2.5.3 光电测距仪及其使用方法

光电测距仪包括主机、反射棱镜和电池三部分。下面以常州大地测距仪厂生产的 D2000 系列之一——D2020 型红外光电测距仪为例,主要介绍光电测距仪的使用方法。

(1) D2020 型红外光电测距仪的结构

D2020 型红外光电测距仪的结构见图 2.2-12,该测距仪的主机可通过连接器安置在普通光学经纬仪或电子经纬仪上,连接后如图 2.2-13 所示。利用光轴调节螺旋,可使测距仪主机的光轴与经纬仪视准轴位于同一竖直面内。如图 2.2-14 所示,测距仪水平轴到经纬仪水平轴的高度与觇牌中心到反射棱镜的高度相同,因而

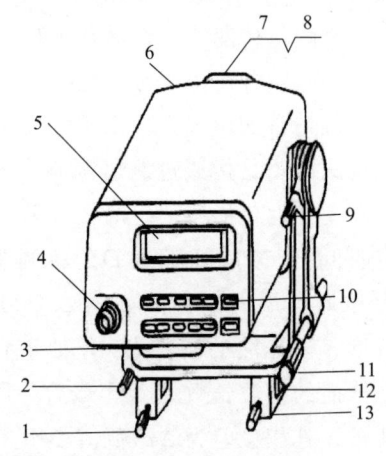

图 2.2-12 D2020 型红外光电测距仪的结构
1—座架固定手轮;2—照准轴水平调整手轮;
3—电池;4—望远镜目镜;5—显示器;
6—RS-232 接口;7—物镜;8—物镜罩;
9—俯仰固定手轮;10—键盘;11—俯仰调整手轮;
12—间距调整螺旋;13—座架

经纬仪瞄准觇牌中心的视线与测距仪瞄准反射棱镜中心的视线能保持平行。

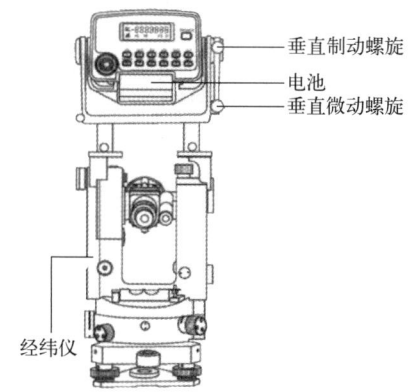
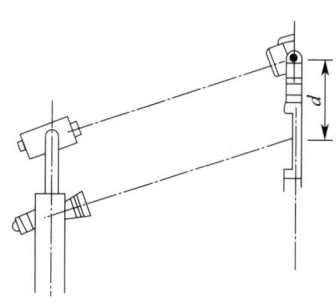

图 2.2-13　光电测距仪与经纬仪的连接　　　图 2.2-14　视线平行示意

（2）主要功能

① 具有单次测量、连续测量、跟踪测量、预置测量和平均测量五种测量方法，可显示输入温度、气压和棱镜常数，测距仪可自动对结果进行改正。

② 输入竖直角则可自动计算出水平距离和高差。

③ 通过距离预置功能输入已知水平距离进行定线放样。

④ 输入测站坐标和高程，可自动计算观测点的坐标和高程。

（3）红外光电测距仪的使用

① 安置仪器。先在测站上安置好经纬仪，将测距仪主机安装在经纬仪支架上，连接器固定螺栓锁紧，将电池插入主机底部，扣紧。将经纬仪对中，整平，在目标点安置反射棱镜，对中，整平，并使镜面朝向主机。

② 观测垂直角、气温和气压。目的是对测距仪测量出的斜距进行倾斜改正、温度改正和气压改正，以得到正确的水平距离。用经纬仪十字丝的水平丝照准觇牌中心，测出竖直角 $\alpha$。同时，观测并记录温度和气压计上的气压值。

③ 测距准备。按电源开关键开机，主机自检并显示原设定的温度、气压和棱镜常数值，自检通过后将显示"Good"。若修正原设定值，可按 TPC 键后输入温度、气压值或棱镜常数。一般情况下，尽量使用同一类反光镜，棱镜常数不变，而温度、气压每次观测均可能不同，需要重新设定。

④ 距离测量。调节测距仪主机水平调整手轮（或经纬仪水平微动螺旋）和主机俯仰微动螺旋，使测距仪望远镜精确瞄准棱镜中心。在显示"Good"的状态下，可根据蜂鸣器声音来判断瞄准的程度，信号越强声音越大，上下左右微动测距仪，使蜂鸣器的声音达到最大，便完成了精确瞄准，测距仪显示器上显示"*"号。

精确瞄准完成后，按 MSR 键，主机将测定并显示经温度、气压和棱镜常数改正后的斜距。利用测距仪可直接将斜距换算为水平距离，按 V/H 键后输入竖直角数值，再按 SHV 键显示水平距离。连续按 SHV 键可依次显示斜距、水平距离和高差的数值。

(4) 光电测距仪使用注意事项

① 严禁将照准头对准太阳或其他强光源，以免损坏仪器光电器件，阳光下作业应打伞。

② 仪器应在通视良好、大气较稳定的条件下使用，测线应离地面障碍物 1.3m 以上，避免通过发热体和较宽水面的上空。

③ 仪器视线两侧及反光镜后面不能有其他强光源或反光镜等背景干扰，并尽量避免逆光观测。

④ 注意电源接线，观测时要经常检查电源电压是否稳定，电压不足应及时充电，观测完毕要注意关机，不可带电迁站。

⑤ 要经常保持仪器清洁和干燥，使用和运输过程中要注意防潮防震。

### 2.2.6 直线定向

要确定地面点间的相对位置，除需测量两点间的水平距离外，还需确定两点间的方位关系，即确定两点连线与标准方向的关系，称为直线定向。

#### 2.2.6.1 标准方向

(1) 真子午线方向

地表上任一点 $P$ 与地球旋转轴所组成的平面与地球表面的交线称为 $P$ 点的真子午线，真子午线在 $P$ 点的切线方向称为 $P$ 点的真子午线方向。真子午线方向可以用天文测量方法或者陀螺经纬仪来测定。

(2) 磁子午线方向

地表上任一点 $P$ 和地球磁场南北极连线所组成的平面与地球表面的交线称为 $P$ 点的磁子午线，磁子午线在 $P$ 点的切线方向称为 $P$ 点的磁子午线方向。磁子午线方向可以用罗盘仪来测定。

由于地球的两磁极与地球的南北极不重合，所以磁子午线方向与真子午线方向之间存在一个 $\delta$ 角，称为磁偏角。磁子午线北端在真子午线以东为东偏，$\delta$ 为"+"；以西为西偏，$\delta$ 为"-"。

(3) 坐标纵轴方向

过地表任一点 $P$ 且与其所在的高斯平面直接坐标系或者假定坐标系的坐标纵轴平行的直线称为 $P$ 点的坐标纵轴方向，是工程测量中最常用的一条标准方向。

#### 2.2.6.2 直线方向的表示方法

确定直线与标准方向之间的关系，以方位角或象限角来表示。

(1) 方位角

由标准方向的北端起，顺时针方向量到某直线的夹角，称为该直线的方位角，角值为 $0°\leq\alpha<360°$。既然标准方向有真子午线方向、磁子午线方向和坐标纵轴方向，其方位角相应地也有真方位角、磁方位角和坐标方位角之分。其中真方位角用 $A_{真}$ 表示，磁方位角用 $A_{磁}$ 表示，坐标方位角通常用 $\alpha$ 表示。

直线 $AB$ 的坐标方位角用 $\alpha_{AB}$ 表示，直线 $BA$ 的坐标方位角用 $\alpha_{BA}$ 表示，又称为直线 $AB$ 的反坐标方位角。从图 2.2-15 中可以看出，正反坐标方位角有如下关系。

$$\alpha_{AB} = \alpha_{BA} \pm 180°$$

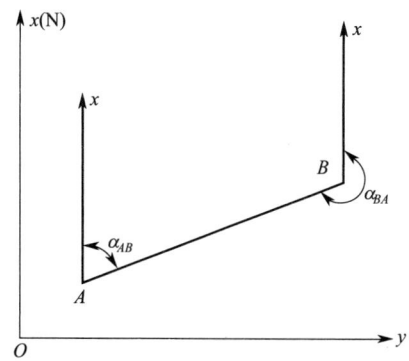

图 2.2-15　正、反坐标方位角　　　　图 2.2-16　三北方向之间的关系

（2）真方位角、磁方位角、坐标方位角之间的关系

由图 2.2-16 可知

$$A_{真} = A_{磁} + \delta$$
$$A_{真} = \alpha_{AB} + \gamma$$

（3）象限角

在实际工作中，有时用锐角计算直线的方位较方便，因此引进象限角。由坐标纵轴的北端或南端起，顺时针或逆时针转至某直线所成的锐角称为象限角，通常用 $R$ 表示，角值 $0° \leq R \leq 90°$。

表示象限角时必须注意前面应加上方向。如图 2.2-17 所示，直线 $A1$、$B2$、$C3$、$D4$ 的象限角分别为：北东 $R_{A1}$、南东 $R_{B2}$、南西 $R_{C3}$、北西 $R_{D4}$。

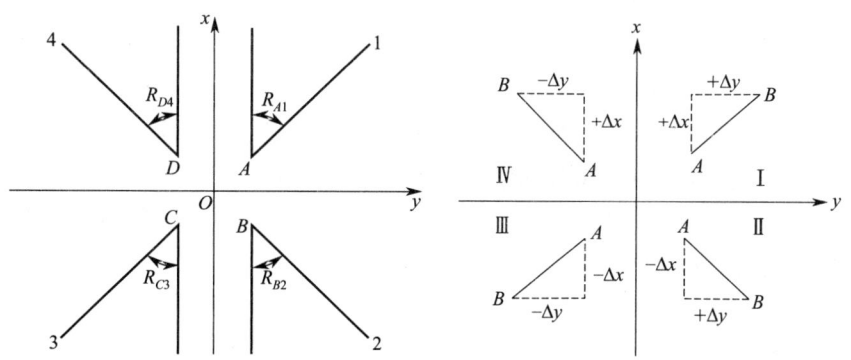

图 2.2-17　象限角及象限角与坐标增量的关系

（4）坐标方位角与象限角的换算

坐标方位角和象限角都能描述直线的方向，两者有一一对应的关系。表 2.2-1 说明了坐标方位角和象限角的换算关系。

表 2.2-1 坐标方位角和象限角换算关系

| 直线所在象限 | 坐标方位角换算象限角 | 象限角换算坐标方位角 |
| --- | --- | --- |
| Ⅰ（北东） | $R=\alpha$ | $\alpha=R$ |
| Ⅱ（南东） | $R=180°-\alpha$ | $\alpha=180°-R$ |
| Ⅲ（南西） | $R=\alpha-180°$ | $\alpha=R+180°$ |
| Ⅳ（北西） | $R=360°-\alpha$ | $\alpha=360°-R$ |

#### 2.2.6.3 坐标方位角的推算

实际工作中并不需要直接测定每条直线的坐标方位角，而是通过与已知坐标方位角的直线连测后，实测出各直线的坐标方位角在测量线路方向左侧的夹角，称为左角，可用 $\beta_\text{左}$ 表示；或实测线路右侧的夹角，称为右角，可用 $\beta_\text{右}$ 表示，来推算出各直线坐标方位角（图 2.2-18）。

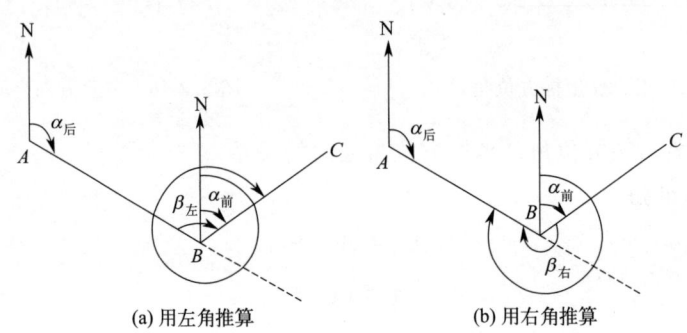

图 2.2-18 坐标方位角的推算 1

由图 2.2-18 可知，相邻的前后直线有如下关系。

$$\alpha_\text{前}=\alpha_\text{后}+\beta_\text{左}-180°$$

或

$$\alpha_\text{前}=\alpha_\text{后}+180°-\beta_\text{右}$$

【例 2.2-2】如图 2.2-19 所示，测量由 1～4 方向，已知 12 边的方位角 $\alpha_{12}=100°10'10''$，在 2 点测得 12 和 23 的水平角 $\beta_2=130°20'00''$，在 3 点测得 23 和 34 的水平角 $\beta_3=135°10'00''$，求 23 边、34 边和 43 边的方位角 $\alpha_{23}$、$\alpha_{34}$ 和 $\alpha_{43}$。

**解：** 由题意可知，$\alpha_{12}$、$\alpha_{23}$ 和 $\alpha_{34}$ 是同一方向的方位角，所以可以直接运用推算公式计算；而 $\alpha_{43}$ 是 $\alpha_{34}$ 的反方位角，所以可用正反方位角的关系来计算；再由图 2.2-19 可知，按 1、2、3、4 的推算方向，$\beta_2$ 为左角，而 $\beta_3$ 为右角。

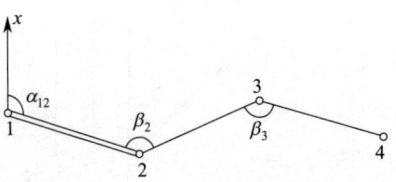

图 2.2-19 坐标方位角的推算 2

23 边方位角为：

$$\alpha_{23}=\alpha_{12}+\beta_2-180°=100°10'10''+130°20'00''-180°=50°30'10''$$

34 边方位角为

$$\alpha_{34}=\alpha_{23}+180°-\beta_3=50°30'10''+180°-135°10'00''=95°20'10''$$

再根据正反坐标方位角的关系得出

$$\alpha_{43}=\alpha_{34}\pm180°=95°20'10''+180°=275°20'10''$$

## ◆ 任务内容和实施过程

实训场地内有导线点 $M$、$N$、$P$，现需要测量导线长度，如图 2.2-20 所示。

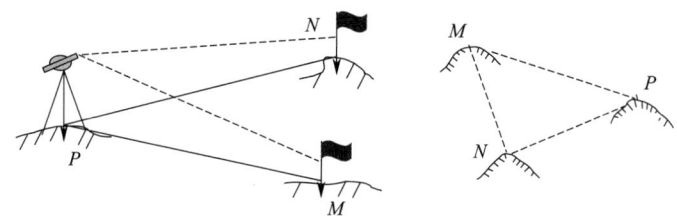

图 2.2-20 测量导线长度

选用钢尺量距，利用经纬仪定线方法测量各导线水平距离。学生现场操作，教师引导，教师首先介绍如何对中、仪器的基本操作和读数，学生以组为单位进行外业测量，同时记录并计算测量数据，教师对学生操作过程进行评价和总结。

（1）安置经纬仪（选用经纬仪定线方法测量导线长度）

将仪器安置到测站 $P$ 点、$M$ 点安置花杆，仪器对中，粗略整平，精确整平，再对中，再精平（仪器安置方法同任务 2.1）。

（2）照准目标，钢尺量距

对中整平后照准 $M$ 点，制动照准部，使望远镜向下俯视，用手势指挥另一人移动花杆直到与十字丝纵丝重合时，在标杆的位置插入测钎，准确定出整尺段 1 点的位置。根据需要可按此方法依次定出 2 点、3 点、4 点，剩余量取余尺长度等，记录往返测量距离 $D=nl+l'$ 于表 2.2-2 中。对于普通距离测量，平坦地面要求距离测量的相对 $K$ 值，$K=\dfrac{|D_{往}-D_{返}|}{D_{平}}\leqslant 1/3000$。

距离测量精度要求不高，相对 $K$ 值在 1/200 左右时，也可采用视距测量，测量数据和计算结果填入表 2.2-2 中。

（3）成果计算

在相对 $K$ 值 $\leqslant 1/3000$ 的限差范围内，距离取往返测量平均值，超过此范围则需要重新测量导线的长度。

测量 $MN$、$PN$ 距离的操作和计算方法同上。

表 2.2-2 平坦地面丈量记录

班组_____ 观测者_____ 记录者_____ 日期_____

| 距离测量方法 | 需测量的场地 | 往测 $D/m$ | 返测 $D/m$ | 数据校核 | 测量限差 | 距离 |
| --- | --- | --- | --- | --- | --- | --- |
| 钢尺量距 | PM | | | | | |
| | MN | | | | | |
| | PN | | | | | |

续表

| 距离测量方法 | 需测量的场地 | 往测 $D/m$ | 返测 $D/m$ | 数据校核 | 测量限差 | 距离 |
|---|---|---|---|---|---|---|
| 视距测量 | PM | 上丝 $a$ | 上丝 $a$ | | | |
| | | 下丝 $b$ | 下丝 $b$ | | | |
| | MN | 上丝 $a$ | 上丝 $a$ | | | |
| | | 下丝 $b$ | 下丝 $b$ | | | |

◆ **误差及注意事项**

（1）尺长误差

用未经检定的钢尺量距，则丈量结果含有尺长误差，这种误差具有系统积累性。即使钢尺经过检定，并在成果中进行了尺长改正，还是会存在尺长的残余误差。

（2）温度变化的误差

尽管在丈量结果中进行了温度改正，但距离中仍存在因温度影响而产生的误差，这是因为温度计通常测定的是空气的温度，而不是钢尺本身的温度。

（3）拉力误差

钢尺在丈量时的拉力不同而产生误差，故在精密量距中应使用弹簧秤来控制拉力。

（4）钢尺倾斜和垂曲误差

直接丈量水平距离时，如果钢尺不水平或中间下垂成曲线时，则会使所量的距离增长。因此丈量时必须保持尺子水平。

（5）定线误差

定线时中间各点没有严格定在所量直线的方向上，所量距离不是直线而是折线，折线总是比直线长。当距离较长或量距精度较高时，可利用仪器定线。

（6）丈量误差

包括钢尺刻划对点误差、测钎安置误差和读数误差等。所有这些误差都是偶然误差，其值可大可小，可正可负。在丈量结果中会抵消一部分，但不能全部抵消，故仍然是丈量工作的一项主要误差来源。因此，在操作时应认真仔细，配合默契。

◆ **知识拓展**

### 2.2.7 罗盘仪的构造和使用

#### 2.2.7.1 罗盘仪的构造

如图2.2-21所示，罗盘仪是测量直线磁方位角的仪器。仪器构造简单，使用方便，但精度不高，外界环境对仪器的影响较大，如钢铁建筑和高压电线都会影响其精度。当测区内没有国家控制点可用，需要在小范围内建立假定坐标系的平面控制网时，可用罗盘仪测量磁方位角，作为该控制网起始边的坐标方位角。

罗盘仪的主要部件有磁针、刻度盘、望远镜和基座，如图2.2-21所示。

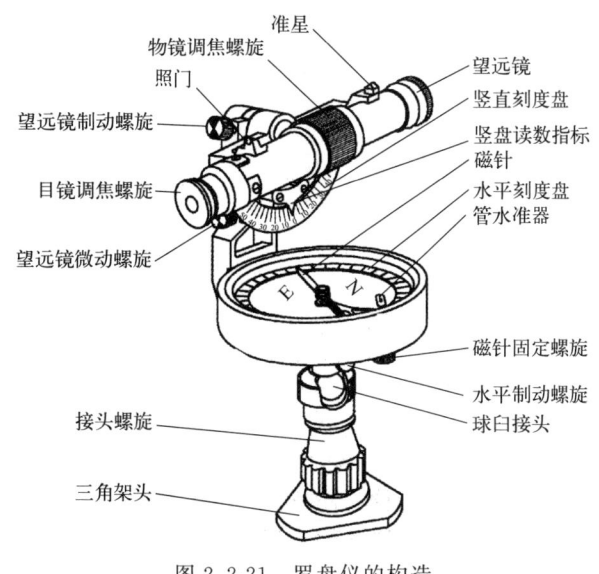

图 2.2-21 罗盘仪的构造

(1) 磁针

磁针用人造磁铁制成，磁针在度盘中心的顶针尖上可自由转动。为了减轻顶针尖的磨损，在不用时，可用位于底部的固定螺旋升高杠杆，将磁针固定在玻璃盖上。

(2) 刻度盘

用钢或铝制成的圆环，随望远镜一起转动，每隔10°有一个注记，按逆时针方向从0°注记到360°，最小分划为1°或30′。刻度盘内装有一个圆水准器或者两个相互垂直的管水准器，用手控制气泡居中，使罗盘仪水平。

(3) 望远镜

与经纬仪望远镜结构基本相似，也有物镜对光螺旋、目镜对光螺旋和十字丝分划板等，其望远镜的视准轴与刻度盘的0°分划线共面。

(4) 基座

采用球臼结构，松开球臼接头螺旋，可摆动刻度盘，使水准器气泡居中，表盘处于水平位置，然后拧紧接头螺旋。

### 2.2.7.2 用罗盘仪测定直线磁方位角的方法

如图 2.2-22(a) 所示，欲测直线 AB 的磁方位角，将罗盘仪安置在直线起点 A，用垂球对中，使度盘中心与 A 点处于同一铅垂线上；松开球臼接头螺旋，用手前、后、左、右转动刻度盘，使水准器气泡居中，拧紧球臼接头螺旋，此时仪器处于对中和整平状态。松开磁针固定螺旋，让它自由转动，然后转动罗盘，用望远镜照准 B 点标志，待磁针静止后，按磁针北端（一般为黑色一端）所指的度盘分划值读数，即为直线 AB 的磁方位角角值，如图 2.2-22(b) 所示。

使用时，要避开高压电线并避免铁质物体接近罗盘，在测量结束后，要旋紧磁针固定螺旋将磁针固定。

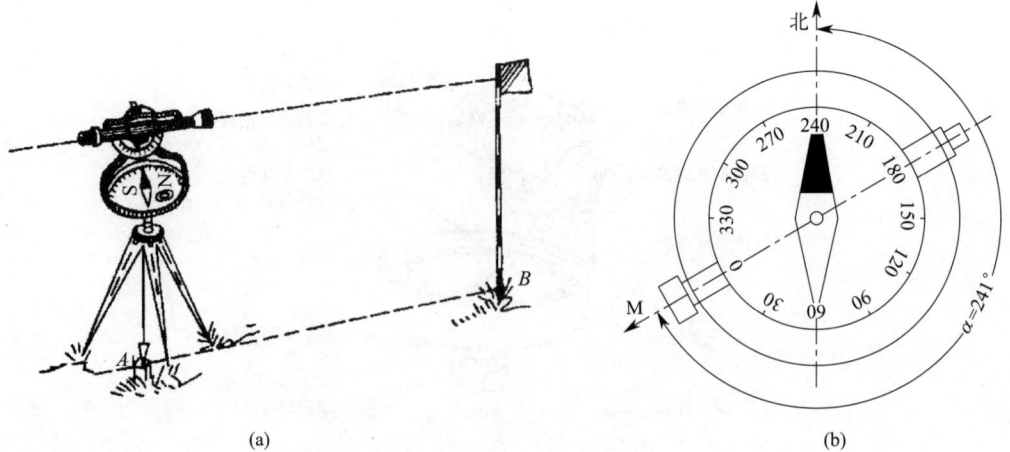

图 2.2-22　罗盘仪测定直线方向

## 思考练习

某工地进行控制测量时，用经检定的钢尺测量 $A$、$B$ 两点之间的水平距离。由于距离较远，所以将其划分成三个尺段丈量，将各尺段长度相加得到总距离。各尺段的测算结果见表 2.2-3。

表 2.2-3　各尺段的测算结果

| 尺段 | A-1 | 1-2 | 2-B | 备注 |
|---|---|---|---|---|
| 往测/m | 47.520 | 46.800 | 42.650 | 每段已进行改正计算 |
| 返测/m | 47.526 | 46.802 | 42.646 | |

问题：

① 直线定线的方法包括（　　）。

  A. 图上定线　　　　　　　　B. 计算定线

  C. 目估定线　　　　　　　　D. 经纬仪定线

② 下面关于直线 A-B 水平距离测量结果的叙述，（　　）是正确的。

  A. 往测值 136.970m　　　　　B. 返测值 136.974m

  C. 往返测量差为 4mm　　　　D. 相对误差是 ±4mm

  E. 水平距离 $D_{AB}=136.972$m

③ 下面各种关于本案例距离测算的叙述，（　　）是正确的。

  A. 水平距离 $D_{AB}=136.972$m　　B. 水平距离 $D_{AB}=136.981$m

  C. 往返测量差为 4mm　　　　D. 相对误差是 1/15200

  E. 水平距离 $D_{AB}=136.977$m

## 任务 2.3 小区域平面控制测量

### ◆ 任务目标

会熟练运用仪器测量地面控制点的平面位置。

### ◆ 教学资源

① 材料用具：按照实训小组分配仪器和设备，每个小组备有一台 $DJ_6$ 光学经纬仪（含三脚架）、花杆若干、钢卷尺、一份记录手簿，自备铅笔、计算器。
② 参考资料：多媒体课件、教学参考书等。
③ 教学场所：多媒体教室、园林工程测量实训室和校内实训基地。

### ◆ 相关知识

在园林工程中，需要一定比例尺的地形图和其他测绘资料，工程施工中也需要进行施工测量。为了防止误差的累积和传播，保证测图、施工精度和进度，园林测量工作必须遵循测量的原则。在进行园林要素测量或园林地形图测绘之前，首先要进行整体的控制测量，即在整个测区范围内测定一定数量的起控制作用的点的精确位置，以统一全测区的测量工作。控制测量分为平面控制测量和高程控制测量。测定控制点平面位置的工作，称为平面控制测量；测量控制点高程的工作，称为高程控制测量。

在全国范围内按统一的方案建立的控制网，称为国家控制网。它是采用精密的测量仪器和方法，依照国家统一的、相应的测量规范施测，依其精度由高向低可分为一、二、三、四等级和一、二、三级，按照由高级到低级逐级加密的原则建立的。

在城市范围内，在国家控制网的基础上，为满足城市建设工程的需要而建立的控制网称为城市控制网。为大中型工程建设而建立的控制网称为工程控制网。为满足不同目的的要求，城市和工程控制网也是分级建立的。

一般在面积 $15km^2$ 以下的小范围内建立的控制网称为小区域控制网；直接以测图为目的建立的小区域控制网称为图根控制网。图根控制网应尽可能与附近的国家或城市控制网联测。

### 2.3.1 平面控制测量概述

建立平面控制网的方法有导线测量、GNSS 控制测量和三角测量等。
（1）导线测量
导线测量是指将选定的控制点连成一条折线，依次观测各转折角和各边长，然后根据起始点坐标和起始边方位角推算各导线点的坐标。其优点是导线测量灵活方便、测算简单，在工程测量中应用广泛。随着光电测距和全站仪的应用，量距有更高的精度，速度也更为方便。

（2）GNSS 控制测量

GNSS 的全称是全球导航卫星系统（global navigation satellite system），泛指所有的卫星导航系统，包括全球的、区域的和增强的，用于导航与定位测量。GNSS 系统利用卫星信号传输实时位置与时间信息，计算得到地面接收设备的经纬度等地理位置信息。GNSS 是中国的北斗系统、美国的全球定位系统（GPS）、俄罗斯的格洛纳斯系统（GLONASS）、欧盟的伽利略系统（Galileo）等这些单个卫星导航定位系统的统一称谓，也可指代它们的增强型系统，又指所有这些卫星导航定位系统及其增强型系统的相加混合体。GNSS 测量是利用多台接收机同时接收多颗定位卫星信号，确定地面点三维坐标的方法。GNSS 定位技术以其精度高、速度快、全天候、操作简单而著称，目前已广泛应用于大地控制测量和大部分工程控制测量。

（3）三角测量

三角测量是指按要求在地面上选择一系列具有控制作用的点，组成相互联结的三角形，用精密仪器观测所有三角形中的内角，并精确测定起始边的边长和方位角，按三角形的边角关系逐一推算其余边长和方位，最后解算出各控制点的坐标，如图 2.3-1 所示。

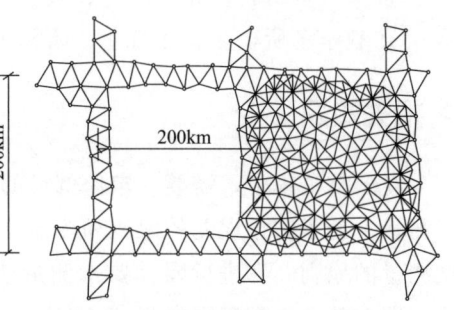

图 2.3-1 国家平面控制网示意

## 2.3.2 导线测量

### 2.3.2.1 导线测量的布设形式

将地面上相邻控制点用直线连接而形成的折线，称为导线；这些控制点称为导线点；每条直线称为导线边；相邻导线边之间的水平角称为转折角；通过观测导线边的边长和转折角，根据起算数据可计算出各导线点的平面坐标。

用经纬仪测量导线的转折角，用钢尺丈量导线边长的导线，称为经纬仪导线，若用光电测距仪测定导线边长，则称为电磁波测距导线。在小地区施测大比例尺地形图时，平面控制测量常采用导线测量，特别是在建筑物密集的建筑区和平坦而通视条件较差的隐蔽区，布设导线最为适宜。根据测区的不同情况和要求，导线可以布设成附合导线、闭合导线和支导线。

（1）布设形式

① 闭合导线。从一点出发，最后仍回到该点的导线，组成一个闭合多边形，称为闭合导线。闭合导线多用在面积较宽阔的独立地区做测图控制。它主要有三种形式：

a. 具有两个已知点的闭合导线，如图 2.3-2 所示；

b. 具有一个已知点和一个已知的方位角组成的闭合导线，如图 2.3-3 所示；

c. 无已知点的闭合导线，如图 2.3-4 所示。

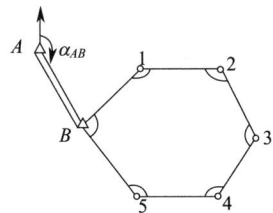

图 2.3-2　具有两个已知点的闭合导线

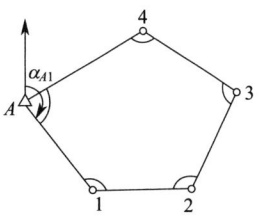

图 2.3-3　具有一个已知点的闭合导线

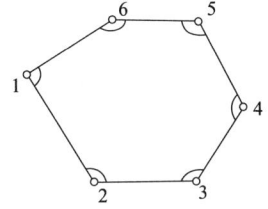

图 2.3-4　无已知点的闭合导线

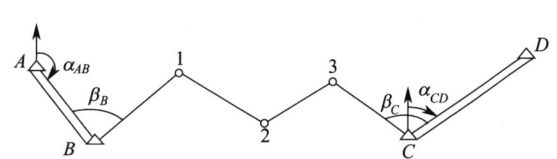

图 2.3-5　具有两个连接角的附合导线

② 附合导线。从一个已知点出发，最后附合到另一个已知点上。附合导线多用在带状地区做测图控制。此外，也广泛用于公路、铁路、水利等工程的勘测与施工。它主要有三种形式：

a. 具有两个连接角的附合导线，如图 2.3-5 所示；
b. 具有一个连接角的附合导线，如图 2.3-6 所示；
c. 无连接角的附合导线，如图 2.3-7 所示。

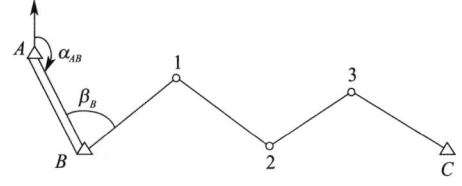

图 2.3-6　具有一个连接角的附合导线

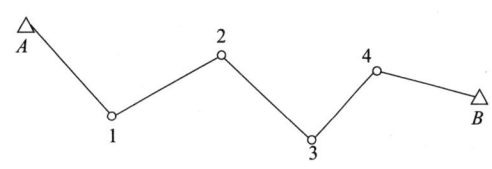

图 2.3-7　无连接角的附合导线

③ 支导线。支导线是指从一个控制点出发，既不闭合也不附合于已知控制点上（图 2.3-8）。支导线没有校核条件，差错不易发现，故支导线的点数不宜超过两个，一般仅作补点使用。

（2）导线等级

按照《工程测量标准》（GB 50026—2020）在局部地区的地形测量和一般工程测量中，根据测区范围

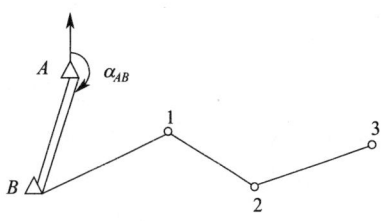

图 2.3-8　支导线

及精度要求，导线测量分为一级导线、二级导线、三级导线和图根导线四个等级。它们可作为国家四等控制点或国家 E 级 GNSS 点的加密，也可以作为独立地区的首级控制。表 2.3-1 为各级导线测量的主要技术指标。

表 2.3-1　各级导线测量的主要技术指标

| 等级 | 导线长度/km | 平均边长/km | 测角中误差/(″) | 测回数 DJ$_6$ | 测回数 DJ$_2$ | 角度闭合差/(″) | 相对闭合差 |
|---|---|---|---|---|---|---|---|
| 一级 | 4 | 0.5 | 5 | 4 | 2 | $\pm 10\sqrt{n}$ | 1/15000 |
| 二级 | 2.4 | 0.25 | 8 | 3 | 1 | $\pm 16\sqrt{n}$ | 1/10000 |
| 三级 | 1.2 | 0.1 | 12 | 2 | 1 | $\pm 24\sqrt{n}$ | 1/5000 |
| 图根级 | ≤1.0M | ≤1.5测图最大视距 | 20 | 1 | — | $\pm 40\sqrt{n}$（首级）<br>$\pm 60\sqrt{n}$（一般） | 1/2000 |

注：表中 $n$ 为测站数；$M$ 为测图比例尺的分母。

### 2.3.2.2　导线测量的外业工作

导线测量的外业工作包括：踏勘选点、建立标志、量边、测角和连测。

（1）踏勘选点及建立标志

搜集测量资料，图上选点，然后现场踏勘，再实地确定，选点时应满足下列要求：

① 导线点应选在土质坚实的地方，便于保存点位和安置仪器；

② 导线点应选在视野开阔处，便于控制和施测周围的地物和地貌；

③ 相邻点间必须通视良好，地势较平坦，视野开阔，便于测角和量距以及后期测图或放样；

④ 导线各边的长度应大致相等，且不超过规范要求，除特殊条件外，导线边长一般在 50~350m 之间，平均边长符合规定；

⑤ 导线点应有足够的密度，分布较均匀，便于控制整个测区。

确定导线点位置后，应在地上打入木桩，桩顶钉一个小钉作为导线点的标志，包括临时性标志和永久性标志。如导线点需长期保存，可埋设水泥桩或石桩，桩顶刻凿十字或嵌入锯有十字的钢筋作为标志。导线点应按顺序编号，为便于寻找，可根据导线点与周围地物的相对关系绘制导线点点位略图（"点之记"）。

（2）量边

即相邻导线点间水平距离测量，可采用以下几种方式，按照相应的测量技术要求，计算导线边长。

① 钢尺量距：用检定过的钢尺进行往返丈量，丈量的相对误差不应超过规定，满足要求时，取其平均值作为丈量的结果。

② 用电磁波测距仪（或全站仪）测定导线边长。

③ 如果导线边遇障碍，不能直接丈量，可采用电磁波测距仪（全站仪）测定或间接方法测量。

无测距仪时，采用间接方法测量（图 2.3-9）。AB 是跨越河流的导线边，在河岸边选

定与 $A$、$B$ 两点通视且便于丈量与 $B$ 点距离的 $P_1$、$P_2$ 两点，组成两个三角形 $AP_1B$ 和 $AP_2B$。丈量 $BP_1$ 和 $BP_2$ 的边长，观测 $\alpha_1$、$\beta_1$ 和 $\alpha_2$、$\beta_2$，则导线的长度为

$$AB = \frac{BP_1}{\sin\alpha_1}\sin(\alpha_1+\beta_1)$$

$$AB = \frac{BP_2}{\sin\alpha_2}\sin(\alpha_2+\beta_2)$$

两次求得 $AB$ 的长度，其相对误差如不超过规定的限差，取平均值作为结果。选定 $P_1$、$P_2$ 两点时，应注意 $BP_1$、$BP_2$ 量距方便，三角形各内角≥30°，且≤150°。

（3）测角

① 测角即测定导线两相邻边构成的转折角。转折角一般用 $\beta$ 表示，导线的转折角有左、右之分，在导线前进方向左侧的称为左角，而右侧的称为右角（图 2.3-10）。

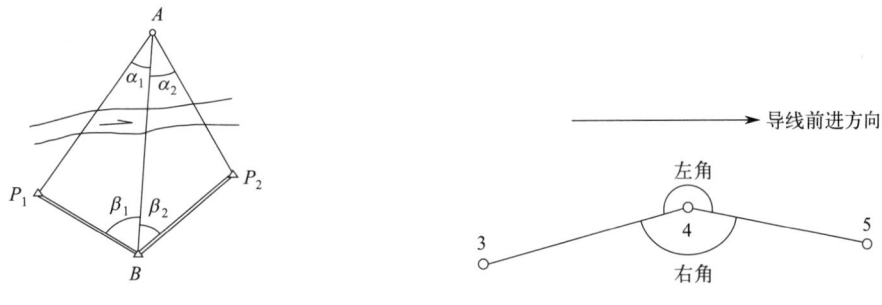

图 2.3-9　间接测距　　　　　图 2.3-10　导线左、右角示意

② 附合导线应统一观测左角或右角（在公路测量中，一般是观测右角）；对于闭合导线，则观测内角（当采用顺时针向编号时，闭合导线的右角即为内角，逆时针方向编号时，则左角为内角）。

③ 导线的转折角通常采用测回法进行观测，图根级测量，一般只观测一个测回即可。

④ 当测角精度要求较高，而导线边长比较短时，为了减少对中误差和目标偏心误差，可采用三连脚架法作业（一般使用三个既能安置仪器又能安置带有棱镜、对中器的基座和脚架，迁站时，只迁仪器，脚架和基座均不动，提高导线测角和测距精度的一种措施，常用于精密短边导线的测角和测距）。

（4）连测

若所布设的导线附近有高级控制点，应与之联系起来。如图 2.3-11 所示，$A$、$B$、$C$、$D$ 为已知高级控制点，1、2、3、4、5 为选定的导线点，导线连测必须观测连接角 $\beta_1$、$\beta_2$ 和连接边 $D_{B1}$，起到传递坐标方位角和坐标的作用。若附近无高级控制点，可用罗盘仪观测导线起始边的磁方位角，并假定起始点的坐标作为起算数据。

### 2.3.2.3　导线测量的内业计算

导线边长和连接角的测量不能确定点的坐标位置信息，需要根据已知的起始数据和外业观测的成果计算出园林施工场地各待定点导线点的坐标，进行导线内业计算。为了确保测图精度，内业计算前应全面认真检查导线测量的外业记录，有无记错、遗漏或算错，是

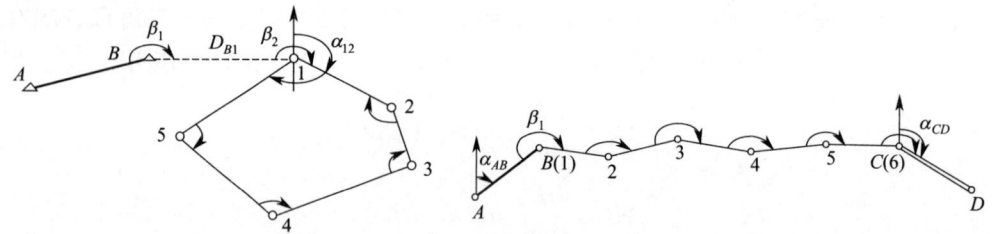

图 2.3-11 连测

否符合精度要求。角度的一测回观测和往返距离观测的检验只能检核一个测站上所测得的角值和两点间的距离是否符合精度要求。不能证明整条导线的总精度是否符合要求。每个测站数据检测无误，再确认外业工作成果合格后，绘出导线略图，在图上标注点号、转折角观测值、边长和已知数据，如图 2.3-12(a) 所示，外业测量标准和内业成果校核计算均按照表 2.3-1 中图根导线标准计算。

闭合导线坐标计算有表算、程序计算，计算时还应绘制导线略图。

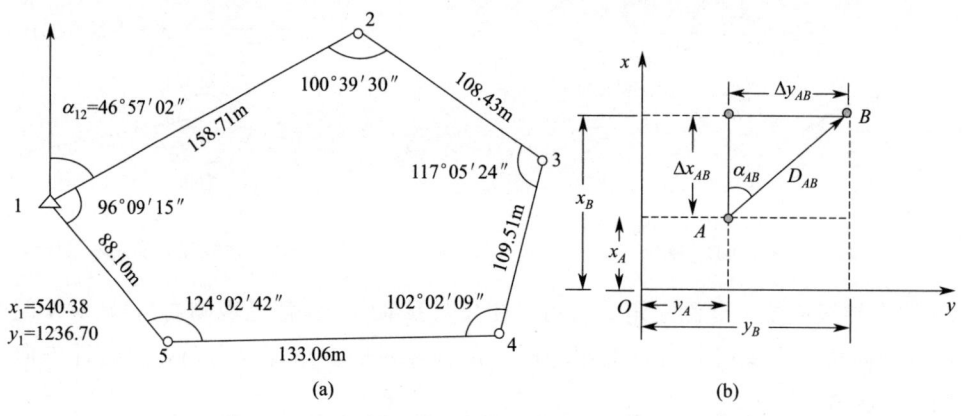

图 2.3-12 闭合导线略图（a）和坐标计算示意（b）

（1）坐标计算的基本公式

① 坐标方位角的推算公式。如图 2.3-12(a) 所示，布设闭合导线略图，已知 1 点平面坐标 ($x_1$, $y_1$) 和导线边 12 的方位角 $\alpha_{12}=46°57'02''$，$\alpha$ 为直线方位角，$\beta$ 为转折角（两条导线边的夹角——水平角）。

由前面的内容可知，用右角推算方位角的一般公式为

$$\alpha_{前} = \alpha_{后} + 180° - \beta_{右}$$

用左角推算方位角的一般公式为

$$\alpha_{前} = \alpha_{后} - 180° + \beta_{左}$$

② 根据已知点坐标、已知边长和坐标方位角计算未知点坐标公式。设 $A$ 为已知点：坐标 ($x_A$、$y_A$)；边长 $D_{AB}$；坐标方位角 $\alpha_{AB}$，$B$ 为未知点，求 $B$ 点的坐标 ($x_B$、$y_B$)，称为坐标正算，如图 2.3-12(b) 所示。

可通过 $A$、$B$ 两点间的横、纵坐标增量计算未知点的坐标。坐标增量是指导线边的终点和始点的坐标差，以 $\Delta x$ 和 $\Delta y$ 分别表示纵坐标增量和横坐标增量。

计算纵、横坐标增量 $\Delta x_{AB}$ 和 $\Delta y_{AB}$。

$$\Delta x_{AB} = D_{AB} \cos\alpha_{AB}$$

$$\Delta y_{AB} = D_{AB} \sin\alpha_{AB}$$

$B$ 点的坐标（$x_B$、$y_B$）为

$$x_B = x_A + D_{AB} \cos\alpha_{AB}$$

$$y_B = y_A + D_{AB} \sin\alpha_{AB}$$

③ 由两个已知点的坐标反算坐标方位角和边长。导线边的坐标方位角可根据两端点的已知坐标反算出，这种计算称为坐标反算。

a. 由两个点 $A_i(x_i, y_i)$、$B_{i+1}(x_{i+1}, y_{i+1})$ 坐标计算间距 $D_{AB}$。

$$D_{AB} = \sqrt{(x_{i+1} - x_i)^2 + (y_{i+1} - y_i)^2} = \sqrt{\Delta x^2 + \Delta y^2}$$

b. 导线各边的象限角计算：计算出的 $R_{AB}$，应根据坐标增量 $\Delta x$、$\Delta y$ 的正负，判断其所在的象限。象限角是指子午线北端或南端与直线所夹的锐角，常用 $R$ 表示，在 $0°\sim 90°$ 范围内变化。

$$R = \arctan\frac{\Delta y}{\Delta x}$$

c. 导线各边方位角计算：方位角是由子午线北端顺时针方向量测到某一边上的夹角，角值在 $0°\sim 360°$ 范围，常用 $\alpha$ 表示，方位角可由象限角推算出来（内容见任务 2.2）。

【例 2.3-1】：已知交点坐标：$JD_0$（4282.590，6617.690），$JD_1$（3825.590，6823.010），$JD_2$（3365.160，7786.670）。

计算：

① 坐标增量：$\Delta x_1 = -457.000$，$\Delta y_1 = 205.320$；$\Delta x_2 = -460.430$，$\Delta y_2 = 963.660$。

② 计算间距：$\Delta_{12} = \sqrt{\Delta x_2^2 + \Delta y_2^2} = 1068.006$；$\Delta_{01} = \sqrt{\Delta x_1^2 + \Delta y_1^2} = 501.004$。

③ 计算象限角、方位角：

$$R_1 = \arctan\frac{\Delta y_1}{\Delta x_1} = 24°11'36''，第 Ⅱ 象限；$$

$$R_2 = \arctan\frac{\Delta y_2}{\Delta x_2} = 64°27'43''，第 Ⅱ 象限。$$

则：$\alpha_1 = 180° - R_1 = 155°48'24''$；$\alpha_2 = 180° - R_2 = 115°32'17''$。

（2）闭合导线坐标计算

导线外业测量结束后，需对测量数据进行内业计算，根据已知的起始点坐标数据和外业观测成果，经过误差调整，计算出各导线点的平面坐标。计算前，首先要对外业测量成果进行全面检查和整理，观测、记录数据是否有遗漏和错误，观测成果是否符合限差要求，然后绘制导线略图，并把各项数据标注在略图上。

闭合导线是由折线组成的多边形，须满足多边形内角和和坐标条件，即从起算点开始，逐一推断各待定导线点的坐标，最后推回到起算点，因此推算的坐标应该等于起始点的已知坐标。

以图 2.3-12(a) 所示的图根闭合五边形导线为例，计算前，在表 2.3-2 中先填入导线

略图中的点号、转折角观测值、起始边方位角、边长、起始点坐标，再按以下步骤进行计算来说明闭合导线坐标计算的步骤。

① 角度闭合差的计算与调整。

a. 检核。闭合导线组成一个闭合多边形，从平面几何学可知，$n$ 边形闭合导线的内角和的理论值为：$\sum \beta_{理} = (n-2) \times 180°$，在实际观测中，由于误差的存在，实际测量的内角和 $\sum \beta_{测}$ 不等于理论值 $\sum \beta_{理}$，两者之间的差值称为闭合导线的角度闭合差。

$$f_\beta = \sum \beta_{测} - (n-2) \times 180°$$

角度闭合差 $f_\beta$ 的大小，说明测角精度，根据图根导线测量的限差要求，角度闭合差的容许值 $f_{\beta容}$ 为

$$f_{\beta容} = \pm 40'' \sqrt{n}$$

式中，$n$ 为转折角（内角）的数量，个。

若 $f_\beta \leqslant f_{\beta容}$，可进行角度闭合差的调整，否则应分析情况进行重测。

b. 调整。将 $f_\beta$ 以相反符号，平均分配到各观测角中，即各角的改正数为

$$V_\beta = -\frac{f_\beta}{n}$$

计算时，若不能均分，一般情况下，将余数分配给短边的夹角，调整后的内角和应等于理论值，各改正数的总和与反号的闭合差相等，即 $\sum V_\beta = -f_\beta$。

校核

$$\sum v_{\beta i} = -f_\beta$$

则改正后角值（$\beta_{i改}$）等于观测值加上改正数，即

$$\beta_{i改} = \beta_i + v_{\beta i}$$

校核

$$\sum \beta_{i改} = \sum \beta_{理}$$

以上计算在表 2.3-2 的第 2~4 栏及表下方进行。

② 计算各边的坐标方位角。从图 2.3-12 可看出，推算方位角的路线方向为北-1-12-23-34-45-51，根据起始边的已知坐标方位角和调整后的各内角值，按照下列公式计算各边坐标方位角：$\alpha_{前} = \alpha_{后} \mp 180° \pm \beta$。

此公式计算出来的 $\alpha_{前}$ 若大于 360°，应减掉 360°；若小于 0°，则再加上 360°，保证坐标方位角在 0°~360°之间；推算出来的起始边坐标方位角应与已知值相等，否则表明推算过程有错。本例导线点是按顺时针编号的，其内角均为右角，则有

$$\alpha_{23} = \alpha_{12已知} + 180° - \beta_{2改}$$
$$\alpha_{34} = \alpha_{23} + 180° - \beta_{3改}$$
$$\alpha_{45} = \alpha_{34} + 180° - \beta_{4改}$$
$$\cdots\cdots$$
$$\alpha_{12} = \alpha_{51} + 180° - \beta_{1改}$$

表 2.3-2 闭合导线坐标计算 1

| 点号 | 转折角 观测值 | 转折角 改正数/(″) | 转折角 改正后角值 | 方位角 α | 边长 D/m | 纵坐标增量 Δx 计算值/m | 纵坐标增量 Δx 改正数/mm | 纵坐标增量 Δx 改正后的值/m | 横坐标增量 Δy 计算值/m | 横坐标增量 Δy 改正数/mm | 横坐标增量 Δy 改正后的值/m | 纵坐标 x/m | 横坐标 y/m |
|---|---|---|---|---|---|---|---|---|---|---|---|---|---|
| 1 | | | | | | | | | | | | 540.38 | 1236.70 |
| | | | | 46°57′2″ | 158.71 | +108.34 | +2 | +108.36 | +115.98 | −2 | +115.96 | | |
| 2 | 100°39′30″ | +12 | 100°39′42″ | | | | | | | | | 648.74 | 1352.66 |
| | | | | 126°17′20″ | 108.43 | −64.18 | +1 | −64.17 | +87.40 | −2 | +87.38 | | |
| 3 | 117°5′24″ | +12 | 117°5′36″ | | | | | | | | | 584.57 | 1440.04 |
| | | | | 189°11′44″ | 109.51 | −108.10 | +2 | −108.08 | −17.50 | −2 | −17.52 | | |
| 4 | 102°2′9″ | +12 | 102°2′21″ | | | | | | | | | 476.49 | 1422.52 |
| | | | | 267°0′23″ | 133.06 | −6.60 | +2 | −6.58 | −132.90 | −2 | −132.92 | | |
| 5 | 124°2′42″ | +12 | 124°2′54″ | | | | | | | | | 469.91 | 1289.60 |
| | | | | 323°6′29″ | 88.10 | +70.46 | +1 | +70.47 | −52.89 | −1 | −52.90 | | |
| 1 | 96°9′15″ | +12 | 96°9′27″ | | | | | | | | | 540.38 | 1236.70 |
| | | | | 46°57′2″ | | | | | | | | | |
| 2 | | | | | | | | | | | | | |
| ∑ | 539°59′0″ | +60 | 540°0′0″ | | 597.81 | −0.08 | +8 | 0 | +0.09 | −9 | 0 | | |

辅助计算:

$\sum \beta_{理} = (2.3 - 2) \times 180° = 540°$

$f_\beta = \sum \beta_{测} - \sum \beta_{理} = -60″$

$f_{\beta容} = \pm 60″\sqrt{n} = \pm 134″$  $|f_\beta| < |f_{\beta容}|$,说明符合要求

$f_x = \sum \Delta x_{计} = -0.08\text{m}$

$f_y = \sum \Delta y_{计} = +0.09\text{m}$

$f_D = \sqrt{f_x^2 + f_y^2} = 0.12\text{m}$

$K = f_D / \sum D = 1/4982$

$K_容 = 1/2000$

$K < K_容$,说明符合要求

校核

$$\alpha_{12}=\alpha_{12\text{已知}}$$

由此可以归纳出按后面一边的已知方位角 $\alpha_{\text{后}}$ 和导线右角 $\beta_{\text{右}}$，推算前进方向一边的方位角 $\alpha_{\text{前}}$ 的一般公式。

$$\alpha_{\text{前}}=\alpha_{\text{后}}+180°-\beta_{\text{右}}$$

若导线点是按逆时针编号的，其内角为左角，则有

$$\alpha_{23}=\alpha_{12\text{已知}}-180°+\beta_{2\text{改}}$$
$$\alpha_{34}=\alpha_{23}-180°+\beta_{3\text{改}}$$
$$\alpha_{45}=\alpha_{34}-180°+\beta_{4\text{改}}$$
$$\cdots\cdots$$
$$\alpha_{12}=\alpha_{51}-180°+\beta_{1\text{改}}$$

校核

$$\alpha_{12}=\alpha_{12\text{已知}}$$

由此，可归纳出按后面一边的已知方位角 $\alpha_{\text{后}}$ 和导线左角 $\beta_{\text{左}}$，推算前进方向一边的方位角 $\alpha_{\text{前}}$ 的一般公式。

$$\alpha_{\text{前}}=\alpha_{\text{后}}-180°+\beta_{\text{左}}$$

导线坐标方位角的计算在表 2.3-2 的第 5 列中进行。

③ 坐标增量的计算。如图 2.3-12(b) 所示，根据已推算出的方位角和相应的边长，可计算坐标增量，再根据已知的坐标就可推算下一个导线点的坐标。导线的长度 $D$ 和坐标方位角 $\alpha$ 已知后，可以按下面公式计算坐标增量，即

$$\Delta x_{AB}=D_{AB}\cos\alpha_{AB}$$
$$\Delta y_{AB}=D_{AB}\sin\alpha_{AB}$$

式中坐标增量的正、负号与坐标方位角的余弦、正弦函数值的符号相一致。坐标增量具体的计算在表 2.3-2 中第 7、10 列中进行。

④ 坐标增量闭合差的计算与调整。根据闭合导线的定义，闭合导线各边纵、横坐标增量的代数和的理论值分别等于零，如图 2.3-13(a) 所示，即

$$\sum\Delta x_{\text{理}}=0$$
$$\sum\Delta y_{\text{理}}=0$$

由于测量的导线边长的误差和角度闭合差调整后的残余误差，导致坐标增量仍然带有误差，因此坐标增量的代数和一般不等于零，则产生了坐标增量闭合差，如图 2.3-13(b) 所示。纵、横坐标增量闭合差分别以 $f_x$ 和 $f_y$ 表示，即

$$f_x=\sum\Delta x_{\text{测}}$$
$$f_y=\sum\Delta y_{\text{测}}$$

由于纵、横坐标闭合差的存在，根据计算结果绘制出来的闭合导线图形不能闭合，如图 2.3-13(b) 所示，$1'$ 与 1 点不重合，$1'1$ 这段距离称为导线全长闭合差，用 $f_D$ 表示，按照图中几何关系可得

$$f_D = \sqrt{f_x^2 + f_y^2}$$

导线越长，误差累计越大，因此用导线全长相对闭合差 $K$（即导线全长闭合差 $f_D$ 与导线全长 $\sum D$ 的比值）来衡量导线测量的精度，即

$$k = \frac{f_D}{\sum D}$$

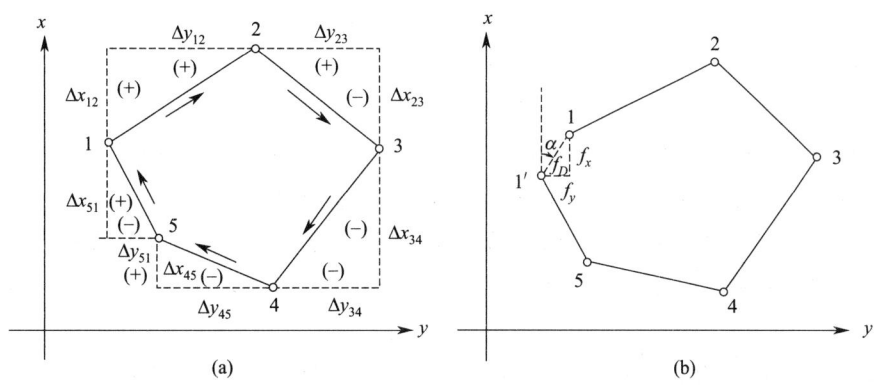

图 2.3-13　闭合导线增量及闭合

不同等级的导线全长相对闭合差的容许值 $K$ 不一样，详情可查阅表 2.3-1，在图根控制测量中导线全长相对闭合差不应大于 1/2000，山地不应大于 1/1000。若 $K > K_容$，则说明导线测量结果不满足精度要求，应先检查内业计算有无错误，再检查外业观测数据，对错误或可疑数据重新观测。

若 $K \leqslant K_容$，则说明导线测量结果满足精度要求，可进行坐标增量闭合差调整。坐标增量闭合差的调整方法是：将坐标增量闭合差 $f_x$ 和 $f_y$ 分别以相反的符号，按与边长成正比例地分配到各坐标增量上，则各纵、横坐标增量的改正数 $V_{xi}$、$V_{yi}$ 分别为

$$V_{xi} = -\frac{f_x}{\sum D} D_i$$

$$V_{yi} = -\frac{f_y}{\sum D} D_i$$

校核

$$\sum v_x = -f_x$$
$$\sum v_y = -f_y$$

计算改正后的坐标增量。

$$\Delta x_{i改} = \Delta x_i + v_{xi}$$
$$\Delta y_{i改} = \Delta y_i + v_{yi}$$

由于凑整的原因，可能存在微小的不符值，此时应在适当的坐标增量上增加或减少一点，以满足上式要求。

改正后的坐标增量 $\Delta x_i$ 改和 $\Delta y_i$ 改等于坐标增量计算值加上改正数，即

$$\Delta x_{i改} = \Delta x_i + v_{\Delta xi}$$
$$\Delta y_{i改} = \Delta y_i + v_{\Delta yi}$$

以上具体计算在表 2.3-2 的第 8、9、11、12 列及表格下方进行。

⑤ 导线点坐标的计算。根据导线起始点的已知坐标及改正后的坐标增量，按照以下公式依次推算各导线点的坐标。

$$x_i = x_{i-1} + \Delta x_{i改}$$
$$y_i = y_{i-1} + \Delta y_{i改}$$

以上计算在表 2.3-2 第 13、14 栏中进行。

（3）附合导线坐标计算

附合导线的坐标计算与闭合导线的坐标计算基本上相同，但由于附合导线两端与已知点相连，所以在计算角度闭合差和坐标增量闭合差上有所不同。

① 具有两个连接角的附合导线的计算。此种附合导线的计算步骤和闭合导线的计算步骤基本相同，只是在角度闭合差及坐标增量闭合差的计算方法上有所不同。下面仅介绍不同之处。

a. 角度闭合差的计算。如图 2.3-14 所示，已知数据及观测值均标注在导线略图上，根据起始边方位角及导线左角，按公式计算各边坐标方位角。

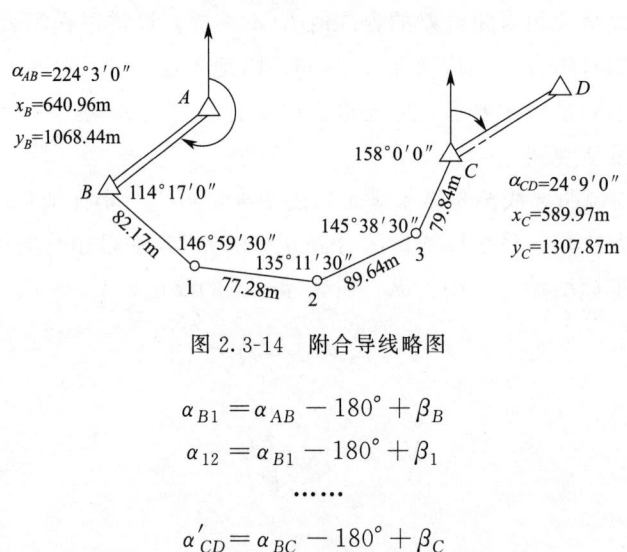

图 2.3-14 附合导线略图

$$\alpha_{B1} = \alpha_{AB} - 180° + \beta_B$$
$$\alpha_{12} = \alpha_{B1} - 180° + \beta_1$$
$$\cdots\cdots$$
$$\alpha'_{CD} = \alpha_{BC} - 180° + \beta_C$$

将以上各式相加，得到

$$\alpha'_{CD} = \alpha_{AB} - n \times 180° + \sum \beta_i$$

由于转折角及连接角观测中存在误差，故算出的 $\alpha'_{CD}$ 与已知 $\alpha_{CD}$ 不相等，即产生角度闭合差 $f_\beta$，则

$$f_\beta = \alpha'_{CD} - \alpha_{CD}$$
$$= \alpha_{AB} - \alpha_{CD} - n \times 180 + \sum \beta_左$$

写成一般表达式为

表 2.3-3 闭合导线坐标计算 2

| 点号 | 转折角 | | | 方位角 α | 边长 D/m | 纵坐标增量 Δx | | | 横坐标增量 Δy | | | 纵坐标 x/m | 横坐标 y/m |
|---|---|---|---|---|---|---|---|---|---|---|---|---|---|
| | 观测值 | 改正数/(″) | 改正后角值 | | | 计算值/m | 改正数/mm | 改正后的值/m | 计算值/m | 改正数/mm | 改正后的值/m | | |
| | 2 | 3 | 4 | 5 | 6 | 7 | 8 | 9 | 10 | 11 | 12 | 13 | 14 |
| 1 | | | | 30 | | | | | | | | 500.00 | 500.00 |
| 2 | | | | | | | | | | | | | |
| 3 | | | | | | | | | | | | | |
| 4 | | +12 | 96°9′27″ | | | | | | | | | | |
| 5 | | | | 46°57′2″ | | | | | | | | | |
| 1 | | | | | | | | | | | | | |
| 2 | | | | | | | | | | | | | |
| ∑ | | 60 | 540°0′0″ | | | | | | | | | | |

辅助计算

$\sum \beta_{测} =$

$K = f_D / \sum D =$     $f_D = \sqrt{f_x^2 + f_y^2} =$     $f_\beta = \sum \beta_{测} - \sum \beta_{理} =$

$f_{\beta容} = \pm 60″\sqrt{n} =$     $K_{容} = 1/2000$

$|f_\beta| < |f_{\beta容}|$,说明符合要求     $K < K_{容}$,说明符合要求

$f_x = \sum \Delta x_{计} =$

$f_y = \sum \Delta y_{计} =$

$$f_\beta = \alpha_{始} - \alpha_{终} - n \times 180° + \sum \beta_{左}$$

若转折角为右角，则

$$f_\beta = \alpha_{始} - \alpha_{终} + n \times 180° - \sum \beta_{右}$$

当观测角为右角时，改正数的符号与 $f_\beta$ 的符号相同。

闭合导线坐标计算见表 2.3-3。

b. 坐标增量闭合差的计算。附合导线纵、横坐标增量的代数和的理论值分别等于终点与始点的已知纵、横坐标差，即

$$\sum \Delta x_{理} = x_{终} - x_{始}$$

$$\sum \Delta y_{理} = y_{终} - y_{始}$$

故

$$f_x = \sum \Delta x_{计} - (x_{终} - x_{始})$$

$$f_y = \sum \Delta y_{计} - (y_{终} - y_{始})$$

② 仅有一个连接角的附合导线的计算。这种附合导线的计算与具有两个连接角的附合导线的计算不同之处在于，它不进行角度闭合差的计算与调整，其余计算步骤和方法均相同。

（4）支导线计算

由于电磁波测距仪和全站仪的发展与普及，测距和测角的精度大大提高，在测区内已有控制点的数量不能满足测图或施工放样的需要时，可用支导线的方法来加密控制点。

由于支导线既不回到原起始点上，又不附合到另一个已知点上，故支导线没有检核限制条件，也就不需要计算角度闭合差和坐标增量闭合差，只要根据已知边的坐标方位角和已知点的坐标，由外业测定的转折角和导线边长，直接计算出各边方位角及各边坐标增量，最后推算出选定导线点的坐标。

计算步骤如下：

① 根据观测的转折角采用公式推算各边的方位角；

② 根据各边的方位角和边长采用公式计算坐标增量；

③ 根据起点的已知坐标和各边的坐标增量计算各点的坐标。

## ◆ 任务内容和实施过程

实训场地内有控制点（导线）$A$、$B$、$C$、$D$、$E$，已知 $A$ 点位置信息，需要测量 $B$、$C$、$D$、$E$ 的位置信息，为下一步测量工作提供依据，如图 2.3-15 所示。

观测步骤如下。

（1）收集待测区域已有的成果资料

找甲方收集布设的高等级平面控制点的位置信息，或假定某点固定的位置信息。

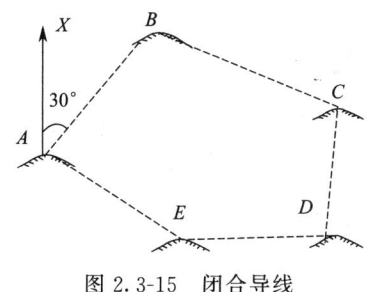

图 2.3-15 闭合导线

(2) 选点布设平面控制网

选用任意平面坐标系统,平面控制点可和高程控制点相同。点位应选在土质坚实处,地势较平坦,便于测角和量距,便于保存标志和安置仪器,视野开阔,便于测图或放样;相邻点间必须通视良好;导线各边的长度应大致相等,除特殊条件外,导线边长一般在 50~350m 之间,平均边长符合规定,导线点应有足够的密度,分布较均匀,便于控制整个测区。

(3) 水平角观测

操作方法同 2.1.3 小节。

(4) 水平距离观测

操作方法同 2.2.3 小节;观测后将外业数据记录表格(表 2.3-3)中。

(5) 数据内业计算和校核

## 💡 注意事项

观测前应先检验仪器,若发现仪器有误差应立即进行校正,并采用盘左、盘右取平地值等方法,减小和消除仪器误差对观测结果的影响。

(1) 水平角观测的注意事项

① 安置仪器要稳定,脚架应踩实,对中整平应仔细,短边时应特别注意对中,测量前应严格精平。

② 目标处的标杆应竖直,并根据目标的远近选择不同粗细的标杆。

③ 观测时应严格遵守各项操作规定。例如:照准时应消除视差;观测时,切勿误动水平度盘等。

④ 照准时,应以十字丝交点附近的竖丝照准目标根部。

⑤ 读数应准确,观测时应及时记录和计算。

⑥ 各项误差应在规定的限差以内,超限必须重测。

(2) 水平距离测量时的注意事项

① 当两点间距离较长或起伏较大时需要进行直线定线,返测时需重新直线定线。

② 量距时注意看清尺的零刻度位置。

③ 相对误差应在规定的限差以内,超限必须重测。

## 思考练习

(1) 名词解释

控制测量、经纬仪导线测量、图根点、闭合导线、附合导线、导线全长相对闭合差。

(2) 简答题

① 图根控制测量中，导线布设的形式有哪几种？各在什么情况下使用？

② 经纬仪导线测量外业工作有哪几项？

(3) 计算题

① 如图 2.3-16 所示的闭合导线，已知 12 边的坐标方位角 $\alpha_{12已知}=43°54'31''$，1 点的坐标为 $x_1=1000.00$m，$y_1=1000.00$m，转折角观测值和边长在图中标出，计算闭合导线各点的坐标。

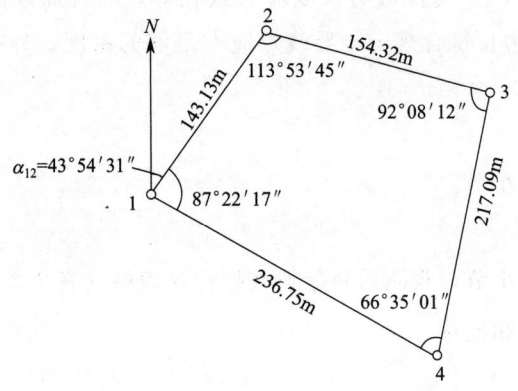

图 2.3-16 闭合导线

② 如图 2.3-17 所示的附合导线，已知起始边、终边的坐标方位角 $\alpha_{AB}=41°29'20''$，$\alpha_{CD}=215°36'45''$，$B$、$D$ 两点的坐标分别为 $x_B=513.26$m，$y_B=258.17$m，$x_C=510.99$m，$y_C=923.28$m。转折角观测值和边长在图中标出，计算附合导线 1、2、3 点的坐标。

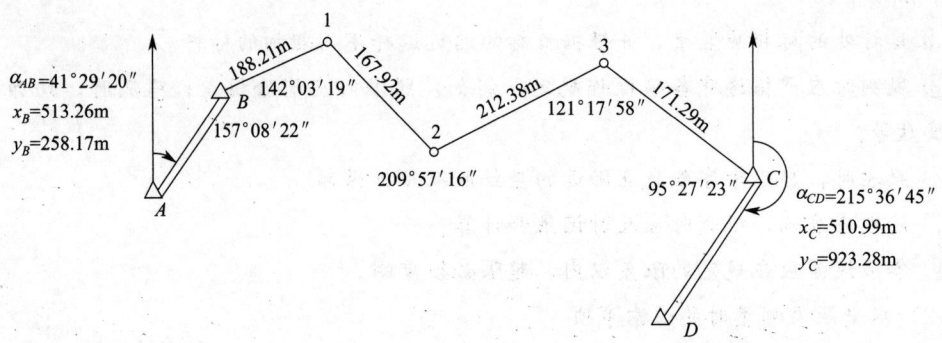

图 2.3-17 附合导线

## 任务 2.4

# 全站仪图根控制测量

### ◆ 任务目标

会熟练运用全站仪进行图根平面控制测量、碎部测量和绘制大比例尺平面图。

### ◆ 教学资源

① 材料用具：按照实训小组分配仪器和设备，每个小组备有一台宾得全站仪（含三脚架）、棱镜、棱镜支架、花杆若干、一份记录手簿，自备铅笔、计算器等。

② 参考资料：多媒体课件、教学参考书等。

③ 教学场所：多媒体教室、园林工程测量实训室和校内实训基地。

### ◆ 相关知识

#### 2.4.1 全站仪的认识和使用

随着光电测距和电子计算机技术的发展，20世纪60年代末出现了把电子测距、电子测角和微处理机结合成一个整体，能自动记录、存储并具备某些固定计算程序的电子速测仪。因该仪器在一个测站点能快速进行三维坐标测量、定位和自动数据采集、处理和存储等工作，较完善地实现了测量和数据处理过程的电子化和一体化，所以称为"全站型电子速测仪"，通常又称为"电子全站仪"或简称"全站仪"。

##### 2.4.1.1 全站仪的结构和特性

（1）全站仪的构成

全站仪主要由电子测角、光电测距和数据微处理系统组成。按结构形式，全站仪可分为"组合式"和"整体式"两种类型。组合式全站仪是将电子经纬仪、红外测距仪和微处理器通过一定的连接器构成一个组合体。这种仪器的优点是能由系统的现有构件组成，还可通过不同的构件进行灵活多样的组合。当个别构件损坏时，可以用其他构件代替，具有很强的灵活性。这种组合式的速测仪在我国20世纪80年代末和90年代的一些测绘单位使用比较普遍，现在基本上被淘汰。

整体式全站仪的外壳内包含电子经纬仪、红外测距仪和电子微处理器。这种仪器的优点是电子经纬仪和红外测距仪使用共同的光学望远镜，角度测量和距离测量只需瞄准一次，测量结果能自动显示并能与外围设备双向通信，而且其体积小、结构紧凑、操作方便、精度高。

(2) 全站仪的功能和特性

① 自检与改正功能。仪器误差对测角精度的影响，主要是由仪器的三轴之间关系不正确造成的。在光学经纬仪中主要是通过对三轴之间关系的检验校正，减少仪器误差对测角精度的影响。在全站仪中则主要是通过所谓"自动补偿"实现的。最新的全站仪已实现了"三轴"补偿功能（补偿器的有效工作范围一般为$\pm 3'$），即全站仪中安装的补偿器能自动检测或改正由于仪器垂直轴倾斜而引起的测角误差，通过仪器视准轴误差和横轴误差的检测结果计算出误差值，必要时由仪器内置程序对所观测的角度加以改正，从而使观测得到的结果是在正确的轴系关系条件下的观测结果。因此，仅就这点来说，全站仪工作的稳定性和精度可靠性要高于光学经纬仪。

② 大容量内存。现在生产的全站仪都配置了内部存储器，而且容量越来越大，从以前只存储几百个点的坐标数据或测量数据，发展到现在储存上万个点的坐标数据或观测数据，有的全站仪内存已经达到了数十兆。

③ 双向传输功能。全站仪与计算机之间的通信，不仅可以将全站仪内存中的数据文件传送到计算机，还可以将计算机中的坐标数据文件和编码库数据或程序传送到全站仪的内存中，或由计算机实时控制全站仪的工作状态，也可以对全站仪内的软件进行升级，拓展其功能。

④ 程序化。程序化是指在全站仪的内存中存储了一些常用的测量作业程序，更好地满足了专业测量的要求。全站仪除了具有基本的测量功能，如角度测量、距离测量、坐标测量外，还具有特殊的测量程序，如放样测量、对边测量、悬高测量、后方交会、面积测量、偏心测量等。内置程序能够实时提供观测过程并计算出最终结果。观测者只要能够按仪器中的设定进行观测，即可以现场给出结果，通过程序将内业计算工作直接在外业完成。

⑤ 操作方便。全站仪的发展使得它操作更加方便。现在大多数全站仪都采用了汉化的中文界面，显示屏更大，字体更清晰、美观；操作键采用软键和数字键盘相结合的方式，按键方便，易学易用。

⑥ 智能化。现今推出了许多智能型全站仪，如 Leica 公司的带目标自动识别、伺服马达驱动与镜站遥控功能的 TPS 系列和 TCA 系列；南方公司推出的 WindowsCE 操作系统、带图形显示、下拉菜单的全中文智能型全站仪。这些仪器的应用，极大地提高了测量自动化的程度，提高了作业效率。

### 2.4.1.2 全站仪的基本使用方法

下面以宾得 R-202NE 全站仪为例，介绍全站仪的使用方法。

(1) 宾得 R-202NE 全站仪简介

宾得 R-202NE 全站仪构造如图 2.4-1 所示，有两面操作按键及显示窗。

宾得 R-202NE 全站仪的构造包括以下几个关键部分和功能。

PENTAX 光学系统：采用超级多层镀膜镜头，确保了清晰和准确的照准。

免棱镜测量功能：除了支持棱镜和反射片测量模式外，还具备免棱镜测距功能，测距范围可达 400m。

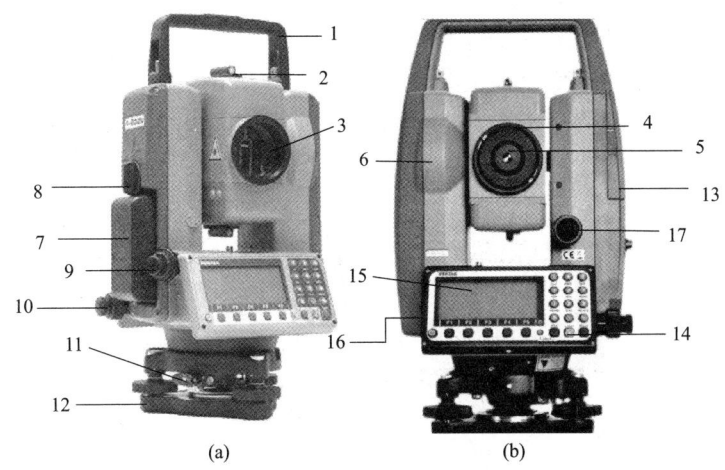

图 2.4-1 宾得 R-202NE 全站仪构造

1—望远镜手柄；2—准星（瞄准器）；3—物镜；4—物镜调焦螺旋；5—目镜和目镜调焦螺旋；6—竖直度盘；
7—镶嵌锂电池；8—电池锁紧杆；9—外置对中螺旋；10—水平制动螺旋（小螺旋）和水平微动螺旋（大螺旋）；
11—基座锁紧钮；12—基座和脚螺旋（基座上有圆水准器）；13—电池盒盖（内镶嵌式）；
14—激光按键（内置对中按键）；15—带有操作按键的显示窗（两面），显示屏上方有管水准器；
16—数据传输口；17—竖直制动螺旋（小螺旋）和竖直微动螺旋（大螺旋）

数字输入键盘：允许快速输入数字、字母及其他特殊字符。

可视激光指示：使照准目标更快、更容易，特别适用于隧道、夜晚等光线微弱环境中的工作。

激光对中功能：可调节激光强度，便于仪器架设对中。

编码度盘：开机无须初始化，重新开机角度保持不变。

标准化电池：采用性价比高的标准化电池设计，增配方便。

大容量存储器：内存能存储 20000 个测量点（$X, Y, Z$），满足各种测量和检测作业的需求。

内置 PowerTopolite 软件：具备强大的内置功能，支持各种专业测量任务。

此外，宾得 R202NE 全站仪还具备以下参数配置。

望远镜物镜孔径：45mm（EDM 孔径 45mm）。

放大倍率：30×。

视场角：1°30′。

分辨率：3″。

短视距：1.0m（手动对焦）。

距离测量范围包括迷你棱镜 1.5~800m（1000m），单棱镜 3000m，三棱镜 4000m，免棱镜 350m。

棱镜/反射贴片精度：$\pm(2mm+2ppm\times D)$。

免棱镜精度：$\pm(3mm+2ppm\times D)$。

测距时间：正常测量 2.0s（正常）、1.2s（快速）、粗测模式 0.4s、跟踪模式 0.4s。
角度测量：测角精度±2″，读数 1″/5″。
倾斜补偿器：单轴，补偿范围±3′。

这些特点和功能使得宾得 R202NE 全站仪成为一款适用于多种测量和检测任务的先进仪器。为了便于观测，仪器双面都有显示窗，见图 2.4-2。

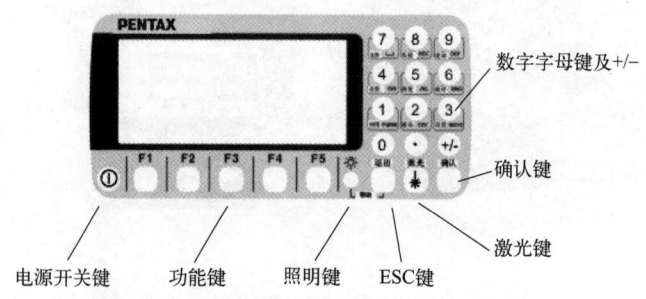

图 2.4-2　全站仪显示窗

显示窗采用点阵式液晶显示，可显示 5 行，通常前四行显示屏幕项目和测量数据，最后一行是测量模式功能键，其他键见图示说明。显示符号的意义见表 2.4-1，详细介绍参考宾得 R-202NE 全站仪说明书。

表 2.4-1　宾得 R-202NE 全站仪显示符号的意义

| 显示符号 | 内　　容 | 显示符号 | 内　　容 |
| --- | --- | --- | --- |
| V% | 垂直角（坡度显示） | E | 东向坐标 |
| HR | 水平角（右角） | Z | 高程 |
| HL | 水平角（左角） | * | EDM（电子测距）正在进行 |
| HD | 水平距离 | m | 以米为单位 |
| VD | 高差 | ft | 以英尺为单位 |
| SD | 倾斜 | fi | 以英尺与英寸为单位 |
| N | 北向坐标 | | |

（2）全站仪使用的注意事项

全站仪是一种较精密的仪器，使用时要特别注意以下事项。

① 日光下测量应避免将物镜直接瞄准太阳。若在太阳下作业应给仪器打伞。

② 仪器不使用时，应将其装入箱内，置于干燥处，注意防震、防尘和防潮。

③ 仪器安装至三脚架或拆卸时，要一只手先握住仪器，以防仪器跌落。

④ 迁站时，务必将仪器从三脚架上取下。

⑤ 外露光学件需要清洁时，应用脱脂棉或镜头纸轻轻擦净，切不可用其他物品擦拭。

⑥ 仪器使用完毕后，用绒布或毛刷清除仪器表面灰尘。仪器被雨水淋湿后，切勿通电开机，应用干净软布擦干并在通风处放一段时间。

⑦ 作业前应仔细、全面检查仪器，确认仪器各项指标、功能、电源、初始设置和改

正参数均符合要求时再进行作业。

⑧ 即使发现仪器功能异常，非专业维修人员也不可擅自拆开仪器，以免发生不必要的损坏。

⑨ 每次取下电池盒时，都必须先关闭仪器电源，否则仪器易损坏。在进行测量的过程中，千万不能不关机拔下电池，否则测量数据将会丢失！电池充电应用专用充电器。

（3）测量前的准备

将仪器安装在三脚架上，精确整平和对中，以保证测量成果的精度。然后打开电源开关（POWER键），确认棱镜常数值（PSM）和大气改正值（PPM），并确认显示窗中有足够的电池电量。电池窗口出现闪烁或显示"电池电量不足"（电池用完）时，应及时更换电池或对电池进行充电。

① 架设仪器与脚架。

a. 调整脚架腿的长度以使安装好仪器后的高度适应使用者。

b. 将对中垂球挂到脚架的对中钩上，通过地上站点粗略对中。此时，安装好脚架，用脚将脚架尖牢牢踩到地面上使脚架头尽可能水平，对中垂球尽可能对准地上的站点。

② 激光对中。将仪器开机，打开激光对中，根据环境适当调节激光亮度。松开中心固定螺旋，用手指移动上部的圆盘使激光点对准地面的标志，旋紧中心固定螺旋。

③ 仪器粗略整平。伸缩三脚架架腿，使圆水准器气泡居中。

④ 仪器精确整平。用脚螺旋调整管水准器，让气泡居中，精确整平仪器，具体操作同经纬仪精确整平，见图 2.1-6 管水准器调平。

⑤ 目镜调整。应在观测目标之前调整目镜，将望远镜对准一个明亮的目标，旋转目镜调焦螺旋，直到目镜中的十字丝最清晰为止。当用目镜观察时，要避免过度观看，以防止产生视差及眼睛疲劳。当由于光线弱而看不清十字丝时，按照明键打开照明。

⑥ 照准目标。松开望远镜制动螺旋及水平制动螺旋，用瞄准器对准目标，将水平制动螺旋及竖直制动螺旋拧紧，调节目镜，通过望远镜瞄准目标，旋转对焦螺旋，当目标能看清晰时停止旋转。此时上下移动眼睛，目标图像不应相对于十字丝产生移动，调节水平及竖直微动螺旋，将十字丝瞄准目标。

⑦ 安装与拆卸基座。R-202NE 系列全站仪的基座可以与主机分离。拆卸基座用螺丝刀松开嵌入式螺栓，向上旋转基座螺旋锁，使箭头点向上即可取下仪器。按照引导指示标志将仪器安放到基座上，旋转螺旋锁，使箭头点向下为止。当基座不需要分离安装或仪器要运输时，拧紧嵌入式螺栓以固定螺旋锁。

（4）工作模式设置

打开电源，仪器进入工作模式，可进行单位设置、模式设置和其他设置，具体内容见表 2.4-2。

表 2.4-2　工作模式设置

| 菜单 | 项目 | 选择项 | 内容 |
|---|---|---|---|
| 单位设置 | 英尺 | F1:美国英尺<br>F2:国际英尺 | 选择 m/f 转换系数<br>美国英尺:1m＝3.2803333333333ft<br>国际英尺:1m＝3.280839895013123ft |
|  | 角度 | 度(360°)<br>哥恩(400G)<br>密位(6400M) | 选择测角单位<br>DEG/GON/MIL(度/哥恩/密位) |
|  | 距离 | m/ft/ft.in | 选择测距单位:m/ft/ft.in(米/英尺/英尺.英寸) |
|  | 温度气压 | 温度:℃/℉<br>气压:hPa/mmHg/inHg | 选择温度单位:℃/℉<br>选择气压单位:hPa/mmHg/inHg |
| 模式设置 | 开机模式 | 测角/测距 | 选择开机后进入测角模式或测距模式 |
|  | 精测/跟踪 | 精测/跟踪 | 选择开机后的测距模式,精测/跟踪 |
|  | HD&VD/SD | 平距和高差/斜距 | 说明开机后的数据项显示顺序,平距和高差或斜距 |
|  | 垂直零/水平零 | 垂直零/水平零 | 选择垂直角读数,从天顶方向为零基准或水平方向为零基准计数 |
|  | N 次测量/复测 | N 次测量/复测 | 选择开机后测距模式,N 次/重复测量 |
|  | 测量次数 | 0～99 | 设置测距次数,若设置为 1 次,即为单次测量 |
|  | 关测距时间 | 1～99 | 设置测距完成后到测距功能中断的时间可以依此功能 |
|  | 格网因子 | 使用/不使用 | 使用或不使用格网因子 |
|  | NEZ/ENZ | ENZ/NEZ | 坐标显示顺序为 E/N/Z 或 N/E/Z |
| 其他设置 | 水平角蜂鸣声 | 开/关 | 说明每当水平角过 90°时是否要发出蜂鸣声 |
|  | 测距蜂鸣 | 开/关 | 当有回光信号时是否蜂鸣 |
|  | 两差改正 | 0.14/0.20/关 | 大气折射和曲率改正的设置 |

(5) 角度测量

全站仪的测角是由仪器内集成的电子经纬仪完成的。电子经纬仪的测角与光学经纬仪类似,主要区别在于电子经纬仪采用光电扫描度盘自动计数,自动处理数据,自动显示、储存及输出数据,并且角度测量的三轴误差(视准轴、水平轴和垂直轴)由仪器自动进行改正。

目前,电子经纬仪的测角系统主要有三类,即绝对式编码度盘测角、增量式光栅度盘测角以及动态式测角。NTS-352 全站仪采用的是增量式光栅度盘。全站仪开机后,就进入角度测量模式,或者按 ANG 键进入角度模式。角度测量操作步骤同光学经纬仪操作,但不需人为读数,读数会直接显示在电子屏幕上。

① 水平角和竖直角测量。如图 2.4-3 所示,欲测定 $A$、$B$ 方向的水平夹角 $\beta$,将全站仪安置在 $O$ 点上,先照准第一个目标 $A$,按 F3(置零)键设置目标 $A$ 的水平角为 $0°0'0''$,然后照准第二个目标 $B$,屏幕直接显示目标 $B$ 的水平角 HR 和垂直角 $V$。

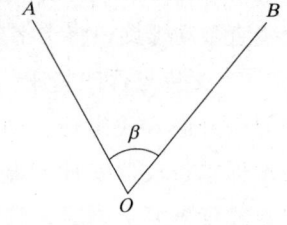

图 2.4-3　水平角测量

② 水平角(右角/左角)测量模式的转换。确认处于角度测量模式,按 F5(模式)

键转到模式 B 界面，按 F2（角度设定）键，再按 F4（⬇）键，到"右/左转换"，按 F5（选择）键即可完成切换。通常使用右角模式观测。

③ 水平角读数的设置。

a. 通过锁定角度值进行设置。确认处于角度测量模式，用水平微动螺旋转到所需的水平角，按 F5（模式）键转到模式 B 界面，连续按 F3（角度锁定）键 2 次，这时转动照准部，水平读数不变。此时垂直角和距离并不能锁定，要释放锁定的水平角，按一下 F3（角度锁定）键即可。

b. 通过键盘输入进行设置。确认处于角度测量模式，用水平微动螺旋转到所需的水平角，按 F5（模式）键转到模式 B 界面，按 F2（角度设定）键，再按 F4（⬇）键，到"水平角输入"，按 F5（选择）键，输入想要的度、分、秒即可。

（6）距离测量

目前，全站仪内置的测距仪大都采用相位式红外测距仪。距离测量可设为单次测量和 N 次测量。一般设为单次测量，以节约用电。距离测量有三种测量模式，即精测模式、粗测模式、跟踪模式。一般情况下用精测模式观测，最小显示单位为 1mm，测量时间约 2.5s。粗测模式最小显示单位为 10mm，测量时间约 0.7s。跟踪模式用于观测移动目标，最小显示单位为 10mm，测量时间约 0.3s。

在距离测量前应进行大气改正的设置和棱镜常数的设置，然后才能进行距离测量。宾得 R-202NE 全站仪在模式 B 下，按 F4 键，可进行气象修正，包括棱镜常数、温度、气压等。棱镜常数根据全站仪工作场所目标确定，包括－30mm（全站仪目标是棱镜）、N0（免棱镜）、S0（反射片）。由于仪器利用红外光测距，光速会随着大气的温度和压力而改变，因此必须进行大气改正。仪器一旦设置了大气改正值，即可自动对测距结果实施大气改正。仪器设计是在温度 20℃、标准大气压 1013hPa 时气象改正值为 0ppm，其他情况下，可以输入温度、气压值由仪器自动计算，也可以根据公式直接计算出大气改正值（ppm）进行设置。仪器还可以对大气折射和地球曲率的影响进行自动改正。

距离测量的具体步骤如下。

① 目标设定。按 F2（目标）键改变目标的模式。目标模式的改变顺序依次为：棱镜-免棱镜（免棱镜型仪器）。目标模式可以在开机后的"初始设定 2"中选择。所选的目标模式，即使关机也会被保存，因此在下次开机时可直接进入上次使用的模式。不同的目标模式有不同的目标常数值，因此，在改变目标后要确认目标模式及目标常数值之间要相符。若选择的目标模式不正确，测距就不会正确，所以一定要选择正确的目标模式。

a. 用免棱镜模式测量距离：免棱镜测距的范围和精度是由垂直于 Kodak 灰度卡的白面的激光发射条件所决定的。范围可能受到目标形状及其周围环境的影响。

ⓐ 用免棱镜测量距离时，若测距精度不能满足要求，应采用棱镜测量。

ⓑ 免棱镜的"长距离模式"可用 007 代码 521 号免棱镜范围调出并选择为"长距离"，约为 180m，此时激光为Ⅲa 级。

ⓒ 007 代码的 521 免棱镜距离显示：免棱镜范围（普通/长距离）；远距离测量警告

（开/关）；远距离设定（每次/永久）。

ⓓ 当选择了长距离和信息为开并按F1（测距）键时，会出现"警告"（激光功率）的屏幕显示。可以看到F1（第二级测量/取消）、F3（普通距离测量）、F5（长距离测量）。

ⓔ 按一次测量键，可选"第二级测量"，按两次则取消。然后可用F5键选择普通或长距离。

当激光倾斜着射向目标表面时，可能由于激光的削弱或散射而导致测量结果不正确。

当在道路上测量时，可能由于受到来自前方及后方反射激光的干扰导致仪器不能正确计算出结果。

当测量倾斜的目标或球体或粗糙的目标时，可能由于组合数值被用于计算而导致测出的距离变长或缩短。

当有人或汽车在目标前来回移动时，仪器可能由于无法正确接收反射信号而导致不能正确计算出结果。

b. 反射棱镜模式：也可以用反射片测量距离。

c. 棱镜模式：该模式在特定的条件下，如近距离测量或测量墙面目标，可能不用反射片或棱镜也可以完成测距。然而，可能会带来一些误差，因此还是应选择免棱镜模式。当在棱镜模式下用反射片测量距离时，要特别注意使用正确的目标常数并加以确认。

② 距离测量。宾得全站仪R-202NE系列有两种距离测量模式，即主测量模式和次测量模式。按F1（测距）键一次进入主测量模式，连续按两次进入次测量模式。用"初始设定2"，可以自由地在主测量和次测量中进行选择。出厂默认设定，将单次测量设定于主测量中，将快速连续测量设定于次测量中。

断续测量表示用单次模式测量距离。连续测量表示用连续模式测量距离。快速断续测量表示用单次或多次模式快速测量距离。快速连续测量表示用连续测量模式快速测量距离。

a. 用"主测量"方式"单次测距"（出厂默认设置）。模式A界面下，用瞄准器瞄准目标，按F1（测距）键一次启动距离测量。测距标志出现在显示窗口，字母"测距"在屏幕上闪烁，在接收到从目标的反射回"（（O））"信号时，仪器发出响声，显示"＊"标志，并自动进行单次距离测量。测距完成时"测距"停止闪烁，测得的距离显示于屏幕上。

在连续测量模式下，"测距"一直闪烁。再次按下F1（测距）键终止距离测量，同时"测距"停止闪烁。在距离测量过程中，按退出键或目标选项键F2或模式键F5可以终止距离测量。

如果在"初始设置2"中，测量次数"测距次数输入"被设定为2次或更多次，则仪器完成设定的测量次数后将平均值显示于屏幕上。

b. 再次测距模式时的快速连续测量（出厂默认设置）。照准目标，按F1（测量）键两次启动测距，当接收到反射光时仪器鸣叫并显示"（（O））"时启动连续测量模式。瞄准目标后连续按两次F1（测距）键，启动连续测距模式，"测距"快速闪烁在屏幕上。在测量过程中"测距"持续闪烁。如再次按下F1（测距）键，则距离测量结束，"测距"停止闪烁。在快速距离测量中，可按 ESC 或 F2（目标）或 F5（模式）键终止。

③ 快速模式。快速模式是为了使用棱镜缩短测量时间。对使用棱镜测量达 500m 的距离是很有效的。在快速模式设置屏幕上设置了快速模式，距离测量就可在快速模式中进行。

### 2.4.1.3 全站仪的程序测量

全站仪的测量功能可分为基本测量功能和程序测量功能。基本测量功能的电子测角、电子测距已经在前面进行了介绍。程序测量功能包括坐标测量、放样测量、悬高测量、对边测量、偏心测量、后方交会测量、面积测量等。在这里，只着重介绍坐标测量、放样测量和数据采集。应特别注意的是，只要开机，电子测角系统即开始工作，并随仪器望远镜标准目标的变化实时显示观测数据，其他测量功能只是测距、测角及数据处理，测量结果为计算结果，并且只是半个测回的测量结果。

(1) 坐标测量

坐标测量是根据已知点的坐标、已知边的坐标方位角，计算未知点坐标的一种方法。全站仪坐标测量原理是用直角坐标法或极坐标直接测定待定点坐标的，其实质就是在已知测站点，同时采集角度和距离信息，经微处理器实时进行数据处理，由显示器输出测量结果。实际测量时，需要输入仪器高和棱镜高，以及测站点的坐标，并进行定向后，全站仪可直接测定未知点的坐标。

具体操作步骤如下。

① 按电源键开机，仪器进入模式 A 界面，按 F5（模式）键，切换到模式 B 界面，按 F1（功能）键进入 PowerTopoLite 的功能屏幕，按 F2（测量）键，按照已知条件选择直角坐标测量（两个点坐标）或极坐标测量（一个点坐标和方位角）。这里以直角坐标测量为例进行说明。

② 按 ENT 键，屏幕进入"建站"界面，输入测站点点号和坐标，按上下光标，输入点号、$X$ 坐标、$Y$ 坐标、$Z$ 高程、仪器高和代码，按 F5（接受）或 ENT 键确认。

③ 仪器转到"后视水平角"界面，按 F1（后视点）键，转到"后视点设定"界面，输入后视点坐标数据（$X$、$Y$、$Z$），按 F5（接受）或 ENT 键。

④ 界面转到"照准参考点"，屏幕显示"照准参考点，准备好按 F5（接受）确认键"。此时，仪器望远镜照准事先立好花杆或标志的后视点，按 F5（接受）键，转到"测量"界面，见图 2.4-4。

⑤ 照准立于待测点的棱镜，按 F1（测距）键，开始测量，屏幕显示待测点坐标。

在测量待测点坐标的过程中，如需要迁站测量，则重复①~⑤的步骤，仪器安置的点称为测站点，后视点是和测站点相互通视的已知点。一定要注意，要先设置测站点坐标、仪器高、棱镜高及后视方位角后，才能测定坐标。

(2) 数据采集

宾得 R-202NE 全站仪可将测量数据存储在内存中，内存划分为测量数据文件和坐标数据文件。被采集的数据存储在测量数据文件中，在未使用内存于放样模式的情况下，最多可存储 20000 个点。

① 数据采集操作步骤。

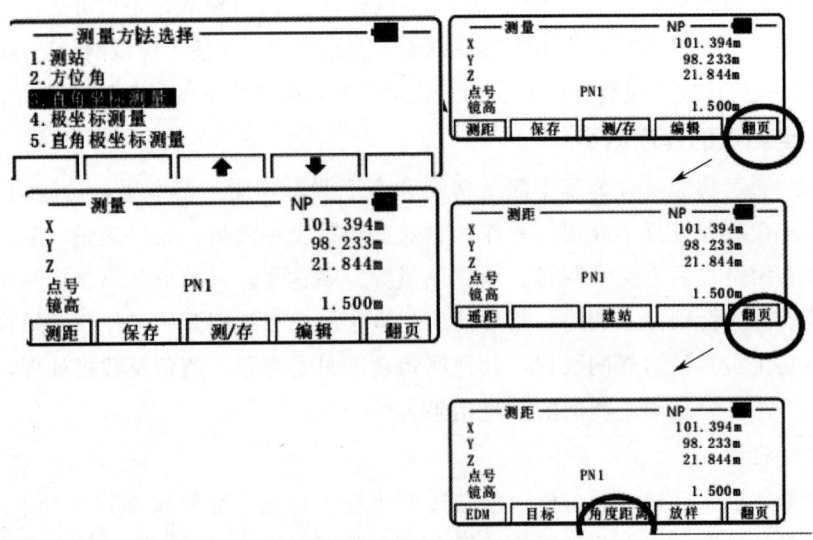

图 2.4-4　全站仪测坐标屏显

a. 选择数据采集文件，使其所采集的数据存储在该文件中。

b. 选择坐标数据文件，可进行测站坐标数据及后视坐标数据的调用（当无须调用已知点坐标数据时，可省略此步骤）。

c. 置测站点，包括仪器高和测站点点号及坐标。

d. 置后视点，通过测量后视点进行定向，确定方位角。

e. 置待测点的棱镜高，开始采集，存储数据。

② 数据采集操作过程。

a. 数据采集文件的选择。按电源键开机，仪器进入模式 A 界面，按 F5（模式）键，切换到模式 B 界面，按 F1（功能）键进入 PowerTopoLite 的功能屏幕，按 F1（文件）键，新建文件，启动数据采集模式之后即可出现文件选择显示屏，由此可选定一个文件。

b. 坐标文件的选择（供数据采集用）。若需调用坐标数据文件中的坐标作为测站点或后视点坐标，则预先应由数据采集菜单选择一个坐标文件。

c. 输入测站点和后视点（定向点）数据。在数据采集模式下输入或改变测站点和定向角数值。测站点坐标可利用内存中的坐标数据来设定或直接由键盘输入。后视点定向角可利用内存中的坐标数据，或直接键入后视点坐标，或直接键入设置的定向角。

注意：方位角的设置需要通过测量来确定。

d. 进行待测点的测量，并存储数据。

(3) 放样测量

放样测量就是根据已有的控制点或地物点，按工程设计要求，将建（构）筑物的特征点在实地标定出来。因此，首先要确定特征点或原有建筑物之间的角度、距离和高程关系。这些位置关系称为放样数据，然后利用测量仪器，根据放样数据将特征点测设到实地。放样的基本工作包括角度和距离（斜距、平距）放样、平面位置和高程放样等多种形式。在放样过程中，通过对照准目标点的角度、距离、坐标测量，仪器将显示输入放样值与实测值的差值以指导放样。屏幕显示的差值由如下公式计算。

平距差值＝平距实测值－平距放样值

角度差值＝角度实测值－角度放样值

宾得全站仪 R-202NE 系列放样功能包括坐标放样、点到线放样和点到弧放样，这里重点介绍坐标放样（图 2.4-5）。

在放样的过程中，有以下几步。

① 选择数据采集文件，使其所采集的数据存储在该文件中。

② 选择坐标数据文件，可进行测站坐标数据及后视坐标数据的调用。设置测站点，输入测站点的点号、坐标和仪器高。

③ 设置后视点，确定方位角。

④ 输入所需的放样坐标，开始放样，通过点号调用内存中的坐标值或直接键入坐标值。

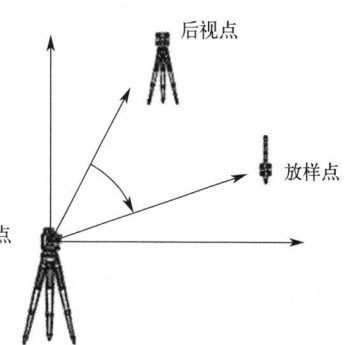

图 2.4-5　坐标放样

通过已知站点和后视方位角，可进行坐标放样。具体操作步骤如下。

① 在 PowerTopoExpress2 屏幕下，按 F4（功能）键显示"PENTAX 功能菜单"界面。选择 F1（放样）键进入"放样方法选择"界面，选择坐标放样，按 ENT 键确认，显示"建站"界面。

② 可手动输入测站坐标，也可按功能键"列表"从数据存储器中调用已知测站坐标。输入点号、坐标（X，Y，Z）、仪器高和代码，按 F1（保存）键可以存储数据。然后再按 F5（接受）或 ENT 键确认。

③ 显示"测站点后视水平角设定"界面，进行后视点设置。通过 F2（输入）、F3（置零）、F4（角度锁定）键可以对后视水平角进行设定。如需直接输后视点坐标，按 F5（后视）键进入"后视点设定"界面。输入后视坐标后按确认键，显示"照准参考点"界面。

④ 照准后视点后，按 F5（确认）键，屏幕显示"放样"界面，如图 2.4-6 所示。

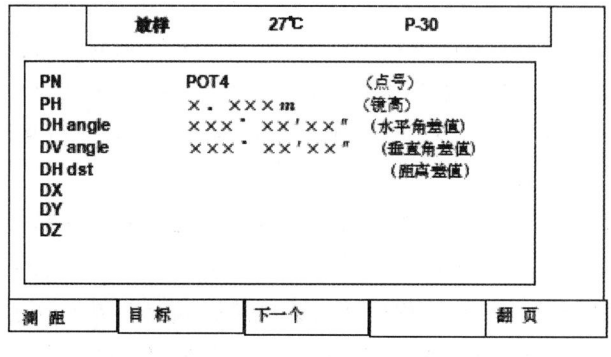

图 2.4-6　"放样"界面

⑤ 旋转望远镜，至屏幕上 DH angle 显示 0°0′0″时，将仪器水平方向制动，沿着望远镜的方向，寻找一个点位，按 F1（测距）键，显示各参数数据，直至 DH dst 显示为 0，

此时屏幕显示 DX、DY、DZ 为 0 时，地面点就是待放样点。

完成第一个放样点坐标后，如需进行第二个坐标点放样，则按 F3（下一个）键，输入下一个待放样点坐标。重复上面的操作步骤，直到所有坐标点都完成后按退出键退出坐标放样程序。

### 2.4.1.4 全站仪的存储管理模式与数据通信

（1）全站仪的存储管理模式

宾得 R-202NE 系列全站仪除了可以进行上述测量工作外，还可以进行数据的存储与管理，以及数据通信等工作。在存储管理模式下可使用下列内存项目。

① 文件管理：按 F1（功能）键进入 PowerTopoLite，按"文件"键，显示已存储的测量数据文件和坐标数据文件总数及数据个数，显示剩余内存空间。在此模式下，可以删除文件、编辑文件名和查找文件中的数据。

② 查找：按 F1（功能）键进入 PowerTopoLite，按"数据"键，进入"查看/编辑"界面，查阅记录数据，即可查阅测量数据、坐标数据和编码库。共有三种查阅方式：查阅第一个数据，查阅最后一个数据，按点号或登记号查找数据。在查阅模式下，点名、标识符、编码、仪器高和棱镜高可以被修改，但观测值不可以修改。

③ 输入坐标：将控制点或放样点的坐标数据输入并存入坐标数据文件。

④ 删除坐标：删除坐标数据文件中的坐标数据。

⑤ 输入编码：将编码数据输入并存入编码库文件。

⑥ 数据传送：可以直接将内存中的测量数据、坐标数据或编码库数据发送到计算机，也可以从计算机将坐标数据或编码库数据直接装入仪器内存，还可进行通信参数的设置。

⑦ 初始化：用于内存初始化，可以对所有测量数据和坐标数据文件初始化，对编码库数据初始化及对文件数据和编码数据初始化，但测站点坐标、仪器高和棱镜高不会被初始化。

（2）数据通信

所谓数据通信，是指计算机与计算机之间，或计算机与数据终端（如全站仪）之间经通信线路而进行的信息交流与传送的通信方式（详情参考全站仪说明书）。

① 全站仪的数据通信。在进行数据通信时，首先要检查通信电缆连接是否正确；其次要特别注意计算机与全站仪的通信参数设置一定要一致，否则将无法进行数据传输。另外，每次野外工作之后都要注意及时传送数据到计算机，这样可以保证仪器有足够内存，同时也减少了数据丢失的可能性。

a. 仪器接收数据。在"传输菜单"选择"数据传输"并按确认键进入。直角坐标数据从计算机向仪器发送并存储于仪器中。选"1. 接收坐标数据"，按确认键进入"格式选择"界面。选择 DC1 格式并按确认键进入"数据接收确定"界面（选择 CSV 或 ExtCSV 数据格式步骤同上）。把计算机设置好准备发送，然后按确认键接收从计算机来的数据。

b. 仪器发送数据。将内存中的坐标数据发送到计算机，包括发送直角坐标数据；发送极坐标数据（直角坐标数据）时选择"2. 发送坐标数据"，按确认键显示"格式选择"界面。选择 DC1 格式并按确认键进入"数据接收确定"界面。

② 通信参数的设置。当仪器与计算机之间进行数据的传输时,应该先设定好通信参数,包括接收数据设置和发送数据设置。部分全站仪的通信参数见表 2.4-3。

表 2.4-3 部分全站仪通信参数

| 仪器名称 | 波特率/(bit/s) | 奇偶性 | 字长/位 | 停止位/位 |
| --- | --- | --- | --- | --- |
| 南方公司 | 1200 | N | 8 | 1 |
| 宾得 | 1200 | N | 8 | 1 |
| 徕卡 | 2400 | E | 8 | 1 |
| 索佳 | 1200 | N | 8 | 1 |
| 托普康 | 1200 | E | 8 | 1 |
| 尼康 | 4800 | N | 8 | 1 |

## 2.4.2 图根控制测量

在工程规划设计中,需要一定比例尺的地形图和其他测绘资料,工程施工中也需要进行施工测量。为了限制误差的累积和传播,保证测图和施工的精度及速度,测量工作必须遵循"从整体到局部,由高级到低级,先控制后碎部"的原则。即先进行整个测区的控制测量,然后进行碎部测量。控制测量的实质就是在测区内选定若干个有控制作用的控制点,按一定的规律和要求布设成几何图形或折线,测定控制点的平面位置和高程。包括测定控制点平面位置的工作,称为平面控制测量;测定控制点高程的工作,称为高程控制测量。

在全国范围内建立的控制网,称为国家控制网。它采用精密测量仪器和方法,依照《国家三角测量规范》《全球导航卫星系统(GNSS)测量规范》《国家一、二等水准测量规范》和《国家三、四等水准测量规范》施测,按精度分为四个等级,即一、二、三、四等,按照"先高级后低级,逐级加密"的原则而建立。它是全国各种比例尺测图的基本控制,并为确定地球的形状和大小提供研究资料及信息。

城市(厂矿)控制网是在国家控制网的基础上,为满足城市(厂矿)建设工程需要而建立的不同等级的控制网,以供城市和工程建设中测图及规划设计使用,也是施工放样的依据。

在小范围(面积一般在 $15km^2$ 以下)内建立的控制网称为小区域控制网,它是为满足大比例尺测图和建设工程需要而建立的控制网。小区域控制网应尽可能与国家或城市控制网联测,若不便联测,也可以建立独立控制网。

国家控制点的精度虽然较高,但密度较小,比如最低级四等三角点其间距仍有 2~6km,这显然不能满足测图的需要,因此还必须在国家控制网的基础上进一步加密控制点,直接为测图建立,构成的控制网称作图根控制网。作为地形测量和工程测量的依据,该加密工作称为图根控制测量,加密后的控制点称为图根控制点,简称图根点。图根控制点的密度(包括高级控制点)取决于测图比例尺和地形的复杂程度,平坦开阔地区图根点的密度一般不低于表 2.4-4 的规定;地形复杂地区、城市建筑密集区和山区,还应适当加大图根点的密度。

图根控制测量包括图根平面控制测量和图根高程控制测量。图根平面控制测量就是测定图根点平面位置的工作,而导线测量则是建立小区域平面控制网的基本方法之一。在测区范围内选择若干个控制点,依相邻次序连接各控制点而形成的连续折线,构成导线的控制点称为导线点。与水准路线测量一样,导线测量也包括闭合导线测量、附合导线测量和支导线测量3种形式,还可分为外业测量和内业整理两个部分。导线测量的外业工作主要包括导线的布设、导线边的量距、导线转折角和连接角的观测等,导线测量的内业目的是根据已知高级控制点的坐标计算各导线点的坐标。

表 2.4-4  图根点的密度

| 测图比例尺 | 1:500 | 1:1000 | 1:2000 | 1:5000 |
|---|---|---|---|---|
| 1km² | 150 | 50 | 15 | 5 |
| 每幅图(50cm×50cm) | 8~10 | 12 | 15 | 20 |

### 2.4.3 全站仪导线测量

全站仪具有坐标测量和高程测量的功能,因此在外业观测时,可直接得到观测点的坐标和高程。在成果处理时,可将坐标和高程作为观测值进行平差计算。

#### 2.4.3.1 外业观测工作

以图 2.4-7 所示的闭合导线为例,全站仪导线三维坐标测量的外业工作除踏勘选点及建立标志外,主要应观测导线点的坐标、高程和相邻点间的边长,并以此作为观测值。

其观测步骤如下。

将全站仪安置于起始点 1(已知高级控制点)坐标 $(x_1, y_1)$,整个闭合导线的长度为 $D$(单位为m)。按距离及三维坐标的测量方法测定控制点 2 与 1 的距离 $D_{12}$、2 点的坐标 $(x_2, y_2)$ 和高程 $H_2$。再将仪器安置在已测坐标的 2 点上,将 1 点坐标作为后视点,用同样的方法测得 2、3 点间的距离 $D_{23}$、3 点的坐标 $(x_3, y_3)$ 和高程 $H_3$。依此方法进行观测,最后测得终点 1(高级控制点)的坐标观测值 $(x_1', y_1')$。

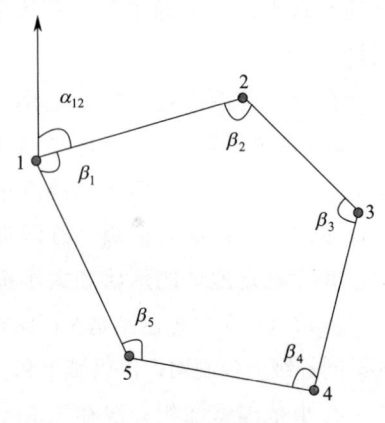

图 2.4-7 闭合导线

由于 1 为高级控制点,因此其坐标已知。在实际测量中,由于各种因素的影响,重新测回 1 点的坐标观测值一般不等于其已知值,因此,需要进行观测成果的平差计算。

#### 2.4.3.2 以坐标和高程为观测值的导线近似平差计算

在图 2.4-7 中,设 1 点坐标的已知值为 $(x_1, y_1)$,重新测回到 1 点的坐标的观测值为 $(x_1', y_1')$,将观测坐标值填入表 2.4-5 全站仪闭合导线三维坐标计算表 2~4 列,则纵、横坐标闭合差为

$$f_x = x_1 - x_1'$$
$$f_y = y_1 - y_1'$$

由此可以计算出导线全长闭合差。

$$f_D = \sqrt{f_x^2 + f_y^2}$$

导线全长闭合差随着导线的长度增大而增大，因此，导线测量的精度用导线全长相对闭合差 K 来衡量，即

$$K = \frac{f_D}{\sum D}$$

图根级别要求导线全长闭合差 $K \leqslant K_容$，$K_容 = 1/2000$，表明测量结果符合精度要求，可按照下列公式计算各点的坐标改正数。

$$v_{x_i} = -\frac{f_x}{\sum D} \sum D_i$$

$$v_{y_i} = -\frac{f_y}{\sum D} \sum D_i$$

式中，$\sum D$ 为导线全长；$\sum D_i$ 为第 i 点之前的导线边长之和。

坐标改正数填写在表 2.4-5 全站仪闭合导线三维坐标计算表 6~8 列。

根据起始点的已知坐标和各点坐标改正数，可按下列公式依次计算各导线点的坐标。

$$x_i = x_i' + v_{x_i}$$
$$y_i = y_i' + v_{y_i}$$

高程计算校核同项目 1 等外高程控制测量，此处略。计算数据填入表 2.4-5 全站仪闭合导线三维坐标计算表中 9~11 列。

**算例：** 已知 1 点坐标（500，500，50），直线 12 的方位角 $\alpha_{12} = 50°$，相邻控制点相互通视，其他位置均覆盖有建筑物或其他地物。

表 2.4-5 全站仪闭合导线坐标计算

| 点号 | 坐标观测值/m | | | 距离 D/m | 坐标改正数/mm | | | 改正后坐标值/m | | |
|---|---|---|---|---|---|---|---|---|---|---|
| | $x_i$ | $y_i$ | $H_i$ | | $v_{x_i}$ | $v_{y_i}$ | $v_{H_i}$ | $x_i$ | $y_i$ | $H_i$ |
| 1 | 2 | 3 | 4 | 5 | 6 | 7 | 8 | 9 | 10 | 11 |
| 1 | | | | | | | | 500 | 500 | 50 |
| 2 | 535.260 | 421.684 | 51.230 | 72.194 | 11.9 | 14.7 | 略 | 535.272 | 421.699 | 略 |
| 3 | 530.905 | 363.573 | 52.337 | 58.274 | 21.5 | 26.6 | | 530.927 | 363.599 | |
| 4 | 492.701 | 365.143 | 50.923 | 38.236 | 27.8 | 34.4 | | 492.729 | 365.177 | |
| 5 | 494.475 | 435.942 | 50.280 | 70.821 | 39.5 | 48.9 | | 494.515 | 435.991 | |
| 1 | 499.995 | 499.938 | 50.015 | 64.226 | 50 | 62 | | 500 | 500 | |
| | | | | $\sum D =$ 303.751 | | | | | | |
| 辅助计算 | $f_x = x_1' - x_1 = -0.05$m $f_y = y_1' - y_1 = -0.062$m | | | $f_D = \sqrt{f_x^2 + f_y^2} = 79$mm $K = \frac{f_D}{\sum D} \approx \frac{0.079}{303.751} \approx \frac{1}{3845}$ | | | | $K \leqslant K_容$，符合限差要求，坐标数据可调整 | | |

## 2.4.4 图根高程控制测量

图根高程控制测量通常采用水准测量的方法进行。在山区或丘陵地区，应用水准测量测定高程比较困难时，也可采用三角高程测量的方法来测定点的高程。此部分内容同项目1中等外高程控制测量，这里不详细叙述。本任务主要介绍平面位置信息采集。

## 2.4.5 碎部测量

### 2.4.5.1 碎部测量的概念

测量碎部点平面位置和高程的工作称为碎部测量。在小区域地形图测绘中，碎部测量通常采用经纬仪测绘法，即用经纬仪测定测站点至碎部点的方向与已知方向之间的夹角，并测定测站点至碎部点的距离和碎部点的高程，然后以图根控制测量为基础，根据测定数据用量角器和比例尺将碎部点的平面位置、高程展绘在图纸上。

### 2.4.5.2 碎部测量的要求

为保证测量结果的正确性，第一，在施测过程中每测20~30个点后，应检查起始方向是否正确；仪器搬站后，应检查上一站的若干碎部点是否正确，检查无误后，才能在新的测站上开始测量。第二，应根据地貌的复杂程度、测图比例尺大小以及用图目的等，综合考虑碎部点的密度，一般图上平均2~3cm远应有一个碎部点。在直线段或坡度均匀的地方，地貌点之间的最大间距和碎部测量中最大视距长度不宜超过表2.4-6中的规定。第三，在山顶、鞍部、山脊、山脚、谷底、谷口、凹地、台地、岸旁、水涯线上以及其他地面倾斜变换处，均应测高程注记点；城市建筑区高程注记点应测设在街道中心线、街道交叉中心、建筑物墙基角和相应的地面、管道检查井井口、桥面、广场、较大的庭院内或空地上以及其他地面倾斜变换处。对于地物，碎部点应选在地物轮廓线的方向变化处，如房角点、道路转折点、交叉点、河岸线转弯点以及独立地物的中心点等。连接这些特征点，便得到与实地相似的地物形状。由于地物形状极不规则，一般规定主要地物凸凹部分在图上大于0.4mm时均应表示出来，小于0.4mm时，可用直线连接。对于地貌来说，碎部点应选在最能反映地貌特征的山脊线、山谷线等地性线上，如山顶、鞍部、山脊、山谷、山坡、山脚等坡度变化及方向变化处。根据这些特征点的高程勾绘等高线，即可得地貌在图上表示出来。

表2.4-6 地貌点间距

| 测图比例尺 | 立尺点间隔/m | 视距长度/m | |
|---|---|---|---|
| | | 主要地物 | 次要地物地形点 |
| 1:500 | 15 | 80 | 100 |
| 1:1000 | 30 | 100 | 150 |
| 1:2000 | 50 | 180 | 250 |
| 1:5000 | 100 | 300 | 350 |

## ◆ 任务内容和实施过程

用全站仪对测区若干控制点和地物、地貌特征点位置进行信息采集，并绘制大比例尺平面图。

某校园改造建设，需对校园现有地物情况绘制大比例尺平面图，测区面积 $1km^2$，为平坦区域，海拔 50～58m，建筑物较多，密集通视较差。需遵照《城市测量规范》（CJJ/T 8—2011）1：1000 地形图，工期 2 天。

① 工作准备。每组全站仪 1 套（含脚架），棱镜杆、棱镜组 1 套，花杆 1 根，测量手簿 1 份。

② 收集测区原有的资料，布设图根点。假定任意平面直角坐标系（或沿用原有资料坐标系），找到已知坐标点，根据测区范围布设图根控制点 7～10 个，点位选择在土地坚实、相互通视、易保存、视野开阔的地方，组成闭合导线，导线边长大致相等，在 30～350m 之间，本导线边长约 75m。

③ 图根点平面控制测量。通过已知图根点对其他布设的图根点进行坐标测量，数据记录于表 2.4-7 中。

坐标测量步骤如下。

a. 安置仪器和对中地面点。将仪器小心安置到三脚架上，拧紧中心连接螺旋，调整激光对中器，使十字丝成像清晰。双手握住另外两条未固定的架腿，通过光学对中器的观察调节这两条腿的位置。当光学对中器大致对准测站点时，使三脚架的三条腿均固定在地面上。调节全站仪的三个脚螺旋，使光学对中器精确对准测站点。

b. 粗平。调整三脚架三条腿的高度，使全站仪圆水准器气泡居中。

c. 精平。松开水平制动螺旋，转动仪器，使管水准器平行于某一对角螺旋 A、B 的连线。通过旋转脚螺旋 A、B，使管水准器气泡居中。将仪器旋转 90°，使其垂直于脚螺旋 A、B 的连线。旋转角螺旋 C，使管水准器气泡居中。

d. 精确对中与整平。通过对光学对中器的观察，轻微松开中心连接螺旋，平移仪器（不可旋转仪器），使仪器精确对准测站点。再拧紧中心连接螺旋，再次精平仪器。重复此项操作到仪器精确整平对中为止。

e. 对于带内存的全站仪，可先建立坐标存储文件名，输入测站点的坐标、高程、仪器高、对中杆高。

全站仪定向方法 1：用坐标定向。在全站仪中输入定向点坐标，精确瞄准定向点处的对中杆（尽量靠底部，以削弱目标偏心的影响），然后进行定向（不同全站仪操作方法有所不同）。定向操作完成后，此时全站仪水平角读数显示的值应该等于该方向的水平角，然后精确瞄准对中杆棱镜，直接测定定向点坐标，将全站仪屏幕显示结果与已知定向点坐标进行比较，满足要求后可以开始作业。

全站仪定向方法 2：用方位角定向。在全站仪中直接输入定向方向的方位角值，并精确瞄准定向点处的对中杆，确认后即可。具体操作方法应根据不同全站仪进行相应操作。

在室内，将外业采集的坐标数据配合相应传输软件将全站仪保存的坐标传输到计算机,然后用相应数字化成图软件(如南方 CASS,开思 SCS2004)在 CAD 环境下对照外业所绘制的草图或者编码进行绘图,或手动填入表 2.4-7 中。

测量实验室现有全站仪型号为:宾得 R-202NE,中海达,南方 302B、500 系列;徕卡 702,TCA1800;拓普康 602 等。具体使用方法可以参考相应说明书。

④ 外业数据校核平差(同全站仪导线控制测量数据校核平差)。

⑤ 碎部测量,以控制点校核后的数据为测站点,测量平面图所需地物特征点的位置信息,填写在表 2.4-8 中。

⑥ 根据所选比例尺和采集点位信息,描绘大比例尺平面图。

表 2.4-7 全站仪坐标观测记录

仪器型号　　　　　　班组　　　观测者　　　记录者　　　　日期

| 测站 | 方位角(水平方向值) | 水平角 | 距离/m | 高程/m | 坐标 | |
|---|---|---|---|---|---|---|
| | | | | | $x/m$ | $y/m$ |
| 1(A) | 90 | | | 50 | 500 | 500 |
| 2(B) | | | | | | |
| 3(C) | | | | | | |
| 4(D) | | | | | | |
| 5(E) | | | | | | |
| 6(F) | | | | | | |
| 7(G) | | | | | | |
| 8(H) | | | | | | |
| 9(I) | | | | | | |

表 2.4-8 全站仪碎部点坐标记录

日期:＿＿＿年＿＿月＿＿日　　天气:＿＿＿＿　　仪器型号:＿＿＿＿＿＿

观测者:＿＿＿＿＿＿＿＿＿＿　　　　　　　　记录者:＿＿＿＿＿＿＿＿

测站点:＿＿＿＿　　定向点:＿＿＿＿　　仪器高:＿＿＿＿m　　测站高程:＿＿＿＿m

| 点号 | 碎部点坐标 | | 碎部点高程/m | 备注 | 点号 | 碎部点坐标 | | 碎部点高程/m | 备注 |
|---|---|---|---|---|---|---|---|---|---|
| | $x/m$ | $y/m$ | | | | $x/m$ | $y/m$ | | |
| | | | | | | | | | |
| | | | | | | | | | |
| | | | | | | | | | |
| | | | | | | | | | |
| | | | | | | | | | |
| | | | | | | | | | |
| | | | | | | | | | |
| | | | | | | | | | |
| | | | | | | | | | |

## 注意事项

① 导线点应选在土质坚实、视野开阔的地方，以便于保存点位和安置仪器，并有利于控制和施测周围的地物、地貌；且导线点数量要足够，以便控制整个测区。

② 导线点要均匀分布，相邻导线点之间应互相通视，各导线边长应大致相等，且便于量距；导线边长以 70~150m 为宜，若边长较短，则测角时应特别注意提高对中和瞄准的精度。

③ 内业计算前，首先要审核外业记录手簿有无遗漏、记错和算错，检查绘制的导线略图是否与实际情况相一致，经确认无误后，方可进行内业计算工作。

④ 图根控制测量和碎部点数据采集的方法应根据实验室仪器设备条件、测区视野情况及各校本课程教学大纲涵盖的教学内容而确定。

⑤ 全站仪野外数据采集，测站与测点两处的测量人员必须保持联络，每测完一点，观测员要告知草图记录者测点的点号，以便及时对照保存在工程文件中的点号和记录草图标注相应的点号是否一致。若两者有异，应及时查找原因。

## ◆ 知识拓展

### 2.4.6 交会定点

在进行图根平面控制测量时，如果图根点的密度不能满足地形测量或工程测量的需要，而需要加密且点数不多时，则可采用测角交会加密图根点。测角交会分为前方交会、侧方交会和后方交会三种。前方交会是交会定点的常用方法。

#### 2.4.6.1 前方交会

如图 2.4-8 所示，前方交会是指分别在两个已知点 $A$ 和 $B$ 上安置经纬仪测出水平角 $\alpha$ 和 $\beta$，根据已知点的坐标求算未知点 $P$ 的坐标的方法。

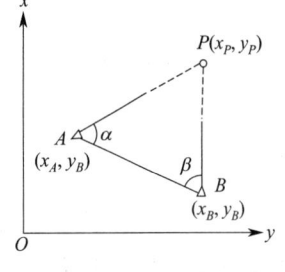

图 2.4-8 前方交会

因为
$$x_P - x_A = D_{AP} \cos\alpha_{AP}$$
$$y_P - y_A = D_{AP} \sin\alpha_{AP}$$

故
$$x_P - x_A = \frac{(x_B - x_A)\cot\alpha + (y_B - y_A)}{\cot\alpha + \cot\beta}$$

$$y_P - y_A = \frac{(y_B - y_A)\cot\alpha + (x_B - x_A)}{\cot\alpha + \cot\beta}$$

移项化简得
$$x_P = \frac{x_A \cot\beta + x_B \cot\alpha - y_A + y_B}{\cot\alpha + \cot\beta}$$

$$y_P = \frac{y_A \cot\beta + y_B \cot\alpha + x_A - x_B}{\cot\alpha + \cot\beta}$$

注意，$A$、$B$、$P$ 三点的次序应逆时针排列。

#### 2.4.6.2 侧方交会

如图 2.4-9 所示，侧方交会是指在一个已知点不便于安置仪器的情况下，分别在一个已知点 $A$（或 $B$）和未知点 $P$ 上安置经纬仪测出水平角 $\alpha$（或 $\beta$）和 $\gamma$，根据已知点的坐标求算未知点 $P$ 的坐标的方法。计算 $P$ 点坐标时，在 $\triangle ABP$ 中，已知 $A$、$B$ 两点坐标及 $\alpha$（或 $\beta$）、$\gamma$ 角，则由

$$\beta = 180° - (\alpha + \gamma) \text{ 或 } \alpha = 180° - (\beta + \gamma)$$

求 $\beta$（或 $\alpha$），这样就可采用前方交会的计算公式进行计算。

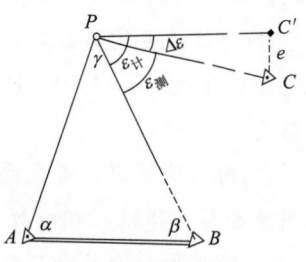

图 2.4-9 侧方交会

侧方交会测定 $P$ 点时，一般采用检查角（$\varepsilon$）方法进行检查观测成果的正确性，即在 $P$ 点向另一已知点 $C$ 观测检查角 $\varepsilon_{测}$，检查方法如下。

计算出 $P$ 点坐标后，根据 $B$、$C$、$P$ 三点的坐标即可反算出 $PB$、$PC$ 的坐标方位角 $\alpha_{PB}$、$\alpha_{PC}$ 及边长 $D_{PC}$。

即

$$\alpha_{PB} = \arctan \frac{y_B - y_P}{x_B - x_P}$$

$$\alpha_{PC} = \arctan \frac{y_C - y_P}{x_C - y_P}$$

$$D_{PC} = \sqrt{(x_C - x_P)^2 + (y_C - y_P)^2}$$

则

$$\varepsilon_{计} = \alpha_{PB} - \alpha_{PC}$$

由于误差的存在，使得 $\varepsilon$ 的计算值 $\varepsilon_{计}$ 与观测值 $\varepsilon_{测}$ 不相等而产生较差 $\Delta\varepsilon$，即

$$\Delta\varepsilon = \alpha_{PB} - \alpha_{PC}$$

$\Delta\varepsilon$ 反映了 $P$ 点的横向位移 $e$，即

$$e = \frac{D_{PC} \Delta\varepsilon''}{\rho''}$$

一般测量规范中，对于地形控制规定最大的横向位移 $e$ 不大于比例尺精度的两倍，即

$$e \leq 2 \times 0.1M$$

故

$$\Delta\varepsilon \leq \frac{0.2M}{D_{PC}} \rho''$$

式中，$D_{PC}$ 以 mm 为单位；$M$ 为比例尺分母。

#### 2.4.6.3 后方交会

如图 2.4-10 所示，后方交会是指仅在未知点 $P$ 观测出 $\alpha$、$\beta$ 角，根据已知点 $A$、$B$、$C$ 的坐标求算未知点 $P$ 的坐标的方法。

后方交会求算未知点的公式很多，下面仅介绍一种简明易记、计算方便的公式，即

$$\left. \begin{array}{l} x_P = \dfrac{P_A x_A + P_B x_B + P_C x_C}{P_A + P_B + P_C} \\ y_P = \dfrac{P_A y_A + P_B y_B + P_C y_C}{P_A + P_B + P_C} \end{array} \right\}$$

式中，$P_A = \dfrac{1}{\cot \angle A - \cot \alpha}$；$P_B = \dfrac{1}{\cot \angle B - \cot \beta}$；$P_C = \dfrac{1}{\cot \angle C - \cot \gamma}$。

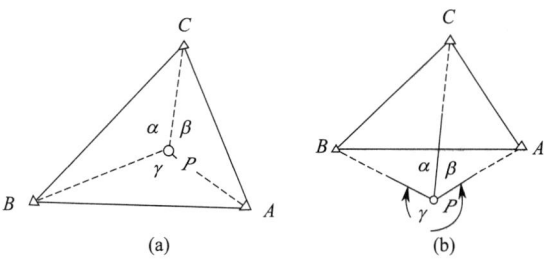

图 2.4-10 后方交会

## 思考练习

(1) 名词解释

①图根控制测量；②图根点；③导线测量；④导线闭合差；⑤导线全长相对闭合差。

(2) 简答

① 宾得 R-202NE 系列全站仪的制动螺旋有哪些？微动螺旋有哪些？分别有什么作用？

② 简述全站仪导线测量的外业工作。

③ 图根平面控制测量中，导线布设有哪几种？分别是什么？画简图。

④ 园林工程测量中，高程控制测量主要以什么方式布设？它们各有什么特点？

(3) 计算题

如图 2.4-11 所示，已知一条附合导线，$A$ 点坐标（110.253，51.026，72.120），$B$ 点坐标（200.000，200.000，72.126），$C$ 点坐标（155.375，756.061，

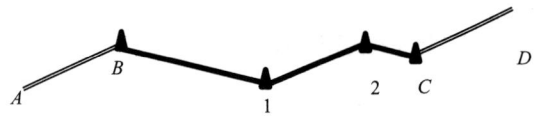

图 2.4-11 附合导线略图

74.159），测得导线 $B1$ 边长 297.262m，12 边长 187.814m，2$C$ 边长 93.403m。试计算各点的平面坐标改正数和改正后的平面坐标，填入表 2.4-9 中。

表 2.4-9 全站仪闭合导线三维坐标计算

| 点号 | 坐标观测值/m | | | 距离 D/m | 坐标改正数/mm | | | 改正后坐标值/m | | |
|---|---|---|---|---|---|---|---|---|---|---|
| | $x_i$ | $y_i$ | $H_i$ | | $v_{x_i}$ | $v_{y_i}$ | $v_{H_i}$ | $x_i$ | $y_i$ | $H_i$ |
| A | | | 略 | | | | 略 | 110.253 | 51.026 | 72.120 |
| B | | | | | | | | 200.000 | 200.000 | 72.126 |
| 1 | 125.532 | 487.855 | 72.543 | 297.262 | | | | | | |
| 2 | 182.808 | 666.741 | 73.233 | 187.814 | | | | | | |
| C | 155.395 | 756.046 | 74.151 | 93.403 | | | | 155.375 | 756.061 | |
| D | | | | | | | | | | |
| 辅助计算 | | | | | | | | | | |

# 任务 2.5 小区域平面图绘制

## ◆ 任务目标

绘制大比例尺平面图,熟读常见小区域地形图、平面图,并能应用地形图计算点位信息。

## ◆ 教学资源

① 材料用具:按照实训小组分配仪器和设备,每个小组备有坐标方格纸若干,一份地形图等。
② 参考资料:多媒体课件、教学参考书等。
③ 教学场所:多媒体教室、园林工程测量实训室和校内实训基地。

## ◆ 相关知识

### 2.5.1 地形图基础知识

一幅完整的地形图离不开比例尺,为了完整表达地形图里面的内容,就需要了解地形图图式,在地形图测绘过程中涉及地形图分幅和编号。本任务主要介绍地形图比例尺、地形图图式及地形图分幅和编号。

地面上有各种各样的天然的或人工的固定物体,通常称为地物,如房屋、农田、道路等。地表面的高低起伏形态,如高山、丘陵、盆地等称为地貌。地物和地貌总称为地形。通过野外实地测绘,可将地面上的各种地物、地貌按铅垂方向投影到同一水平面上,再按一定的比例缩小绘制成图。在图上仅表示地物平面位置的图,称为平面图;既表示地物的平面位置,又表示地貌起伏形态的图,称为地形图。如图 2.5-1 所示是 1∶500 某城区居民地地形图,如图 2.5-2 所示是某地区 1∶5000 比例尺地形图的一部分。

为了测绘、管理和使用上的方便,地形图必须按照国家统一规定的图幅、编号、图式,并按一定的比例尺进行绘制。以下主要介绍地形图的基本知识。

#### 2.5.1.1 比例尺

地形图上一段直线的长度与地面上相应线段的实际水平长度之比,称为地形图的比例尺。比例尺有数字比例尺和图示比例尺两类。

(1) 数字比例尺

数字比例尺用分子为 1 的分数表达,分母为整数。设图中某一线段长度为 $d$,相应实

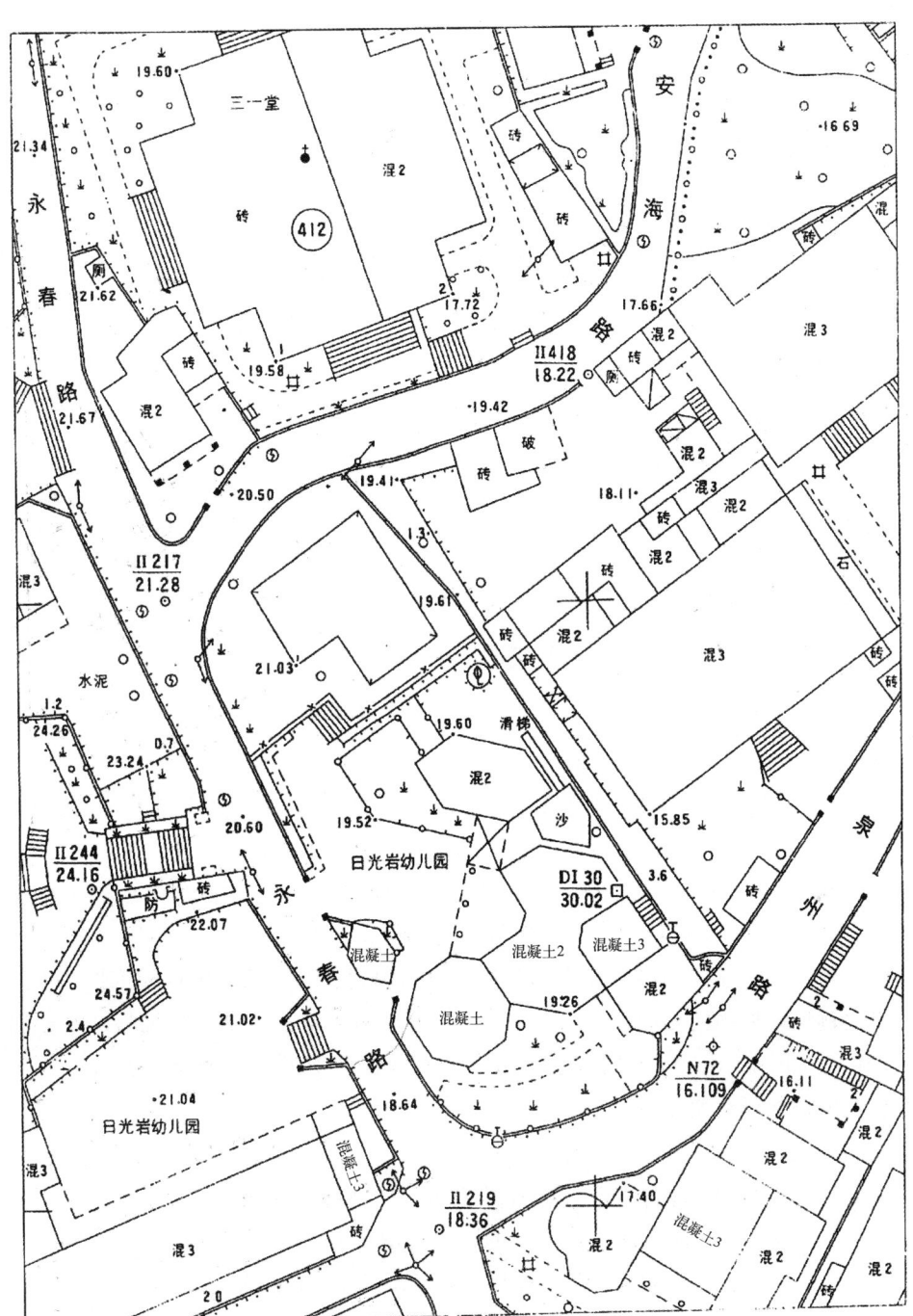

图 2.5-1　1∶500 某城区居民地地形图

地的水平长度为 $D$，则图的比例尺为

$$\frac{d}{D}=\frac{1}{\dfrac{D}{d}}=\frac{1}{M}=1:M$$

比例尺分母 $M$ 值越大，比值越小，比例尺就越小。

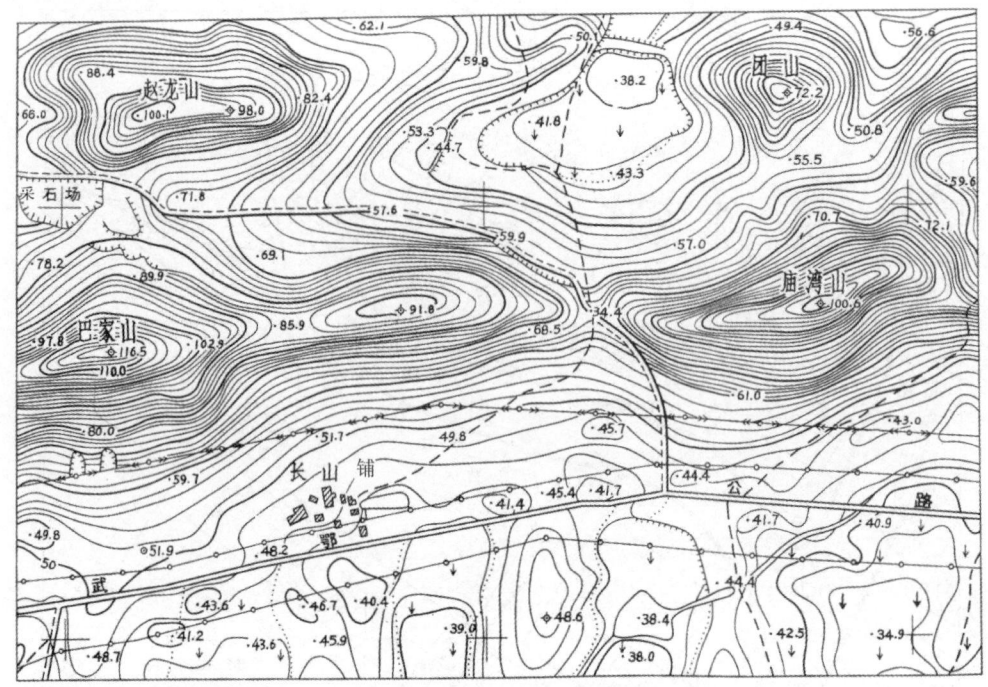

图 2.5-2　某地区 1∶5000 比例尺地形图的一部分

通常称 1∶100 万、1∶50 万和 1∶25 万比例尺为小比例尺；1∶10 万、1∶5 万、1∶2.5 万、1∶1 万比例尺为中比例尺；1∶5000、1∶2000、1∶1000 和 1∶500 比例尺为大比例尺。1∶100 万、1∶50 万、1∶25 万、1∶10 万、1∶5 万、1∶2.5 万、1∶10000 七种比例尺的地形图为国家基本比例尺地形图。大比例尺地形图通常是直接为满足各种工程设计、施工而测绘的。不同比例尺的地形图一般有不同的用途。如 1∶10000 和 1∶5000 地形图为基本比例尺地形图，是国民经济建设部门进行总体规划、设计的一项重要依据，也是编制其他更小比例尺地形图的基础。1∶2000 比例尺地形图常用于城市详细规划及工程项目初步设计。1∶1000 和 1∶500 比例尺地形图，主要供各种工程建设的技术设计、施工设计和工业企业的详细规划使用等。

（2）图示比例尺

为了便于应用，以及减小由于图纸伸缩而引起的使用中的误差，通常在地形图上绘制图示比例尺。如图 2.5-3 所示为 1∶1000 的图示比例尺，以 2cm 为基本单位，最左端的一个基本单位分成 10 等份。从图示比例尺上可直接读得基本单位得 1/10，估读到 1/100。

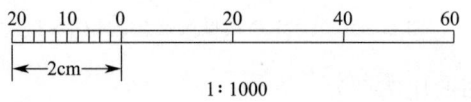

图 2.5-3　1∶1000 的图示比例尺

### 2.5.1.2　比例尺精度

人们用肉眼在图上能分辨的最小距离一般为 0.1mm，因此在图上量度或者实地测图描绘时，就只能达到图上 0.1mm 的精确度。所以把图上 0.1mm 所表示的实地水平长度称为比例尺精度。各种比例尺的比例尺精度可表达为

$$\delta = 0.1\text{mm} \times M$$

式中，$\delta$ 为比例尺精度；$M$ 为比例尺分母。

比例尺越大，其比例尺精度也越高。工程上常用的几种大比例尺地形图的比例尺精度如表 2.5-1 所示。

表 2.5-1  工程上常用的几种大比例尺地形图的比例尺精度

| 比例尺 | 1:500 | 1:1000 | 1:2000 | 1:5000 |
|---|---|---|---|---|
| 比例尺精度/m | 0.05 | 0.1 | 0.2 | 0.5 |

比例尺精度的概念对测图和设计都有重要的意义。根据比例尺的精度，可以确定在测图时量距应准确到什么程度。例如测 1:1000 图时，实地量距只需取到 10cm，因为即使量得再精细，在图上也无法表示出来。同时，若设计规定需在地图上能量出的实地最短长度时，就可以根据比例尺精度定出测图比例尺。如一项工程设计用图，要求图上能反映 0.2m 的精度，则所选图的比例尺就不能小于 1:2000。图的比例尺越大，其表示的地物、地貌就越详细，精度也越高。但比例尺越大，测图所耗费的人力、财力和时间也越多。因此，在各类工程中，究竟选用何种比例尺测图，应从实际情况出发，合理选择，而不要盲目追求大比例尺的地形图。

## 2.5.2 地形图的图式

地物的种类繁多，形态复杂，一般可分为两类，一类是自然地物，如河流、湖泊等；另一类为人工地物，如房屋、道路、管线等。地物的类别、大小、形状及其在图上的位置，都是按规定的地物符号和要求表示的。国家测绘总局颁发的地形图图式统一规定了地形图的规格要求，及地物、地貌的符号和注记，供测图和识图时使用。

### 2.5.2.1 地物符号

地物符号按所表示的地图要素及符号与实地要素的比例关系进行分类。

（1）比例符号

地物的轮廓较大，能按比例尺将地物的形状、大小和位置缩小绘在图上以表达轮廓性的符号。这类符号一般是用实线或点线表示其外围轮廓，如房屋、湖泊、森林、农田等。

（2）非比例符号

一些具有特殊意义的地物，轮廓较小，不能按比例尺缩小绘在图上时，就采用统一尺寸，用规定的符号来表示，如三角点、水准点、烟囱、消火栓等。这类符号在图上只能表示地物的中心位置，不能表示其形状和大小。

（3）半比例符号

一些呈线状延伸的地物，其长度能按比例缩绘，而宽度不能按比例缩绘，需用一定符号表示的称为半比例符号，也称线状符号，如铁路、公路、围墙、通信线等。半比例符号

只能表示地物的位置（符号的中心线）和长度，不能表示宽度。

(4) 地物注记

地形图上对一些地物的性质、名称等加以注记和说明的文字、数字或特定的符号，称为地物注记，例如房屋的层数，河流的名称、流向、深度，工厂、村庄的名称，控制点的点号、高程，地面的植被种类等。

比例符号与半比例符号的使用界限并不是绝对的。如公路、铁路等地物，在(1∶500)～(1∶2000)比例尺地形图上是用比例符号绘出的，但在1∶5000比例尺以上的地形图上是按半比例符号绘出的。比例符号与非比例符号之间也是同样的情况。一般来说，测图比例尺越大，用比例符号描绘的地物越多；比例尺越小，用非比例符号表示的地物越多。

#### 2.5.2.2 地貌符号

地貌形态多种多样，可按其起伏的变化程度分为平地、丘陵地、山地、高山地，见表2.5-2。

表 2.5-2 地貌分类

| 地貌形态 | 地面坡度 | 地貌形态 | 地面坡度 |
| --- | --- | --- | --- |
| 平地 | 2°以下 | 山地 | 6°～25° |
| 丘陵地 | 2°～6° | 高山地 | 25°以上 |

图上表示地貌的方法有多种，对于大、中比例尺主要采用等高线法，对于特殊地貌则采用特殊符号表示。

① 等高线的定义。等高线是地面上高程相等的相邻点连成的闭合曲线。如图2.5-4所示，设想有一座高出平静水面的小山头，山顶被水淹没时的水面高程为100m，山头与水面相交形成的水涯线为一组闭合曲线，曲线的形状随山头与水面相交的位置而定，曲线上各点的高程相等。例如，当水面高为95m时，曲线上任一点的高程均为95m；若水位继续降低至90m、85m，则水涯线的高程分别为90m、85m。将这些水涯线垂直投影到水平面 $H$ 上，并按一定的比例尺缩绘在图纸上，就将山头用等高线表示在地形图上。这些等高线的形状和高程，客观地显示了山头的空间形态。

② 等高距与等高线平距。相邻两高程不同的等高线之间的高差称为等高距，常以 $h$ 表示。图2.5-4中的等高距是5m。在同一幅地形图上，等高距是相同的。

相邻两高程不同的等高线之间的水平距离称为等高线平距，常以 $d$ 表示。等高线平距 $d$ 的大小与地面坡度有关。等高线平距越小，地面坡度越大；平距越大，坡度越小；坡度相等，平距相等。因此，可根据地形图上等高线的疏、密判定地面坡度的缓、陡，如图2.5-5所示。

等高距选择过小，会成倍地增加测绘工作量。对于山区，有时会因等高线过密而影响地形图清晰。等高距的选择应该根据地形类型和比例尺大小，并按照相应的规范执行（表2.5-3）。

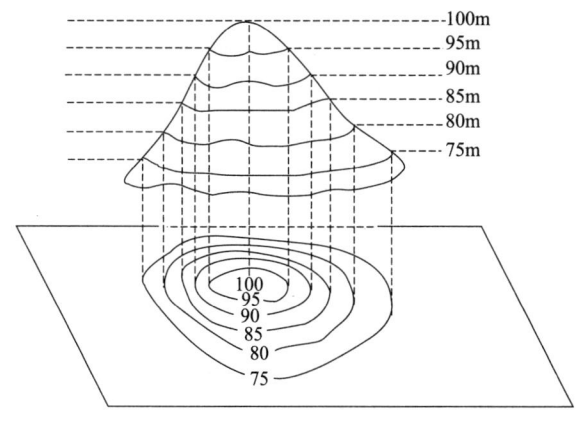
图 2.5-4 用等高线表示地貌的方法

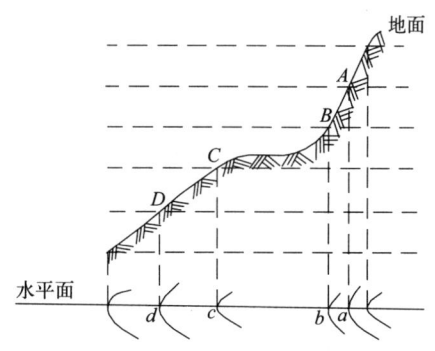
图 2.5-5 等高线平距

表 2.5-3 大比例尺地形图的基本等高距　　　　　　　　　　　　　　　　单位：m

| 地貌类别 | 比例尺 | | | |
|---|---|---|---|---|
| | 1∶500 | 1∶1000 | 1∶2000 | 1∶5000 |
| 平坦地 | 0.5 | 0.5 | 1 | 2 |
| 丘陵地 | 0.5 | 1 | 2 | 5 |
| 山地 | 1 | 1 | 2 | 5 |
| 高山地 | 1 | 2 | 2 | 5 |

③ 等高线的分类。等高线可分为首曲线、计曲线、间曲线和助曲线。首曲线也称基本等高线，是指从高程基准面起算，按规定的基本等高距描绘的等高线，用宽度为 0.1mm 的细实线表示，如图 2.5-6(a) 中的 102m、104m、106m、108m 等各条等高线，图 2.5-6(b) 中的等高线。

计曲线是指从高程基准面起算，每隔四条基本等高线有一条加粗的等高线。为了读图方便，计曲线上也注出高程。如图 2.5-6(a) 中的 100m 等高线，图 2.5-6(b) 中的 30m、40m、50m 等高线。

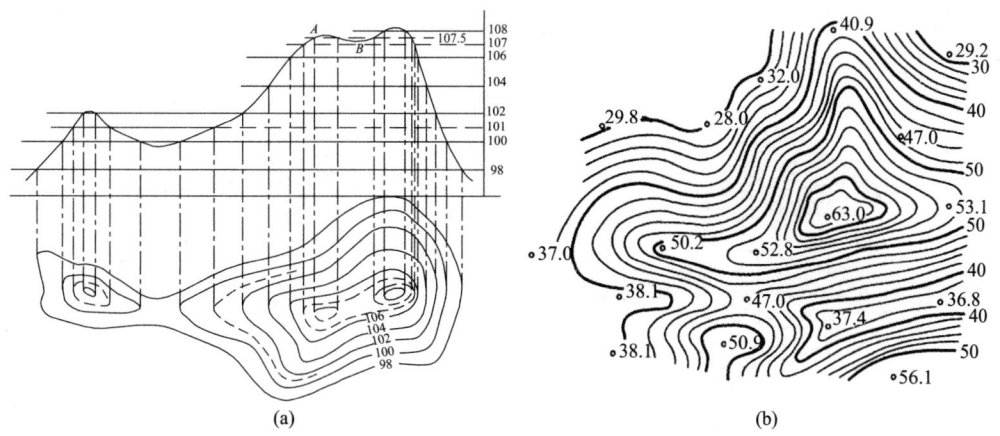
图 2.5-6 等高线的分类

间曲线是指当基本等高线不足以显示局部地貌特征时，按 1/2 基本等高距加绘的等高线，用长虚线表示。如图 2.5-6(a) 中的 101m、107m 等高线。按 1/4 基本等高距加绘的等高线，称为助曲线，用短虚线表示。如图 2.5-6(a) 中的 107.5m 等高线。间曲线和助曲线可以不闭合。

④ 典型地貌的等高线。地貌的形态虽然纷繁复杂，但通过仔细研究和分析就会发现它们是由几种典型的地貌综合而成的。了解和熟悉典型地貌的等高线特性，对于提高人们识读、应用和测绘地形图的能力很有帮助。

a. 山头和洼地。山头的等高线特征如图 2.5-7 所示，洼地的等高线特征如图 2.5-8 所示。山头和洼地的等高线都是一组闭合曲线，但它们的高程注记不同。内圈等高线的高程注记大于外圈者为山头；反之，小于外圈者为洼地。也可以用示坡线表示山头或洼地。示坡线是垂直于等高线的短线，用以指示坡度下降的方向，如图 2.5-7 和图 2.5-8 所示。

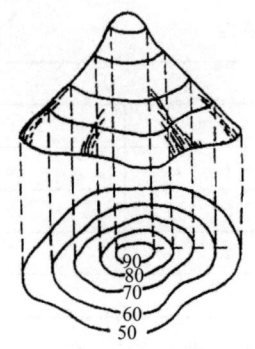
图 2.5-7　山头的等高线特征

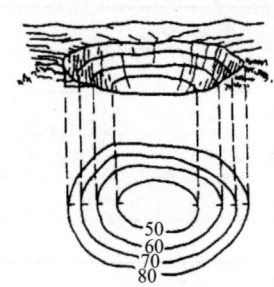
图 2.5-8　洼地的等高线特征

b. 山脊和山谷。山的最高部分为山顶，从山顶向某个方向延伸的高地称为山脊。山脊的最高点连线称为山脊线，如图 2.5-9 所示。山脊等高线的特征表现为一组凸向低处的曲线。

相邻山脊之间的凹部称为山谷，它是沿着某个方向延伸的洼地。山谷中最低点的连线称为山谷线，如图 2.5-10 所示。山谷等高线的特征表现为一组凸向高处的曲线。因为山脊上的雨水会以山脊线为分界线而流出山脊的两侧，所以山脊线又称为分水线。在山谷中的雨水由两侧山坡汇集到谷底，然后沿山谷线流出，所以山谷线又称集水线。山脊线和山谷线合称为地性线。

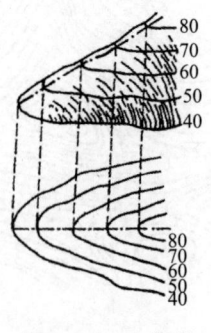
图 2.5-9　山脊线

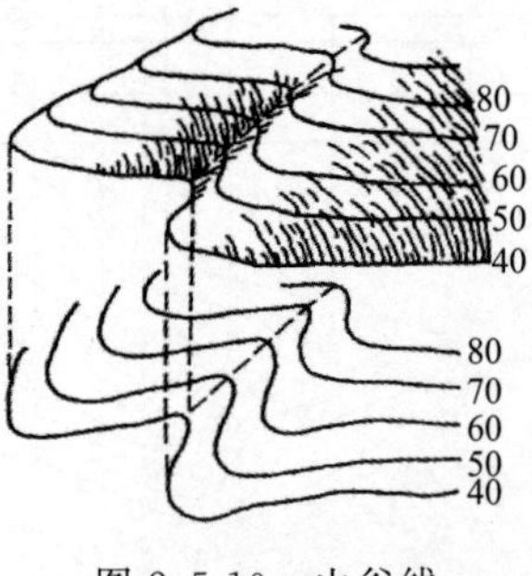

图 2.5-10　山谷线

c. 鞍部。鞍部是相邻两山头之间呈马鞍形的低凹部位（图 2.5-11 中的 S）。鞍部等高线的特征是对称的两组山脊线和两组山谷线，即在一圈大的闭合曲线内，套有两组小的闭合曲线。

d. 陡崖和悬崖。陡崖是坡度在 70°以上或为 90°的陡峭崖壁，因用等高线表示将非常密集或重合为一条线，故采用陡崖符号来表示。如图 2.5-12（a）和（b）所示。悬崖是上部凸出，下部凹进的陡崖。上部的等高线投影到水平面时，与下部的等高线相交，下部凹进的等高线用虚线表示，如图 2.5-12（c）所示。

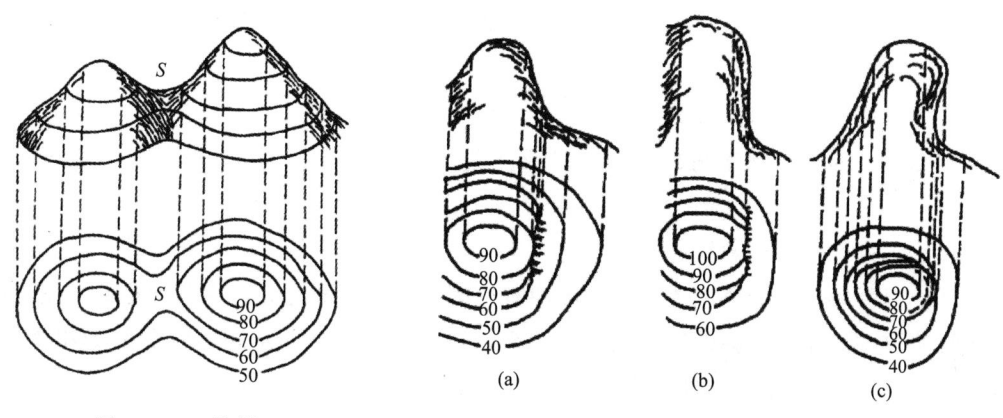

图 2.5-11　鞍部　　　　　　图 2.5-12　陡崖和悬崖

认识了典型地貌的等高线特征以后，就能够认识地形图上用等高线表示的各种复杂地貌。如图 2.5-13 所示为某一地区综合地貌等高线。

⑤ 等高线的特性如下。

a. 同一条等高线上各点的高程相等。

b. 等高线是闭合曲线，不能中断，如果不在同一幅图内闭合，则必定在相邻的其他图幅内闭合。

c. 等高线只有在峭壁或悬崖处才会重合或相交。

d. 同一幅地形图上等高距相等。等高线平距小，表示坡度陡；平距大，表示坡度缓；平距相等，则表示坡度相同。

e. 等高线与山脊线、山谷线正交。

图 2.5-13　某一地区综合地貌等高线

### 2.5.3 地形图图外注记

为了图纸管理和使用的方便，在地形图的图框外有许多注记，如图名、图号、接图表、图廓、坐标格网线、三北方向线和坡度尺等。

(1) 图名和图号

图名就是本幅图的名称，常用本图幅内最著名的地名、最大的村庄或厂矿企业的名称来命名。图号即图的编号。图名和图号标在北图廓上方的中央，如图2.5-14所示。

(2) 接图表

说明本图幅与相邻图幅的关系，供索取相邻图幅时使用。通常是中间一格画有斜线的代表本图幅，四邻分别注明相应的图号或图名，并绘注在北图廓的左上方，如图2.5-14所示。

(3) 图廓和坐标格网线

图廓是图幅四周的范围线。矩形图幅有内图廓和外图廓之分。内图廓是地形图分幅时的坐标格网线，也是图幅的边界线。外图廓是距内图廓以外一定距离绘制的加粗平行线，仅起装饰作用。在内图廓外四角处注有坐标值，并在内图廓线内侧，每隔10cm绘有5mm的短线，表示坐标格网线的位置。在图幅内每隔10cm绘有坐标格网交叉点，如图2.5-14所示。

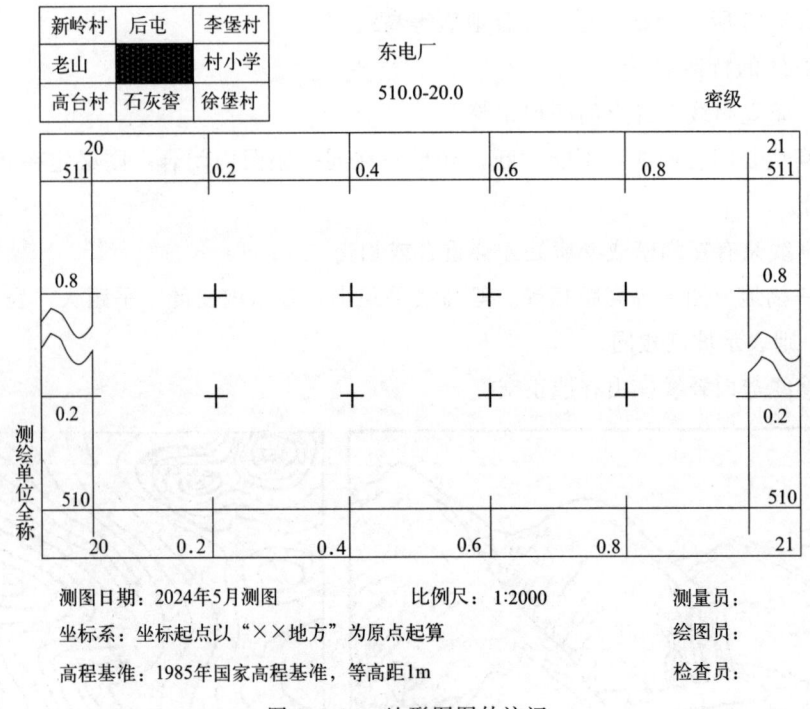

图 2.5-14　地形图图外注记

梯形图幅的图廓有三层：内图廓、分图廓和外图廓。内图廓是经纬线，也是该图幅的边界线。如图2.5-15中西图廓经线是东经128°45′，南图廓是北纬39°50′。内、外图廓之间的黑白相间的线条是分图廓,每段黑线或白线的长度表示实地经差或纬差为 $1'$。分图廓与内图廓之间,注记了以千米为单位的平面直角坐标值,如图 2.5-15 中的 5189 表示纵坐标为 5189km(从赤道算起)。其余 90、91 等,其千米的千百位的数都是 51,故省略。横坐标为 22482,22 为该图幅所在投影带的带号,482 表示该纵线的横千米数。外图廓以外还有图示比例尺、三北方向、坡度尺等,是为了便于在地形图上进行量算而设置的各种图解,称为量图图解。

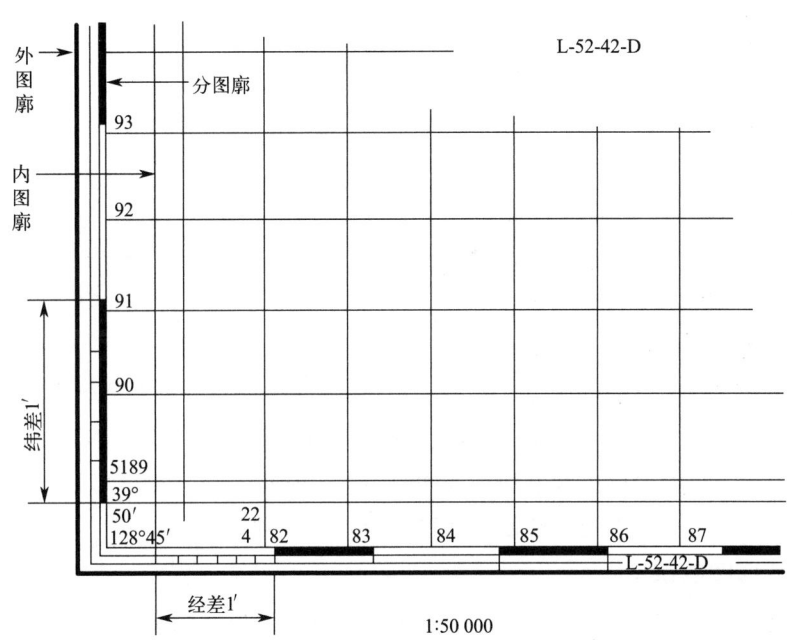

图 2.5-15　梯形图幅图廓

(4) 三北方向线及坡度尺

在许多中、小比例尺的南图廓线的右下方,还绘有真子午线、磁子午线和坐标纵轴(中央子午线)三者之间的角度关系,常称为三北方向线,如图 2.5-16(a)所示。该图中,磁偏角为 $9°50'$(西偏),子午线收敛角为 $0°5'$(西偏)。利用该关系图,可对图上任意方向的真方位角、磁方位角和坐标方位角三者间作相互换算。

在中比例尺地形图的南图廓左下方还常绘有坡度比例尺,如图 2.5-16(b)所示。它是一种量测坡度的图示尺,按以下原理制成:坡度 $i=\tan\alpha=\dfrac{h}{dM}$,式中,$d$ 为图上等高线的平距;$h$ 为等高距;$M$ 为比例尺分母,在用分规卡出图上相邻等高线的平距后,可在坡度比例尺上读出相应的地面坡度数值。坡度尺的水平底线下边注有两行数字,上行是用坡度角表示的坡度,下行是用对应的倾斜百分率表示的坡度。

(5) 投影方式、坐标系统、高程系统

地形图测绘完成后,都要在图上标注本图的投影方式、坐标系统和高程系统,以备日后使用时参考。坐标系统指该图幅是采用哪种坐标系完成的,如 1980 国家大地坐标系、城市坐标系、独立直角坐标系等。

高程系统指本图所采用的高程基准，如 1985 国家高程基准或假定高程基准。

### 2.5.4 地形图的应用

以下内容主要介绍应用地形图计算点的坐标、点的高程、点间距离、直线的方向、线路的选择及面积和土方量计算等地形图在园林工程上的应用，以及地物、地貌识读的基本知识，地形图的野外应用。地形图上包含大量的自然、环境、社会、人文、地理等要素和信息，能够比较全面和客观地反映地表的情况。因此，地形图是国土整治、资源勘察、城乡规划、土

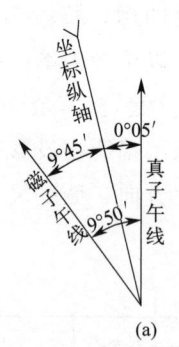

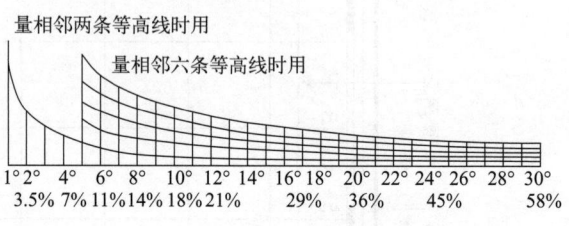

图 2.5-16 三北方向线及坡度尺

地利用、环境保护、工程设计、矿藏采掘、河道整理、园林工程等工作的重要资料。特别是在规划设计阶段，不仅要以地形图为底图进行总平面的布设，而且要根据需要在地形图上进行一定的量算工作，以便因地制宜地进行合理的规划和设计。

#### 2.5.4.1 地形图的识读

地形图是用各种规定的符号和注记表示地物、地貌及有关信息的资料。为了正确地应用地形图，首先要能看懂地形图。通过对这些符号和注记的识读，可使地形图成为展现在人们面前的实地立体模型，以判断地貌的自然形态和地物相互的关系，这就是地形图识读的主要目的。现以"高家庄"地形图（图 2.5-17）为例，说明地形图识读的一般方法和步骤。

（1）图廓外的注记识读

首先从图廓外的注记了解测图的时间和测绘单位，以判定地形图的新旧程度，然后了解图的比例尺、坐标系统、高程系统和等高距以及图幅范围和接图表。"高家庄"地形图的比例尺为 1∶2000，左上角接图表注明了相邻图幅的图名，右下角注明了任意直角坐标系。

（2）地物识读

这幅图东南部有较大的居民区——高家庄；庄北有清水河，由西北向东南流。沿河北侧有一条铁路，铁路东北侧有一条公路，公路两旁有行道树，公路向东南走向经过农机厂，厂内有一个高大的烟囱，沿路低压线接入高家庄，公路东北侧的山坡上有 7 号埋石图根点。沿河上游为旱地，下游为菜地。图幅南侧的小山头有 5、105、A51 三个图根三角点。

（3）地貌识读

在地形图上，除读出各种地物和地貌外，还应根据图上配置的各种植被符号或注记说

明，了解植被的分布、类别特征、面积大小等。根据图幅右下角看出，这幅图的基本等高距为1m。图幅为山区，四周向高家庄、清水河方向地势逐渐平缓，西南部山岭较高，南部三角点A51海拔最高，高程为205.21m，是本图幅内的最高点。最低点是近清水河的菜地，高程为180m，高差最大不到26m。图幅中有比较明显的鞍部，凤凰岭的山脊向北延伸，西面的山脊向东北延伸至古塔下。高家庄地处较大平缓区域，水源丰富，周围有果树、林木和耕作的平缓土地，临近有铁路、公路，交通便利，地理环境优越。

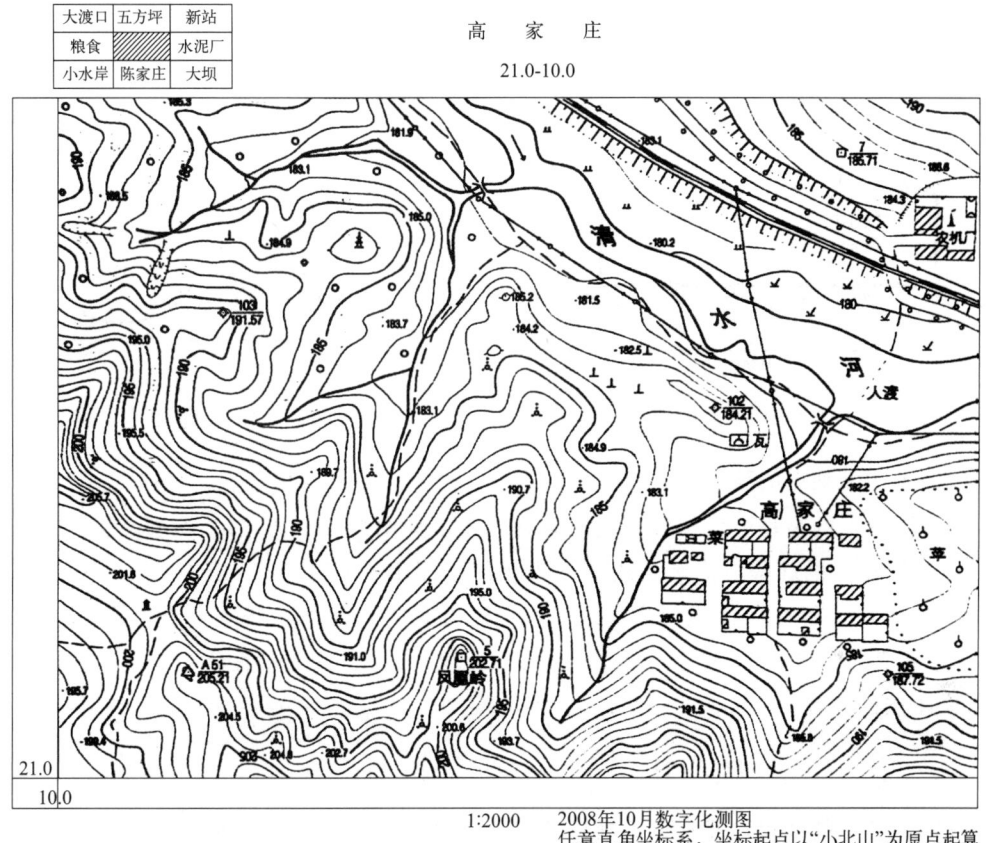

图 2.5-17　1∶2000 城市地形图（图片来源于谷达华主编的《园林工程测量》）

## 2.5.4.2 地形图应用的基本内容

（1）求图上某点的坐标

大比例尺地形图绘有10cm×10cm的坐标方格网，并在图廓的西、南边上注有方格的纵、横坐标值，如图2.5-18所示。根据图上坐标方格网的坐标可以确定图上某点的坐标。例如，欲求图上 $A$ 点的坐标，首先根据图上坐标注记和 $A$ 点在图上的位置，找出 $A$ 点所在的方格，过 $A$ 点作坐标方格网的平行线与坐标方格相交于 $a$、$b$ 两点，量出 $pa=$ 2.46cm，$pb=6.48$cm，再按地形图比例尺（1∶1000）换算成实际距离 $pb\times1000\div100=$ 64.8m、$pa\times1000\div100=24.6$m，则 $A$ 点的坐标为

$$X_A=X_p+pb\times1000\div100=600+64.8=664.8\text{(m)}$$

$$Y_A = Y_p + pa \times 1000 \div 100 = 600 + 24.6 = 624.6 \text{(m)}$$

图解法求得的坐标精度受图解精度的限制，一般认为，图解精度为图上 0.1mm，则图解精度不会高于 0.1M（单位为 mm）。

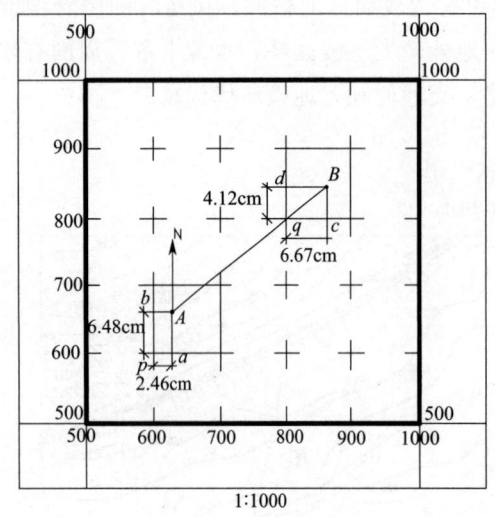

图 2.5-18　求图上点的坐标

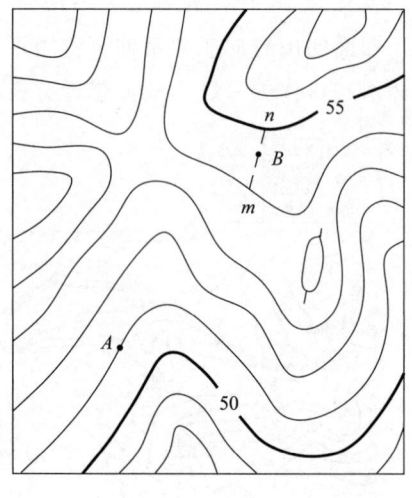

图 2.5-19　点的高程

（2）求图上某点的高程

地形图上点的高程可根据等高线的高程求得。如图 2.5-19 所示，若某点 A 恰好在等高线上，则 A 点的高程与该等高线的高程相同，即 $H_A = 51.0\text{m}$。若某点 B 不在等高线上，而位于 54m 和 55m 两根等高线之间，这时可通过 B 点作一条垂直于相邻等高线的线段 $mn$，量取 $mn$ 和 $mB$，如长度为 9.0mm、5.4mm，已知等高距 $h = 1\text{m}$，则可按内插法求得 B 点的高程。

$$H_B = H_m + \frac{mB}{mn} h = 54 + \frac{5.4}{9.0} \times 1 = 54.6 \text{(m)}$$

求图上某点的高程，通常也可根据等高线用目估法按比例进行推算。例如，$mB$ 约为 $mn$ 的 6/10，则

$$H_B = H_m + \frac{6}{10} h = 54.6 \text{m}$$

（3）求图上两点间的水平距离

求图上两点间的水平距离有下列两种方法。

① 根据两点的坐标求水平距离。如图 2.5-19 所示，欲求 AB 的距离，则先求出图上 A、B 两点的坐标值 $X_A$、$Y_A$ 和 $X_B$、$Y_B$，然后按下式反算 AB 的水平距离。

$$D_{AB} = \sqrt{(X_B - X_A)^2 + (Y_B - Y_A)^2}$$

② 在地形图上直接量距。用分规在图上直接卡出 A、B 两点的长度，再与地形图上的图示比例尺比较，即可得出 AB 的水平距离。当精度要求不高时，可用比例尺（三棱尺）直接在图上量取。

$$D_{AB} = d_{AB}M$$

式中，$d_{AB}$ 为图上 $A$、$B$ 两点之间的距离；$M$ 为比例尺的分母。

若图解坐标的求得考虑了图纸伸缩变形的影响，则解析法求得距离的精度高于图解法的精度。当图纸上绘有图示比例尺时，一般用图解法量取两点间的距离，这样既方便，又能保证精度。

（4）求图上某直线的坐标方位角

如图 2.5-18 所示，欲求图上直线 $AB$ 的坐标方位角，方法有解析法和图解法，由于坐标量算的精度比角度量测的精度高，因此通常用解析法获得方位角。

图上 $A$、$B$ 两点的坐标可按下式求得，则按下式计算直线 $AB$ 的方位角。

$$\alpha_{AB} = \tan^{-1}\frac{Y_B - Y_A}{X_B - X_A} = \tan^{-1}\frac{\Delta Y_{AB}}{\Delta X_{AB}}$$

当使用电子计算器或三角函数计算 $\alpha_{AB}$ 的角值时，要根据 $\Delta X_{AB}$ 和 $\Delta Y_{AB}$ 的符号，确定其所在的象限，再确定其大小。

当精度要求不高时，也可用图解法用量角器在图上直接量取坐标方位角。

（5）求图上某直线的坡度

在地形图上求得直线的长度以及两端点的高程后，则可按下式计算该直线的平均坡度。

$$i = \frac{h}{d \times M} = \frac{h}{D}$$

式中，$d$ 为图上量得的长度；$M$ 为地形图比例尺的分母；$h$ 为直线两端点间的高差；$D$ 为该直线对应的实地水平距离。

坡度通常用千分率（‰）或百分率（%）的形式表示。"+"为上坡，"−"为下坡。

说明：若直线两端位于等高线上，则求得坡度可认为符合实际坡度。若直线较长，中间通过许多条等高线，且等高线的平距不等，则所求的坡度只是该直线两端点间的平均坡度。

（6）地形图在工程建设中的应用

① 按限制坡度选定最短路线。在道路、管线等工程规划中，一般要求按限制坡度选定一条最短路线或等坡度线。其基本做法是：如图 2.5-20 所示，设从公路旁 $A$ 点到山头 $B$ 点选定一条路线。限制坡度为 4%，地形图比例尺为 1∶2000，等高距为 1m。为了满足限制坡度的要求，可求出该线路通过相邻两等高线的最短平距，即求出相邻两等高线之间满足设计坡度的最短距离。

$$d = \frac{h}{iM} = \frac{1}{0.04 \times 2000} = 12.5(\text{mm})$$

用脚规张开 12.5mm，先以 $A$ 点为圆心画圆弧交 81m 等高线于 1、1′点；再分别以 1 和 1′点为圆心画圆弧交 82m 等高线于 2 点；依次类推直到 $B$ 点。连接相邻点，便得同坡度路线 A-1-2…B。若所画弧不能与相邻等高线相交，则以最短平距直接连接相邻两等高线，这样，该线段为坡度小于 4% 的最短线路，符合设计要求。在图上尚可沿另一方向定出第二条 A-1′-2′…B，可以作为比较方案。其实，在图上满足设计要求的线路有多条，在实际工作中，还需在野外考虑工程上的其他因素，如少占或不占良田、避开不良地质地段、工程费用最少等进行修改，最后确定一条既经济，又合理的路线。

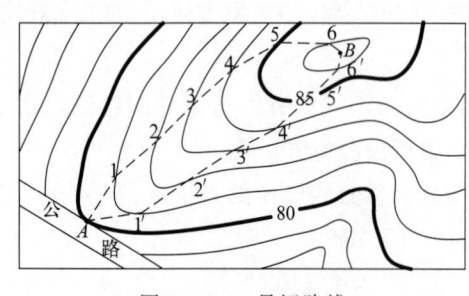
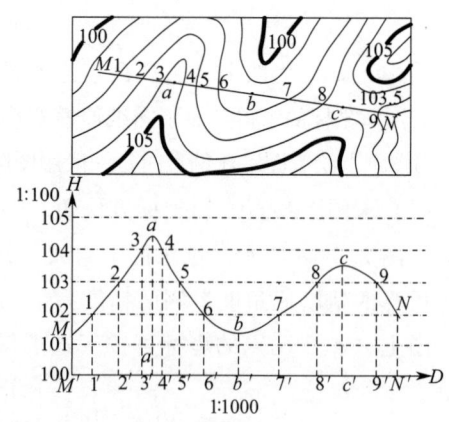

图 2.5-20　最短路线　　　　　　　图 2.5-21　断面

② 绘制一定方向的断面图。断面图是显示指定地面起伏变化的剖面图。在道路、管道等工程设计中，为进行填挖土（石）方量的概算或合理地确定线路的纵坡等，均需较详细地了解沿线路方向上的地面起伏情况，为此常根据大比例尺地形图绘制沿线方向的断面图。

如图 2.5-21 所示，欲绘制地形图上 $MN$ 方向的断面图，首先在图纸上绘出两条互相垂直的坐标轴线，横坐标轴 $D$ 表示水平距离，纵坐标轴 $H$ 表示高程。然后，用脚规在地形图上自 $M$ 点起沿 $MN$ 方向依次量取相邻等高线的平距 $M1$、$12$、…，并以同一比例尺绘在横轴上，得 $M\text{-}1'\text{-}2'\cdots N$，再根据各点的高程按高程比例尺绘出各点，即得各点在断面图上的位置，$M$、$1$、$2$、$3$、…$N$；最后用圆滑的曲线连接 $M$、$1$、$2$、$3$、…$N$ 点，即得直线 $MN$ 的断面图。绘制纵断面图时，应特别注意 $a$、$b$、$c$ 这三点的绘制，千万不能忽略。

为了明显地表示地面起伏变化情况，断面图上的高程比例尺一般比水平距离比例尺大 10 倍或 20 倍。

③ 确定汇水范围。在修筑桥涵和水库大坝等工程中，确定桥梁、涵洞孔径的大小，大坝的设计位置、高度，水库的库容量大小等，都需要了解这个区域水流量的大小，而水流量是根据汇水面积确定的。汇集水流量的面积称为汇水面积。汇水面积由相邻分水线连接而成。

由于地面上的雨水沿山脊线向两侧分流，所以汇水范围的确定，就是在地形图上自选定的断面起，沿山脊线或其他分水线而求得。如图 2.5-22 所示，线路在 $m$ 处要修建桥梁或涵洞，则由山脊线 $bcdefga$ 所围成的闭合图形就是 $m$ 上游的汇水范围的边界线。

确定汇水范围时应该注意以下两点：

① 边界线应与山脊线一致，且与等高线垂直；

② 边界线是经过一系列山头和鞍部的曲线，并与河谷的指定断面如图 2.5-31 中 $m$ 处的直线闭合。

图上汇水范围确定后，可用面积求算方法求得汇水面积，再根据当地的最大降雨量，来确定最大洪水流量，作为设计桥涵孔径及管径尺寸的参考。

（7）量测图形面积

在规划设计和工程建筑中，常需在地形图上量测一定轮廓范围内的面积。例如，平整土地的填挖面积；规划设计城市某一区域的面积；厂矿用地面积；渠道和道路工程中的填、挖断面的面积；汇水面积等。量测图形面积的方法很多，下面介绍常用的几种图形面积量测的方法。

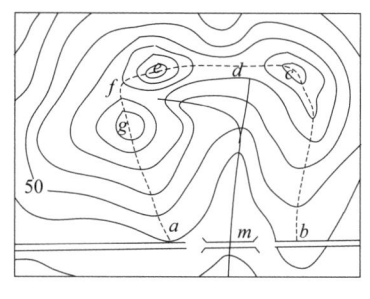

图 2.5-22 汇水范围

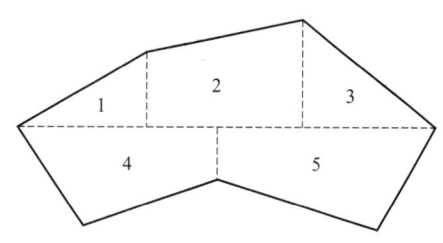

图 2.5-23 几何图形法

① 几何图形法。若图形是由直线连接的多边形，则可将图形划分为若干种简单的几何图形，如图 2.5-23 中的三角形、四边形、梯形等。然后用比例尺量取计算时所需的元素（长、宽、高），应用面积计算公式求出各个简单几何图形的面积，再汇总出多边形的面积。

图形如为曲线围合而成，可近似地用直线将其连接成多边形，再按上述方法计算面积。

当用几何图形法量算线状物面积时，可将线状看作为长方形，用分规量出其总长度，乘以实量宽度，即可得线状地物面积。

将多边形划分为简单几何图形时，需要注意以下几点。

a. 将多边形划分为三角形，面积量算的精度最高，其次为梯形、长方形。

b. 划分为三角形以外的几何图形时，尽量使图形数量最少，线段最长，以减少误差。

c. 划分几何图形时，尽量使底与高之比接近 1∶1（使梯形的中位线接近于高）。

d. 若图形的某些线段有实量数据，则首先选用实量数据。

e. 进行校核和提高面积量算的精度，要求对同一几何图形，量取另一组面积计算要素，量算两次面积，两次量算结果在允许范围内（表 2.5-4），方可取其平均值。

表 2.5-4 两次量算面积之差的允许范围

| 图上面积/mm² | 相对误差 | 图上面积/mm² | 相对误差 |
| --- | --- | --- | --- |
| <100 | <1/30 | 1000～3000 | <1/150 |
| 100～400 | <1/50 | 3000～5000 | <1/200 |
| 400～1000 | <1/100 | >5000 | <1/250 |

② 透明格网法。如曲线包围的是不规则图形，可用绘有边长为 1mm 或 2mm 的正方形格网的透明膜片，通过蒙图数格法量算图形的面积。此法操作简单，易于掌握，能保证一定精度，在量算图形面积中被广泛采用。量算面积时，将透明纸或膜片覆盖在欲量算的图形上，如图 2.5-24 所示，欲量算的图形被分割为一定数量的整方格，每一整格代表一定面积值，再将边缘各分散格（也称破格）目估凑成若干整格（通常把破格一律作半格计）。图形范围内所包含的方格数，乘以每格所代表的面积值，即为所量算图形的面积。如果知道一个方格所代表的实际面积，就可求得整个图形所代表的实际面积。例如：透明方格纸上每一方格为 1mm²，地形图的比例尺为 1∶2000，则每个方格相当于实地 4m² 面积。

③ 平行线法。平行线法又称积距法。为了减少边缘破格因目估产生的面积误差，可

采用平行线法。

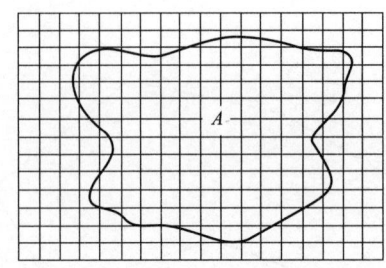

图 2.5-24　透明网格法

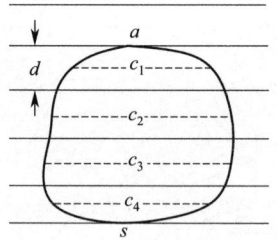

图 2.5-25　平行线法

如图 2.5-25 所示，量算面积时，将绘有间距 $d=1mm$ 或 $2mm$ 的平行线组的透明纸（或透明膜片）覆盖在待算的图形上，使图形的上、下边缘线（$a$、$s$ 两点）处于平行线的中央位置，固定平行线透明纸，则整个图形被平行切割成若干等高（$d$）的梯形（图上平行的虚线为梯形上、下底的平均值，以 $c$ 表示），则图形的总面积为

$$p=c_1d+c_2d+c_3d+\cdots c_nd=d(c_1+c_2+c_3+\cdots c_n)=d\sum c$$

图形面积 $p$ 等于平行线间距乘以中位线的总长。最后，再根据图的比例尺将其换算为实地面积，即

$$p=d\sum c\times M_2$$

式中，$M_2$ 为测图比例尺分母。

例如：在 1∶2000 比例尺的地形图上，量得各梯形上、下底平均值的总和 $\sum c=876mm$，$d=2mm$，则此图形的实地面积为

$$p=2\times 876\times 2000^2\div 1000^2=7008(m^2)$$

④ 求积仪法。在这里不进行介绍，读者可以参考其他书籍。

◆ **任务内容和实施过程**

（1）识读地形图

在建设工程的规划、勘查、设计、施工、使用等各阶段，地形图都是不可缺少的。地形图不仅仅表达了地物的平面位置，而且表达了地貌的形态。测量人员要看懂地形图，并能从地形图上获取工程需要的信息资料，用以指导施工。如图 2.5-26 所示是某区域部分地形，请仔细阅读。

问题：

① 地形图的基本应用包括（　　）。

A. 求图上点的坐标值　　　　　　　　B. 求图上点的高程值

C. 求图上直线的长度　　　　　　　　D. 测定面积

E. 绘制断面图

② 下面叙述（　　）符合本案例地形图。

A. 点 $A$ 的 $X$ 坐标是 420　　　　　　B. 点 $B$ 的 $X$ 坐标是 520

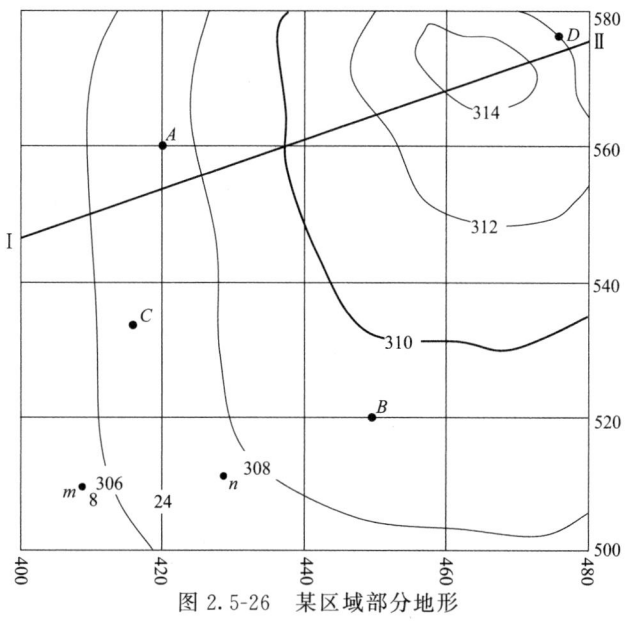

图 2.5-26 某区域部分地形

C. 点 D 的高程是 560 　　　　D. 点 D 的高程是 312

E. 点 C 的高程是 306.5

③ 下列关于地形图的说法中，（　　）是正确的。

A. 地形图的比例尺越大，精度就越高

B. 地物是指地球表面上相对固定的物体

C. 目前主要以等高线来表示地貌

D. 地形图通常都是用等高线来表示地物

④ 下列关于等高线的叙述中，（　　）是错误的。

A. 等高线是地面上高程相等的相邻点所连成的闭合曲线

B. 等高线在地形图上一定是封闭的形状

C. 等高距越大，则等高线越稀疏，表明地势越平缓

D. 相邻两条等高线，外圈的高程一定大于内圈的高程

E. 在同一张地形图上，等高线平距是相等的

⑤ 下面与本案例地形图有关的叙述中，（　　）是错误的。

A. 本案例地形图的等高线平距为 1m

B. 本案例地形图中计曲线注写标高是 310m

C. 点 D 位于标高为 312m 的等高线上

D. 点 A 的高程大于点 B 的高程

E. 本案例地形图的等高距为 2m

（2）绘制大比例尺平面图

采用 1∶1000 比例尺，手绘或利用绘图软件，将任务 2.4 采集的碎部点数据描绘成大比例尺平面图。

## ◆ 项目小结

项目小结如图 2.5-27 所示。

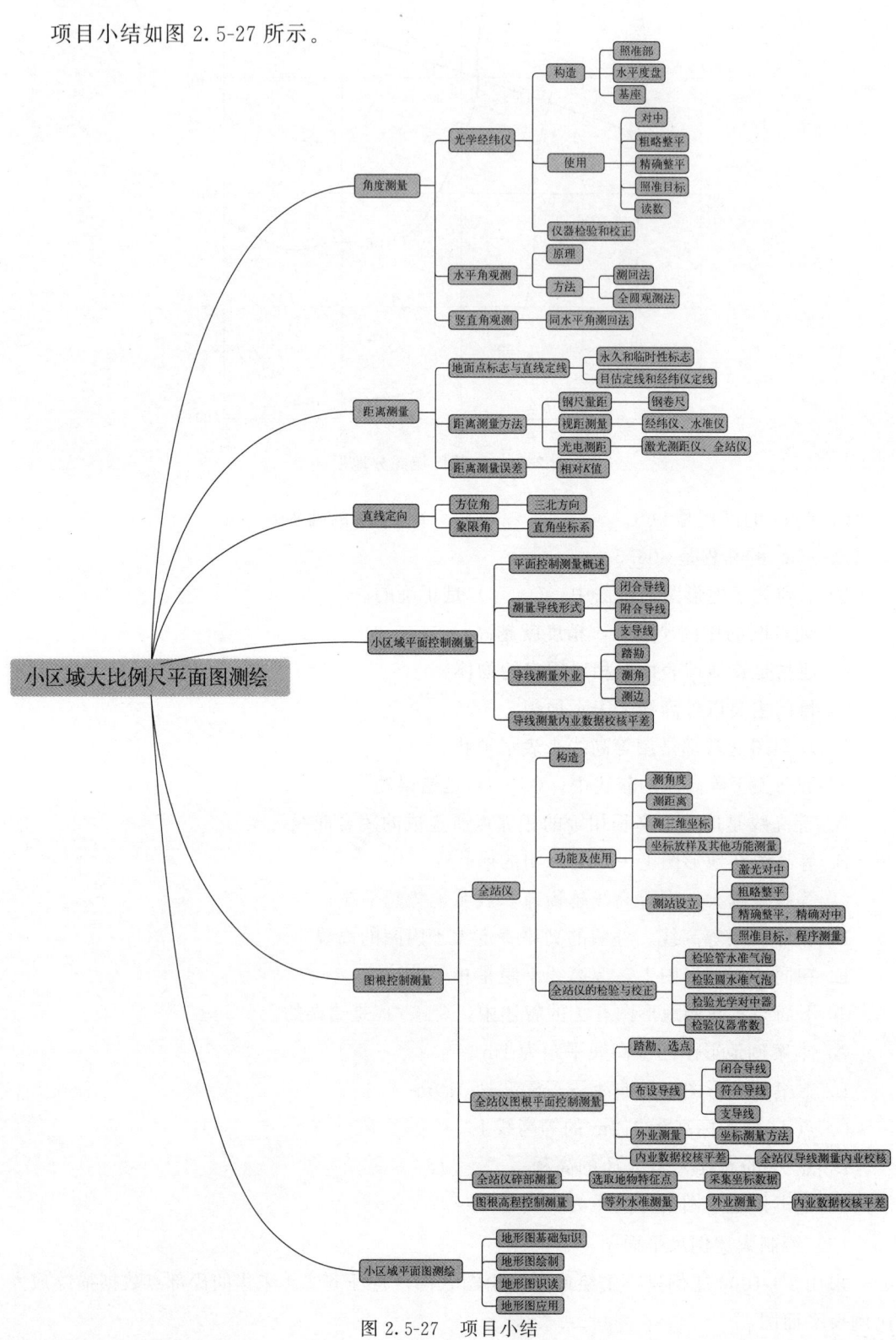

图 2.5-27 项目小结

## 思考练习

① 什么是地形图？

② 什么是地形图比例尺？它有几种类型？

③ 什么是比例尺精度？它对测图和设计用图有什么意义？1∶5000 地形图的比例尺精度是多少？

④ 已知经度为东经 116°28′25″，纬度为北纬 39°54′30″，试按国际分幅法写出 1∶100 万、1∶10 万、1∶1 万及 1∶5000 地形图的编号。

⑤ 什么是地物和地貌？地形图上的地物符号分为哪几类？试举例说明。

⑥ 什么是等高线、等高距、等高线平距？它们与地面坡度有何关系？等高线有哪些特性？

⑦ 何谓山脊线、山谷线、鞍部？试用等高线绘制。

# 小游园工程施工放样篇

小游园工程项目建设中包含园林建筑、园路、假山、植物等工程。这些工程设施施工必须进行园林工程测量放样,如下图所示。

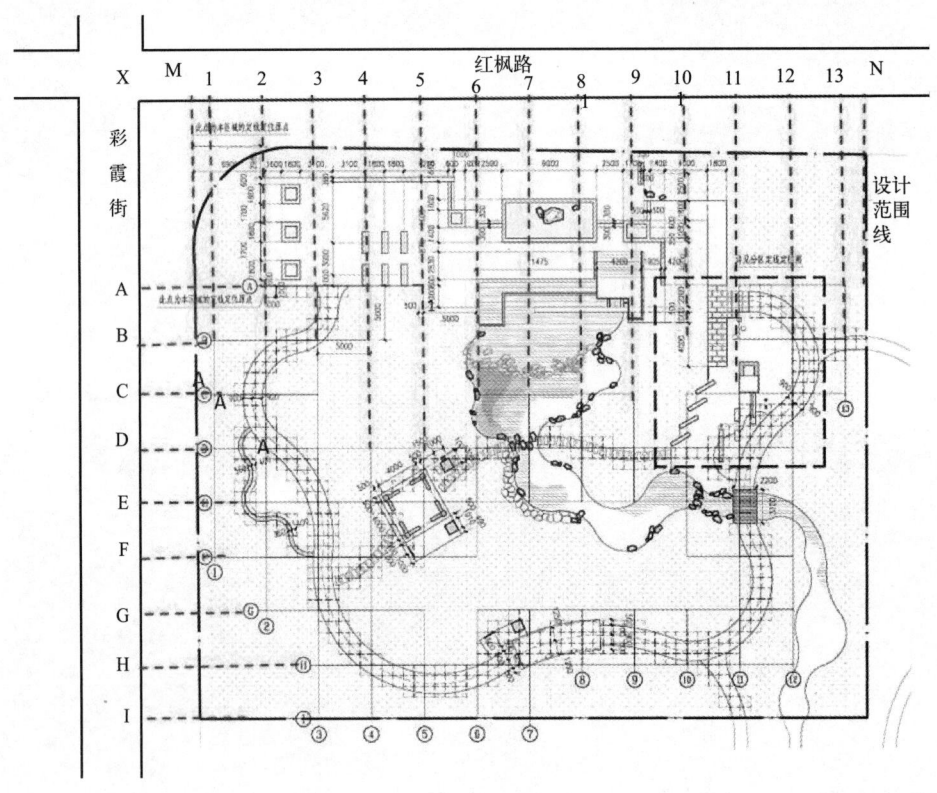

# 项目 3

# 小游园工程施工放样

园林工程测量在小游园工程的建设和管理中发挥着至关重要的作用,是确保工程质量、安全、经济和美观的重要保障。在规划设计前,需要对基地现状进行测量,绘制详细地形图,有助于设计师了解基地的地形地貌、水系分布、植被状况等,为后续的规划设计提供基础数据。工程施工阶段通过精确的测量技术,将设计图纸上的点位精确地放样到实地,确保施工过程中的位置准确性。

测量数据可以指导施工过程中的各项操作,如土方开挖、植物种植等,确保施工质量和进度。通过定期施工监测,对建筑物的沉降、道路的变形等测量监测,为采取相应的补救措施提供依据。工程竣工后,需要测绘竣工图并对工程的施工质量进行验收评估,确保工程符合设计要求和相关标准,作为后续使用、维修、管理、扩建的依据。

## 知识目标

① 熟悉测设、园路的基本概念,以及小游园工程测量的基本内容。
② 熟悉小游园工程放样的基本工作和放样程序。
③ 掌握小游园工程放样数据的计算方法。

## 能力目标

① 能进行小游园工程放样数据的计算。
② 能对已知水平角、水平距离和高程进行放样。
③ 能根据各种小游园工程项目的需要选择合适的仪器设备,选用直角坐标法、极坐标法、角度交会法和方格网等不同方法进行点位测设。
④ 能测设方格网,利用地形图,进行土地平整和土方量计算。
⑤ 能根据图纸对园路的三主点和园曲线进行放样。
⑥ 能根据图纸建立小游园建筑施工控制网,并进行小游园建筑轴线定位测量。

### 素质目标

① 接受任务后,能厘清任务思路,快速进入工作状态。
② 培养认真、细致思考、分析和归纳总结问题的能力。

## 任务 3.1　小游园工程基本要素放样

### ◆ 任务目标

会熟练运用仪器测设水平距离、水平角和高程。

### ◆ 教学资源

① 材料用具:按照实训小组分配仪器和设备,每个小组备有全站仪(含三脚架)、水准仪、花杆若干、水准尺、钢卷尺、一份记录手簿,自备铅笔、计算器。
② 参考资料:多媒体课件、教学参考书等。
③ 教学场所:多媒体教室、园林工程测量实训室和校内实训基地。

### ◆ 相关知识

#### 3.1.1　小游园工程测量的基本过程

小游园工程测量按工程的施工程序,一般分为规划设计前的测量、规划设计测量、施工放线测量和竣工测量四个阶段进行。

(1) 规划设计前的测量

根据建设单位提出的工程建设基本思想以及园林工程面积的大小,选用合适比例尺[(1:500)~(1:5000)]的地形图。准确的地形图是规划设计的重要保障,为园林规划设计提供准确的地形信息,可以依此测算建设投资费用。

必要时需到工程现场实地视察、踏勘、调查,进一步掌握工程区域的实际情况,收集相关的资料,提供符合各单项工程特点的地形图资料、纵横断面图以及有关调查资料等。

(2) 规划设计测量

规划设计测量是测绘符合各单项工程特点的工程专用图、带状地形图、纵横断面图,以及为此提供依据的有关调查测量等。

(3) 施工放线测量

施工放线测量是根据设计和施工的要求,建立施工控制网并将图上的设计内容测设到实地上，作为施工的依据。

(4) 竣工测量

竣工测量是为工程质量检查和验收提供依据，并在施工过程中和工程运行管理阶段，为鉴定工程质量以及为工程结构和地基基础的研究提供资料。

### 3.1.2 测设的基本工作和方法

#### 3.1.2.1 园林工程施工放样的程序

园林规划设计图是根据园林场地的地形、气候等实地条件，综合运用山石、水体、建筑和植物等造园要素，经过合理布局和艺术构思所绘制的图样，也是放样以及施工的依据。园林工程的内容要通过施工来表达，而施工的技巧在很大程度上受到放样的制约，因此，放样是整个工程中的重中之重。放样时应尊重设计意图，理论联系实际，并按"由整体到局部，先控制后碎部，由点到线、由线到面"的原则进行。

(1) 放样前的准备工作

为了按照园林规划设计要求进行施工放样，施工者需要全面了解设计意图；而设计人员也必须向施工者详细地介绍设计思路，做好设计交底工作，强调施工放样中应特别注意的问题，如有设计变更，应以书面形式进行通知，以便使施工者掌握整个园林工程的概况。施工者在放样前应到现场进行实地踏勘，以了解待放样区域的地形等情况，考察设计图样与实地的差异程度，并确定施工放样的总体范围和放样的方法。

(2) 基准点和控制点的确定

为使放样准确，需要在施工现场选择好定点放样的依据，并确定基准点或基准线、特征点。

#### 3.1.2.2 测设的基本内容

(1) 水平角测设

水平角测设（图 3.1-1）就是根据给定角的顶点和起始方向，将设计水平角的另一个方向标定出来。根据精度要求的不同，水平角测设有两种方法。

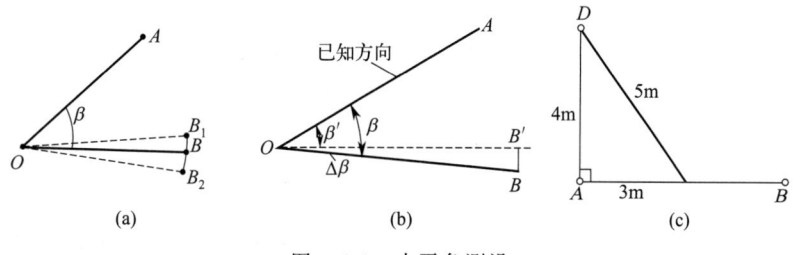

图 3.1-1 水平角测设

① 水平角测设的一般方法。当水平角测设精度要求不高时，其测设步骤如下。

a. 如图 3.1-1(a) 所示，$O$ 为给定的角顶，$OA$ 为已知方向，将经纬仪安置于 $O$ 点，用盘左后视 $A$ 点，并使水平度盘读数为 $0°00'00''$。

b. 顺时针转动照准部，使水平度盘读数准确定在要测设的水平角值 $\beta$，在望远镜视准轴方向上标定一点 $B_1$。

c. 松开照准部制动螺旋，倒镜，用盘右后视 $A$ 点，读取水平度盘读数为 $\alpha$，顺时针转动照准部，使水平度盘读数为 $(\alpha+\beta)$，同法在地面上定出 $B_2$ 点，并使 $OB_2=OB_1$。

d. 如果 $B_1$ 与 $B_2$ 重合，则 $\angle AOB_1$ 即为欲测设的 $\beta$ 角；若 $B_1$ 与 $B_2$ 不重合，取 $B_1B_2$ 连线的中点 $B$，则 $\angle AOB$ 为欲测设的 $\beta$ 角。

② 水平角测设的精密方法。该方法用于测设精度要求较高时，其测设步骤如下。

a. 先用一般方法测设出欲测设的 $\beta$ 角，如图 3.1-1(a) 所示。

b. 再用测回法测出 $\angle AOB'$ 的角值为 $\beta'$，如图 3.1-1(b) 所示。

c. 过 $B'$ 作 $OB'$ 的垂线，在垂线方向精确量取 $BB'=OB'\tan(\beta-\beta')$，则 $\angle AOB$ 为欲测设的 $\beta$ 角；若 $(\beta-\beta')<0$，则 $B$ 点的位置与图 3.1-1(b) 相反。

另外，当测设的角度为 $90°$，且测设的精度要求较低时，也可根据勾股定理进行测设，测设方法如下。

如图 3.1-1(c) 所示，欲在 $AB$ 边上的 $A$ 点定出垂直于 $AB$ 的直角 $AD$ 方向。先从 $A$ 点沿 $AB$ 方向量 3m 得 $C$ 点，将一个卷尺的 5m 处置于 $C$ 点，另一个卷尺的 4m 处置于 $A$ 点，然后拉平、拉紧两个卷尺，两个卷尺在零点的交叉处即为欲测设的 $D$ 点，此时 $AD\perp AB$。

(2) 水平距离测设

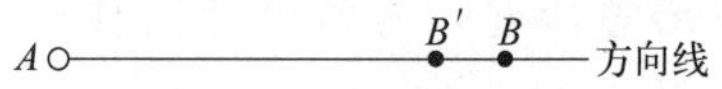

水平距离测设就是以给定直线的起点为方向，将设计的长度（即直线的终点）标定出来，其方法如下。

图 3.1-2 水平距离测设

在一般情况下，可根据现场已定的起点 $A$ 和方向线，如图 3.1-2 所示，将需要测设的直线长度 $d'$ 用钢尺量出，定出直线端点 $B'$。

如测设的长度超过一个尺段长，应分段丈量。返测 $B'A$ 的距离，若相对误差在允许范围内，取往返丈量结果的平均值 $d'_{AB'}$ 作为 $AB'$ 的距离，调整端点位置 $B'$ 至 $B$，并使 $BB'$ 的长度 $d_{BB'}=d'-d'_{AB'}$，当 $d_{BB'}>0$ 时，$B'$ 往前移动；反之，往后移动。

当精度要求较高时，必须用经纬仪进行直线定线，并对距离进行尺长、温度和倾斜改正。

(3) 高程测设

根据某水准点（或已知高程的点）测设一个点，使其高程为已知值，其方法如下。

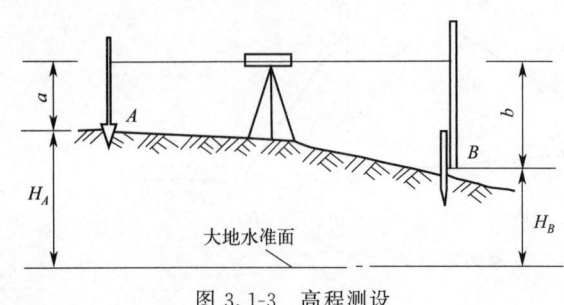

图 3.1-3 高程测设

① 如图 3.1-3 所示，$A$ 为水准点（已知高程的点），需在 $B$ 点处测设一点，使其高程 $H_B$ 为设计高程。安置水准仪于 $A$、$B$ 的等距离处，整平仪器后，后视 $A$ 点上的水准尺，得水准尺读数为 $a$。

② 在 $B$ 点处钉一个木桩（或利用 $B$ 点处牢靠物体），转动水准仪的望远镜，前视 $B$

点上的水准尺，使尺缓缓上下移动，当尺读数恰为 $b=H_A+a-H_B$ 时，尺底的高程即为设计高程 $H_B$，用笔沿尺底画线标出。

③ 施测时，若前视读数大于 $b$，说明尺底高程低于欲测设的设计高程，应将水准尺慢慢提高至符合要求为止；反之应降低尺底。

如不用移动水准尺的方法，也可将水准尺直接立于桩顶，读出桩顶读数 $b_{读}$，进而求出桩顶高程改正数 $h_{改}$，并标于木桩侧面，即

$$h_{改}=b_{读}-b$$

若 $h_{改}>0$，则说明应自桩顶上返 $h$ 改才为设计标高；若 $h_{改}<0$，则应自桩顶下返 $h_{改}$ 即为设计标高。

例：设计给定 ±0 标高为 12.518m，即 $H_B=12.518$m。水准点 $A$ 的高程为 12.106m，即 $H_A=12.106$m。将水准仪置于两者之间，在 $A$ 点尺上的读数为 1.402m，则

$$b=H_A+a-H_B=(12.106+1.402-12.518)\text{m}=0.990(\text{m})$$

若在 $B$ 点桩顶立尺，设读数为 0.962m，则

$$h_{改}=b_{读}-b=(0.962-0.990)\text{m}=-0.028\text{m}$$

说明应从桩顶下返 0.028m 即为设计标高。

在施工过程中，常需要同时测设多个同一高程的点（即抄平工作），为提高工作效率，应将水准仪精密整平，然后逐点测设。

现场施工测量人员多习惯用小木杆代替水准尺进行抄平工作，此时需由观测者指挥 $A$ 点上的后尺手，用铅笔尖在木杆面上移动。当铅笔尖恰在视线上时，观测者喊"好"，后尺手就据此在杆面上画一条横线，此横线距杆底的距离即为后视读数 $a$，则仪器视线高为：$H_{视}=H_A+a$

由杆底端向上量出应读的前视读数为

$$b=H_{视}-H_B=H_A-H_B+a$$

根据 $b$ 值在杆上画出第二根横线。此后再由观测者指挥立杆人员在 $B$ 点外上下移动小木杆，当水准仪十字丝恰好对准小木杆上第二条横线时，观测者喊"好"，此时前尺的助手在小木杆底端平齐处画线标记，此线即为欲设计高程 $h_B$。

用小木杆代替水准尺进行抄平，工具简单、方便易行，但须注意小木杆上下两端需有明显标记，避免倒立；在进行下一次测量之前，必须清除小木杆上的标记，以免用错。

### 3.1.2.3 点位测设的基本方法

根据测设的已知条件和现场情况不同，点位的测设可用极坐标法、角度交会法、支距法和距离交会法等不同方法。

(1) 极坐标法

适用于待测设点距已知控制点较近并便于量距的地方。图 3.1-4 中，$P$ 点为待测设点，先根据 $P$ 点的设计坐标和控制点 $A$、$B$ 的坐标，计算方位角 $\alpha_{AB}$、$\alpha_{AP}$ 和距离 $L$，计算角 $\beta=\alpha_{AP}-\alpha_{AB}$；然后在 $A$ 点安置经纬仪，以 $B$ 点为后视方向测设角 $\beta$，并在这个方向上同时测设距离 $l$，即得 $P$ 点。

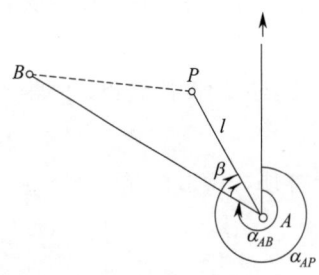
图 3.1-4　极坐标法示意

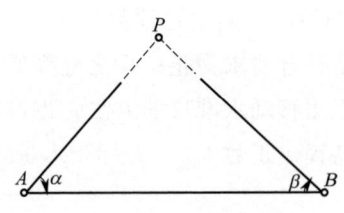
图 3.1-5　角度交会法示意

（2）角度交会法

角度交会法中最常用的是前方交会法，适用于不便量距或待测设点距控制点较远的地方。如图 3.1-5 所示，先根据待测设点 $P$ 的设计坐标和控制点 $A$、$B$ 的坐标计算 $AB$、$BA$、$AP$ 和 $BP$ 各边方位角，然后计算夹角 $\alpha$、$\beta$。测设时在 $A$、$B$ 两点上安置仪器，分别测设 $\alpha$ 角和 $\beta$ 角的方向线，两方向线交点即为 $P$ 点。

（3）支距法

与极坐标法一样，适用于待测设点距已知控制点较近并便于量距的地方。图 3.1-6 中，$P$ 为待测设点，先根据 $P$ 点的设计坐标和控制点 $A$、$B$ 的坐标，计算 $l_1$ 和 $l_3$，计算 $BA$ 长度，然后计算出 $l_2$。测设时自 $B$ 点沿 $BA$ 方向量 $l_3$ 定垂足 $Q$ 点，并校量 $QA=l_2$ 无误后，在 $Q$ 点安置经纬仪，后视 $A$ 点（或 $B$ 点）测设直角方向，并沿该方向量 $l_1$ 即得 $P$ 点。

（4）距离交会法

适用于待测点至两控制点的距离不超过测尺的长度并便于量距的地方。图 3.1-7 中，$P$ 点为待测点，先根据 $P$ 点设计坐标和控制点 $A$、$B$ 坐标计算 $S_A$、$S_B$ 的距离。测设时分别以 $A$ 和 $B$ 为中心，$S_A$ 和 $S_B$ 为半径在现场作弧线，两弧线交点即为 $P$ 点。

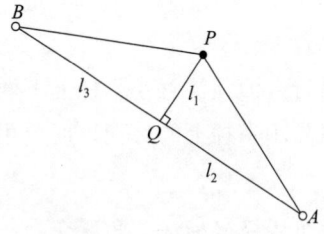
图 3.1-6　支距法示意

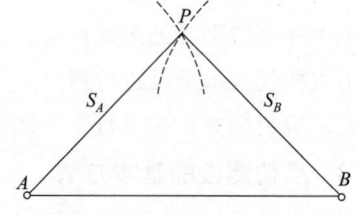
图 3.1-7　距离交会法示意

◆ 任务内容和实施过程

根据图纸（图 3.1-8），有一个菱形花坛，高程分别为 $H_N=53m$，$H_M=52m$，$H_Q=53m$，$H_P=52m$。将菱形花坛放样到园林施工场地上。实训场地内有已知点 $M$、$N$，现需要在已知点上测设菱形花坛。首先绘制放样草图，计算所需放样数据，选择全站仪、水准仪、钢尺、水准尺、花杆等放样设备，学生现场操作，教师引导，学生以组为单位进行外业测量，对放样点做好标记。教师对学生操作过程进行评价和总结。

① 收集资料（图纸），计算待放样数据。画放样草图，标明放样元素和数据。

② 用全站仪进行水平角放样（采用正倒镜分中法进行水平角放样）。

a. 安置仪器。将仪器安置到 $N$ 点，激光对中，粗略整平，再精确整平，照准点 $M$。

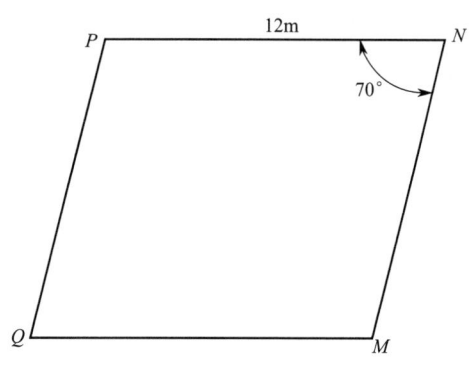

图 3.1-8　菱形花坛

b. 角度、距离放样。用全站仪角度测量模式，盘左照准 $M$，水平角度置为 $0°00'00''$，顺时针旋转 $70°$，钢卷尺量取两次取 $12m$（参照水平距离测设），定为 $P_1$；再转换盘右，水平角度置为 $0°00'00''$，顺时针旋转 $70°$，定位 $P_2$。如两点重合，即为待放样 $P$ 点；如不重合，则取 $P_1P_2$ 垂直平分线的中点为 $P$ 点。其他点放样同此方法。放样完毕，需采用水平角观测方法和水平距离测量方法，观测角度、距离放样误差，将其控制在限差内。

③ 用水准仪进行高程放样。$N$ 为水准点（或已知高程的点），需在 $M$ 点处测设一点，使其高程 $H_M$ 为设计高程。安置水准仪于 $M$、$N$ 的等距离处，整平仪器后，后视 $N$ 点上的水准尺，得水准尺读数为 $a$。在 $M$ 点处钉一个木桩（或利用 $M$ 点处牢靠物体），转动水准仪的望远镜，前视 $M$ 点上的水准尺，使尺缓缓上下移动，当尺读数恰为 $b=H_N+a-H_M$ 时，尺底的高程即为设计高程 $H_M$，用笔沿尺底画线标出。施测时，若前视读数大于 $b$，说明尺底高程低于欲测设的设计高程，应将水准尺慢慢提高至符合要求为止；反之应降低尺底。其他点高程参照 $M$ 点进行放样。

### 💡 注意事项

① 放样数据应计算准确。
② 仪器、设备按要求使用，保证人员和设备安全。
③ 放样点及时做好标记，放样完成后，及时检测放样的距离、角度、高程。

## 任务 3.2
# 园林施工场地平整测量

### ◆ 任务目标

能熟练运用仪器进行施工控制网测设，学会地面点高程测量（或利用已知地形图计算地面点高程），计算设计高程和土方量。

◆ **教学资源**

① 材料用具：按照实训小组分配仪器和设备，每个小组备有一台全站仪（含三脚架）、花杆若干、钢卷尺、一份记录手簿，自备铅笔、计算器。
② 参考资料：多媒体课件、教学参考书等。
③ 教学场所：多媒体教室、园林工程测量实训室和校内实训基地。

◆ **相关知识**

### 3.2.1 施工控制网的布设

从点位的分布和精度来看，测图控制网通常情况是不能满足施工测量要求的，因此需要单独布设施工控制网。其形式有三角网、边角网、导线网及方格网等，而方格网（包括矩形网）是园林工程最普遍采用的施工控制网。

施工控制网包括平面控制网和高程控制网，它为园林工程提供统一的坐标系统。平面控制网的布设形式，应根据设计总平面图、施工场地的大小和地形情况、已有测量控制点的分布情况而定。对于地形起伏较大的山岭地区，可采用三角网或边角网；对于地势平坦，但通视较困难或定位目标分布较散杂的地区，可采用导线网；对于通视良好、定位目标密集且分布较规则的平坦地区，可采用方格网或矩形格网，该法在园林工程施工测量中普遍采用；对于较小范围的地区，可采用施工基线。高程控制网的布设，一般都采用水准控制网。

如图 3.2-1 所示为某公园的设计平面图。该地区原为一片较平坦的荒地，其北面有红枫路，西面有彩霞街，挖人工湖，公园内有景墙、种植池、木平台、铺装路等。对这些建筑物进行施工放样，首先应布设施工控制网，根据这里的实际地形，布设建筑方格网最为方便。设计方格网的东西向主轴线平行于红枫路，第 1 行方格点编号 $A$、$B$、$C$、$D$、$E$、$F$ 等。方格网的南北向主轴线平行于彩霞街，第 1 列方格点编号 1、2、3、4 等。按建筑方格网测设方法进行测设，一般建筑方格网的主轴线应设置在场区的中央，但应从实际情况出发，根据红枫路上的已知控制点，可以考虑把建筑方格网的主轴线设置在公园的北边，以提高建筑物的定位精度。

方格网主轴线及各方格交点测设步骤如下。

（1）测设东西向主轴线 $AF$

具体做法是：由公路交叉点 $X$ 沿公路边向东量 $XM$，在 $M$ 点测设直角，量 $MA$ 定出主轴线的 $A$ 点。从 $M$ 点沿路边大约 400m 处（例如，设计东西方向 5 个大方格，方格边长 60m，共 300m）定一点为 $N$ 点，在 $N$ 点用仪器测设直角量 $NP$ 定出 $P$ 点。仪器安置 $A$ 点瞄准 $P$ 点，沿视线方向一边定线，一边用钢尺丈量，在累计量得 60m 处打下木桩，在桩顶画十字表示初定 $B$ 点点位。重复再从 $A$ 量 60m，在桩顶又定 $B$ 另一点位，取平均位置后，在该点位钉一个小钉表示。由 $B$ 点继续边定线边丈量，用同样方法钉 $C$ 点以及

$D$、$E$、$F$ 等点。

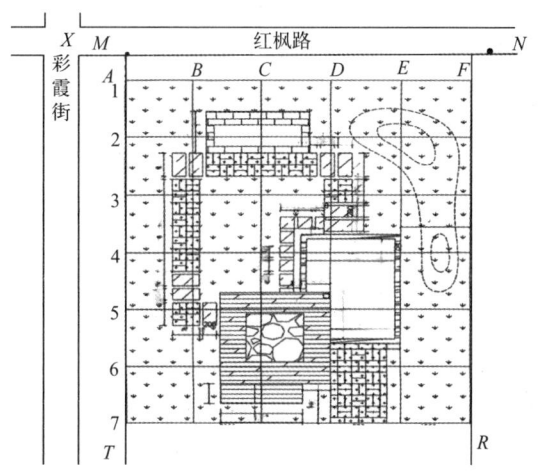

图 3.2-1　某公园的设计平面图

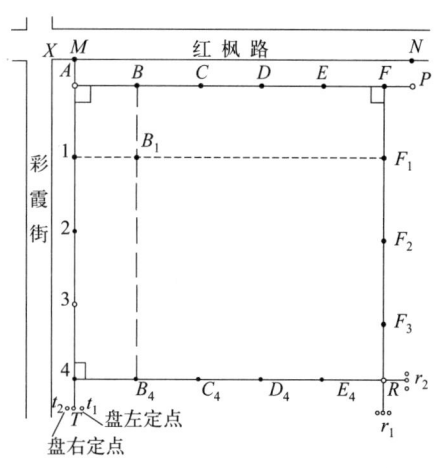

图 3.2-2　测设南北主轴线及各方

（2）测设南北方向主轴线 $AT$

如图 3.2-2 所示，仪器安置在 $A$ 点，盘左测设 90°定出 $t_1$，盘右测设 90°定出 $t_2$，取 $t_1t_2$ 的中点 $T$，则 $AT$ 垂直于 $AF$，用上述相同方法丈量定出南北主轴线的 1、2、3、4 等点。

（3）测设方格网东南角的 $R$ 点

在 $F$ 点安置仪器，用正倒镜测设直角定出 $Fr_1$ 方向，然后在 4 点安置仪器，也用正倒镜测设直角定出 $4r_2$ 方向，两方向相交点即为 $R$ 点。

（4）测设方格网四周方格点

各交点编号以行号与列号组成，例如第 4 行各方格点编号为 4、$B_4$、$C_4$、$D_4$、$E_4$ 等。首先，在 4 点安仪器，以 $A$ 点瞄准 $R$ 点，定出 $4R$ 线，沿 $4R$ 线用钢尺丈量定出 $B_4$、$C_4$、$D_4$、$E_4$ 等点，在各方格交点处打木桩，并在桩顶上钉小钉表示点位。然后，在 $F$ 点安置仪器，瞄准 $R$ 点，定出 $FR$ 线，按上述相同方法定出 $F_1$、$F_2$、$F_3$ 各点，再按上述方法完成方格网四周各方格点的测定。

（5）测设方格网内部各交点

方格网内部各交点可按方向线交会确定，因为该法比用直接丈量法更为精确，施测方便。例如 $B_1$ 点，由方向线 $BB_4$ 与方向线 $1F_1$ 相交确定，此时，最好用 2 台经纬仪同时作业，以提高效率。先用标杆初定，打下木桩，再用测钎精确标定。

（6）将大方格按不同测设要求进行不同细化

上述各步骤完成后，地面上有边长 60m 的大方格 30 个，为了标定建筑物，还要把大方格细分为 4～6 个小方格，例如，将图 3.2-1 中西北角的大方格分成 4 个小方格就可满足测设景墙、种植池等建筑物外轮廓轴线交点（角点）的需求。

测设人工湖边界时，精度要求不高，如果逐点用仪器测设，则工作量太大，此时可把大方格分成9个小方格,实地也打9个小方格,这样就可在小方格中用目估并配合皮尺丈量定位人工湖边界点,树木栽植点定位也可采用同样方法。但是,如果园内有桥,就需要精确丈量桥长,一般由大方格用直角坐标法定位。总之,局部地方,该严则严,该松则松,一般土建类要严,非土建类可松。对建筑物定位,强调它们的相对位置要准确,不必苛求绝对位置的准确。

### 3.2.2 园林场地平整测量

在园林建筑过程中,有许多各种用途的地坪、缓坡地需要平整。平整场地的工作是将原来高低不平的、比较破碎的地形按设计要求,整理成为平坦的或者具有一定坡度的场地,如停车场、集散广场、体育场、露天演出场等。整理这类场地的常用方法有方格网法、等高面法和断面法等。

#### 3.2.2.1 方格网法

方格网法计算较为复杂,但精度较高,此法适用于高低起伏较小、地面坡度变化均匀的场地。根据平整场地的要求不同,可以把场地整成水平或有一定坡度的地面。

平整土地前要对平整地面进行方格水准测量,方格点布设与高程测定方格控制网点测算大致相同,只是网点布设精度较低,方格网边长较小,碎部方格网点用单面观测一次。但在有大比例尺地形图的地区,应先在该地区形图上确定平整场地在图上的位置,并在平整范围内按一定的边长打方格,然后用地形图上的等高线高程求出各方格点的高程,用地形图平整土地。

(1) 平整成水平地面

① 计算设计高程。如图3.2-3所示,桩号(1)、(10)、(11)、(9)、(3)各点为角点,(4)、(7)、(6)、(2)为边点,(8)为拐点,(5)为中点;如果已求得各桩点的地面高程为 $H_i(i=1,2,\cdots,11)$,则设计高程可按下式计算。

设各个方格的平均高程为 $\overline{H_i}(i=1,2,\cdots,5)$。

$$\overline{H_1}=\frac{1}{4}(H_1+H_4+H_5+H_2)$$

$$\overline{H_2}=\frac{1}{4}(H_2+H_5+H_6+H_3)$$

$$\cdots$$

$$\overline{H_5}=\frac{1}{4}(H_7+H_{10}+H_{11}+H_8)$$

地面设计高程 $H_0$(即地面总高程平均值,为带权平均值)为

$$H_0=\frac{1}{4\times5}(\sum H_{\text{角}}+2\sum H_{\text{边}}+3\sum H_{\text{拐}}+4\sum H_{\text{中}})$$

式中,$\sum H_{\text{角}}$、$\sum H_{\text{边}}$、$\sum H_{\text{拐}}$ 和 $\sum H_{\text{中}}$ 分别为各角点、各边点、各拐点、和各中点高程总和,前面的系数根据各角点参与一个方格的平均高程计算,各边点参与两个方格的平均高程计算,依次类推;如有 $n$ 个方格可得

$$H_0 = \frac{1}{4n}\left(\sum H_角 + 2\sum H_边 + 3\sum H_拐 + 4\sum H_中\right)$$

将 $H_0$ 作为平整土地的设计高程时,把地面整成水平能达到土方平衡的目的。

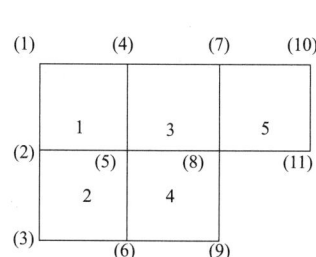

图 3.2-3 地面设计高程计算

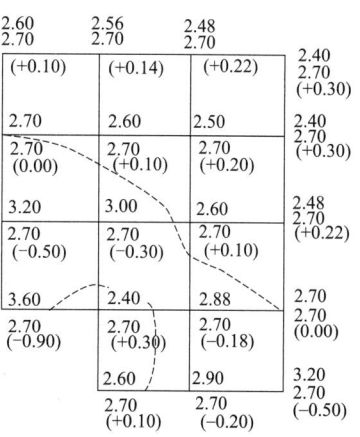

图 3.2-4 平整成水平地面示意

② 计算施工量。各桩点的施工量为:施工量=设计高程-桩点地面高程。

③ 计算土方。先在方格网上绘出施工界限,即确定开挖线。开挖线是根据各方格边上施工量为零的各点连接而成的(图 3.2-4 中的虚线即为开挖线)。零点位置可目估测定,也可按比例计算确定。

因挖方量应与填方量相等,故可按下式计算土方。

$$V_挖 = A\left(\frac{1}{4}\sum h_{角挖} + \frac{1}{2}\sum h_{边挖} + \frac{3}{4}\sum h_{拐挖} + \sum h_{中挖}\right)$$

$$V_填 = A\left(\frac{1}{4}\sum h_{角填} + \frac{1}{2}\sum h_{边填} + \frac{3}{4}\sum h_{拐填} + \sum h_{中填}\right)$$

式中,$A$ 表示小方格的面积;$h$ 表示各桩点施工量。

【例 3.2-1】 如将图 3.2-4 所示整成水平地面,方格边长为 20m,各点高程见图示,计算设计高程。

$$H_0 = [(2.60+2.40+3.20+2.60+3.60)+2\times(2.56+2.48+2.40+2.48+2.70+2.90+3.20+2.70+3\times 2.40+4\times(2.60+2.50+3.00+2.60+2.88)]\frac{1}{4\times 11} = 2.70(\text{m})$$

施工量的计算结果记于各桩号旁的括号内。

土方计算如下。

$$V_挖 = 400\times\left[\frac{1}{4}\times(0.50+0.90)+\frac{1}{2}\times(0.50+0.20)+(0.30+0.18)\right] = 472(\text{m}^3)$$

$$V_填 = 400\times\left[\frac{1}{4}\times(0.10+0.30+0.10)+\frac{1}{2}\times(0.14+0.22+0.30+0.22)\right.$$
$$\left.+\frac{3}{4}\times 0.30+(0.10+0.20+0.10)\right] = 476(\text{m}^3)$$

填、挖方基本平衡，说明计算无误。

(2) 平整成具有一定坡度的地面

为了节省土方工程和场地排水需要，在填挖土方平衡的原则下，一般场地按地形现况整成一个或几个有一定坡度的斜平面。横向坡度一般为零，如有坡度，则以不超过纵坡（水流方向）的一半为宜。纵、横坡度一般不宜超过 1/200，否则会造成水土流失。现举例说明设计步骤。

① 计算平均高程。在图 3.2-5 中，按公式计算平均高程 $H_0=2.70$m。

② 纵、横坡度的设计。设纵坡为 0.2%，横坡为 0.1%，测得纵向每 20m 坡降为 $20×0.2\%=0.04$(m)；横向坡降值为 $20×0.1\%=0.02$(m)。

③ 计算各桩点的设计高程。首先选零点，其位

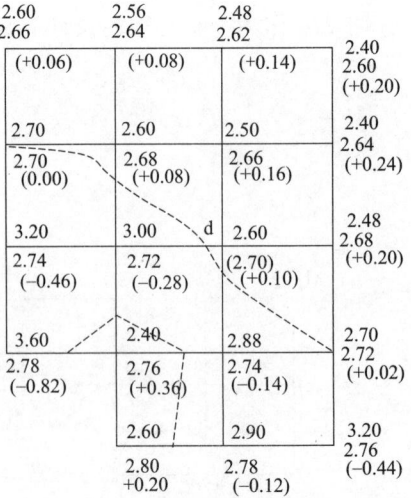

图 3.2-5 平整成斜平面示意

置一般选在地块中央的桩点上，如图 3.2-5 所示，并以地面的平均高程 $H_0$ 为零点的设计高程。根据纵、横向坡降值计算各桩点的高程。然后计算各桩点的施工量，画出开挖线，计算土方。

④ 土方平衡验算。如果零点位置选择不当，将影响土方的平衡，一般当填、挖方绝对值差超过填、挖方绝对值平均数的 10% 时，需重新调整设计高程，验算方法如下。

$V_{挖}$ 与 $V_{填}$ 绝对值应相等，符号相反，即

$$A\left[\frac{1}{4}\left(\sum h_{角填}+\sum h_{角挖}\right)+\frac{1}{2}\left(\sum h_{边填}+\sum h_{边挖}\right)+\frac{3}{4}\left(\sum h_{拐填}+\sum h_{拐挖}\right)+\left(\sum h_{中填}+\sum h_{中挖}\right)\right]=0$$

将图 3.2-5 中相应数值代入上式验算，看其结果是否等于零（上式代入验算时各点设计高程应带其"+""-"号）。

$$400×\left[\frac{1}{4}×(0.06+0.20+0.20-0.44-0.82)+\frac{1}{2}×(0.08+0.14+0.24+0.20+0.02-0.12-0.46)+\frac{3}{4}×0.36+(0.08+0.16+0.3.2-0.28-0.14)\right]=16(m^3)$$

即填土量比挖土量多 16m³，此值未超限，可不予调整。

⑤ 调整方法。

设计高程改正数＝(总挖土量＋总填土量)÷地块总面积

【例 3.2-2】 根据图 3.2-5，可以先进行土方验算。

$$V_{挖}+V_{填}=2500×\left[\frac{1}{4}×(0.32-0.07-0.17+0.12-0.11)+\frac{1}{2}×(0.30+0.30+0.15-0.17)+\frac{3}{4}×(-0.32)-0.18\right]=-269(m^3)$$

从计算结果中可知挖方量过大,必须调整设计高程,依公式可算出设计高程应升高的数值为

$$\frac{269}{5\times 2500}\approx 0.02(\mathrm{m})$$

设计高程应升高 0.02m,计算出各方格点调整后的施工量(见图 3.2-6,括号内为改正后施工量),再按公式重新计算土方。

#### 3.2.2.2 等高面法

当现场地面高低起伏较大,且坡度变化较多时,用方格水准法计算地面平均高程不但困难,而且精度较低,若改用等高面法效果则较好,尤其是原有场地大比例尺地形图的等高线精度较高时,更为合适。此法的主要特点是根据等高线计算土方量,基本步骤和方格水准法大体相同。首先是在现场测设方格网,并现场校对原有地形图等高线位置,然后根据校对后

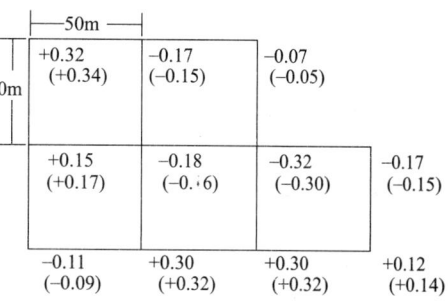

图 3.2-6 设计高程升降计算示意

的等高线图,计算场地平均地面高程。计算方法是先在地形图上求出各等高线所围起的面积,然后乘以其间隔高差,算出各等高线间的土方量,并求总和,即为场地内最低点以上总土方量。则场地平均地面高程的计算公式为

$$H_{平}=H_0+\frac{V}{A}$$

式中,$H_0$ 为场地内最低等高线的高程;$V$ 为场地内最低点以上总土方量;$A$ 为场地总面积。

【例 3.2-3】 如图 3.2-7 所示,场地内最低点高程 $H_0=51.20\mathrm{m}$,场地总面积 $A=120000\mathrm{m}^2$,根据图上等高线求场地平均地面高程。

**解:** 用求积仪或其他方法,求图上各等高线所围面积。

由图 3.2-7 中计算可知,最低点 $H_0=51.20\mathrm{m}$ 以上总土方量 $V=497760\mathrm{m}^3$,则场地平均高程为:$51.20+497760\div 120000=55.35(\mathrm{m})$。

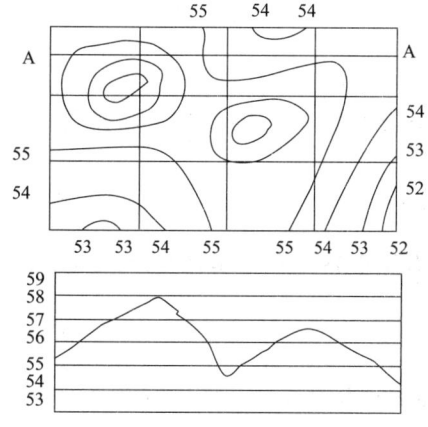

| 高程/m | 面积/m² | 平均面积/m² | 高差/m | 土方量/m³ |
|---|---|---|---|---|
| 51.2 | 120000 | 119200 | 0.8 | 95360 |
| 52.0 | 118400 | 116200 | 1.0 | 116200 |
| 53.0 | 114000 | 109700 | 1.0 | 109700 |
| 54.0 | 105000 | 91200 | 1.0 | 91200 |
| 55.0 | 77000 | 55500 | 1.0 | 55500 |
| 56.0 | 13000 21000 | 21600 | 1.0 | 21600 |
| 57.0 | 2700 | 6300 | 1.0 | 6300 |
| 58.0 | 300 3100 | 1900 | 1.0 | 1900 |
| 59.0 | 700 | | | |
| 总计 | | | | 4977600 |

图 3.2-7 等高线与断面示意图及场地平整计算

当场地平均高程求出后，设计和计算场地的设计坡度与设计高程，其他工作，仍按方格水准法中所述进行。

#### 3.2.2.3 断面法

断面法适用于较为窄长的带状场地，其基本测量方法与道路工程中的纵、横断面图测法相同，即沿场地纵向中线每隔一定距离（如20m或50m）测一个横断图。然后将横断图上的地形点转绘到场地平面图中线的两侧，根据横断面上的地形点勾绘出等高线，这样即可按等高线法平整场地。也可以直接根据中线上各点高程和横断面图设计地面坡度和高程，计算填挖方量，具体做法可参照道路工程测量。

### ◆ 任务内容和实施过程

实训场地内有一块$1200m^2$的地块，需要整平处理，要求土方平衡，地块上一点$A$和北东方向一点$B$为地面已知点，且$\alpha_{AB}=45°$，$B$点高程为52.120m，如图3.2-8所示，试在施工场地布设边长为10m的方格网，测算各方格网点高程，并计算填挖土方量。

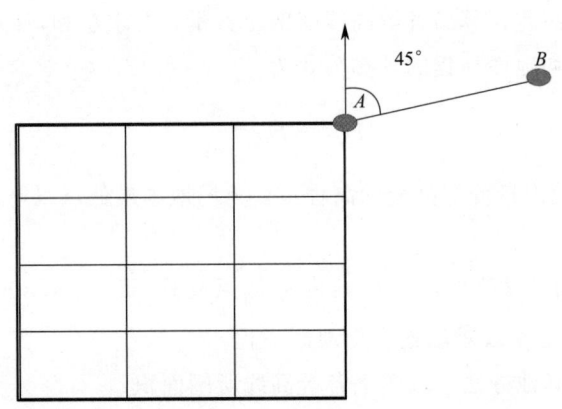

图3.2-8 布设方格网

任务具体实过程如下。

（1）布设方格网

利用$A$、$B$两个已知点，在该地块布设边长10m的方格网，如图3.2-8所示，布设方式同前方格网布设。

（2）利用视线高法观测各个网点的高程

已知$B$点高程，选择合适测站，安置水准仪，在方格网点立水准尺，分别读水准尺读数，计算各方格网点高程。

（3）计算设计高程

该地块需土方平衡，所以根据各个点高程计算该地块的平均高程。

（4）计算施工量

$$施工量 h = H_{实测} - H_{设计}$$

（5）计算填挖土方量

$$V_{挖} = A\left(\frac{1}{4}\sum h_{角挖} + \frac{1}{2}\sum h_{边挖} + \frac{3}{4}\sum h_{拐挖} + \sum h_{中挖}\right)$$

$$V_{填} = A\left(\frac{1}{4}\sum h_{角填} + \frac{1}{2}\sum h_{边填} + \frac{3}{4}\sum h_{拐填} + \sum h_{中填}\right)$$

（6）检验土方量平衡

$$A\left[\frac{1}{4}(\sum h_{角填} + \sum h_{角挖}) + \frac{1}{2}(\sum h_{边填} + \sum h_{边挖}) + \frac{3}{4}(\sum h_{拐填} + \sum h_{拐挖}) + (\sum h_{中填} + \sum h_{中挖})\right] = 0$$

如果零点位置选择不当，将影响土方的平衡。一般当填、挖方绝对值差超过填、挖方绝对值平均数的10%时，需重新调整设计高程；若不超过，则无须调整设计高程。

## 注意事项

① 计算方格网放样元素信息时要准确。
② 距离、角度按技术要求放样。
③ 仪器调平，消除视差，读数准确，水准尺立直。
④ 数据记录，结果计算仔细，不涂改。
⑤ 放样后检查放样精度是否符合要求。

## 任务 3.3 小游园内道路测量

### ◆ 任务目标

会熟练运用仪器进行道路中线测量，设计园路，进行圆曲线放样。

### ◆ 教学资源

① 材料用具：按照实训小组分配仪器和设备，每个小组备有一台全站仪（含三脚架）、花杆若干、钢卷尺、一份记录手簿，自备铅笔、计算器。
② 参考资料：多媒体课件、教学参考书等。
③ 教学场所：多媒体教室、园林工程测量实训室和校内实训基地。

◆ **相关知识**

### 3.3.1 园林道路测量概述

园林道路是贯穿全园的交通网络，是联系园内各功能区、若干个景区和景点的纽带，是组成园林风景的要素，组织交通和导游，并为游人提供活动和休息的场所。园路的走向对园林的通信、光照、环境保护也有一定的影响。所以园林道路在园林工程设计中占有重要地位。

（1）园路的种类

无论从实用功能上，还是从美观方面均对园路的设计都有一定的要求。园路按其重要性和级别可分类如下（表3.3-1）。

① 主园路（主干道）：联系公园出入口、园内各功能分区（景区）主要建筑物和主要广场，成为全园道路系统的骨架，是游览的主要路线。

② 次园路（次干道）：为主干道的分支，是贯通各功能区、联系各景点和活动场所的道路。

③ 小径（游步道）：景区内连接各个景点的游览小道。

④ 专用道：用于防火、园务等。

表 3.3-1　园路分类与技术标准

| 分类 | | 路面宽度/m | 游人步道（肩宽）/m | 路基宽度/m | 车速/(km·h$^{-1}$) | 备注 |
|---|---|---|---|---|---|---|
| 园路 | 主园路 | 6.0~7.0 | ≥2 | 8~9 | 20 | |
| | 次园路 | 3~4 | 0.8~1.0 | 4~5 | 15 | |
| | 小径 | 0.8~1.5 | — | — | — | |
| | 专用道 | 3.0 | ≥1 | 4 | | |

园路按主要用途可分类如下。

① 园景路。园景路是指依山傍水的或有着优美植物景观的游览性园林道路。这种园路的交通性不突出，适宜游人漫步游览和赏景，如风景林中的林道、滨水的林荫道、花径、竹径等都属于园景路。

② 园路公路。园路公路是指以交通功能为主的通车园路，一般采用公路形式，如大型公园中的环湖公路、山地公园中的盘山公路等。

③ 绿化街道：绿化街道是指分布在城市街区的绿化道路。

（2）园路的测量

由于次路、小路和小径的技术标准低，因此一般不需要进行专门的线路测量，园路测量仅对主路而言。园路测量包括勘测、选线、中线测量、转角测量、里程桩设置、圆曲线测设、路线纵横断面测量、纵断面图的绘制、路基设计图、土石方工程量的计算等内容。

由于园路的功能不同，有些需要通行大量的人流或机动车，有些只作为少量人流的通行之用，而有些还要考虑残疾人的游园方便，因此，园路的技术指标比较复杂，具体设计时应考虑相关设计规范的内容。

### 3.3.2 园路中线的测量

#### 3.3.2.1 踏勘

(1) 勘查选线阶段

勘查选线阶段是园路工程的开始阶段，一般内容包括图上选线、实地勘查和方案论证。

(2) 园路工程的勘测通常分初测和定测两个阶段

初测的主要任务是控制测量和带状地形图、纵断面图的测绘；收集沿线地质、水文等资料；做纸上定线或现场定线，编制比较方案，为初步设计提供依据。定测阶段的主要任务是将定线设计的公路中线放样于实地；进行园路的纵、横断面测量，桥涵、路线交叉、沿线设施、环境保护等测量和资料调查，为施工图设计提供资料。

#### 3.3.2.2 选线

园路属于线状建筑物，从起点到终点，由于地形、地质等自然条件和行车安全要求的限制，在平面上会有弯曲，纵断面上有起伏，横向有一定的宽度。选线就是将路线中心线的位置落实到实地上。道路的中线由直线和曲线组成，曲线包括单圆曲线、复曲线、反向曲线、回头曲线、缓和曲线、综合曲线等，而园路中的曲线比较简单，以单圆曲线为主。

路线方案确定后，要根据园路的实际情况，合理利用地形，综合考虑园路的平、纵、横三方面，选定具体的线路位置。

选线工作是整个园路设计的关键，路线选得合理与否，对于园路的质量和造价以及养护等都有很大的影响。因此，在选线时，必须综合考虑，因地制宜地选出合理的线路。

选线的任务是根据技术标准和路线方案，结合景区规划和地形地质条件，具体确定出路线中线位置，即定出路线的起、迄点，路线上的交点（转折点）、直线上的转点和平曲线的半径等。在一定等级的线路工程中，其中线的确定是先在大比例尺规划地形图上设计中线的具体位置和走向，确定主点（路线起点和终点、折点和交点）坐标、切线（直线）方位角，以及设计半径等，并据此计算线路中线任意里程处的点位坐标，再根据线路沿线布设的测量控制点，利用极坐标放样等方法直接在实地标定中线的位置；对于小型线路工程，确定中线的方法一般是先在地形图上初步选线，然后赴现场直接定线。本小节介绍后者。

(1) 图上选线

选线前应先做好踏勘工作，并在踏查前广泛搜集与路线有关方面的资料，如各种比例尺的地形图、地质资料、园区总体规划方案等。对上述资料进行分析研究后，在图上选线，然后再赴现场踏查，并根据实际情况做必要的修改。

(2) 现场直接定线

对路线进行踏勘后，可进行现场定线，即在实地通过反复调整路线，直接确定交点、转点的方法。现场定线比图上选线更切合实际，更为合适，故图上选线是现场定线的辅助措施和参考依据。由于现场定线是采用直观、具体的手段选出合理的线路,且方法简单操作方便,故一次勘测定线的方法在低等级路线工程中被普遍采用。现场定线一般用测坡器放坡、用经纬仪或罗盘仪测定转角和两相邻交点间的视距,并在交点上打入交点桩,以JD1、JD2、JD3…依次编号,同时注明曲线半径;若两相邻点间距较长或受地形阻碍不能通视时,应在线路上的适当位置打入转点桩,以ZD1、ZD2、ZD3…编号。交点和转点桩一般用5cm×5cm×30cm的木桩,桩顶钉入铁钉,侧面编号,字面朝向路线起点。各级交通道路的纵坡都有一定的标准,以保证行车安全。当两相邻线路的控制点(线路必须经过的地点)已定,但其高差较大时,若以直线连接,必然超过线路最大纵坡的限值,为减缓坡度,必须使线路拉长(通称展线)。由一个线路控制点到另一相邻控制点,按线路设计平均纵坡,并考虑地形、地质及水文等因素,在确保路基稳定的情况下,实地测量出线路的中心位置,称为放坡。放坡宜从高往低放,这样站得高、看得远,能掌握整个地形态势。放坡时,要注意小半径曲线上的纵坡折减,尽量不用极限坡值。

实地放坡应由有经验的人员担任,一般由甲乙两人组成,各持标杆和测坡器。在标杆上可系红布条,其高度等于对方眼高;在测坡器上对好拟放纵坡数所对应的倾角度数(图3.3-1),相应于5%的倾角为2°52′(表3.3-2)。放坡时,从顶点开始,甲立于起点,待乙行至下坡方向的适当位置时,甲指挥乙上下移动,当甲看到标杆上的眼高处时,乙以同样的坡度向上看甲,复核无误后,乙在站立点插上标志。然后两人同时前进,甲行至乙所插标志处时,同法继续放坡定点。

表 3.3-2 坡度与倾角对照

| 坡度/% | 倾角 | 坡度/% | 倾角 | 坡度/% | 倾角 | 坡度/% | 倾角 | 坡度/% | 倾角 |
| --- | --- | --- | --- | --- | --- | --- | --- | --- | --- |
| 0.5 | 0°17″ | 2.5 | 1°26″ | 4.5 | 2°35″ | 6.5 | 3°43″ | 8.5 | 4°51″ |
| 1.0 | 0°34″ | 3.0 | 1°43″ | 5.0 | 2°52″ | 7.0 | 4°00″ | 9.0 | 5°9″ |
| 1.5 | 0°51″ | 3.5 | 2°00″ | 5.5 | 3°9″ | 7.5 | 4°17″ | 9.5 | 5°26″ |
| 2.0 | 1°9″ | 4.0 | 2°17″ | 6.0 | 3°26″ | 8.0 | 4°34″ | 10.0 | 5°43″ |

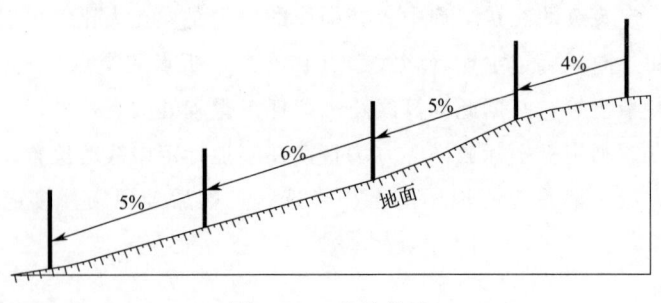

图 3.3-1 实地放坡

#### 3.3.2.3 园路转角的测定

线路从一个方向转向另一个方向,偏转后的方向与原方向间的夹角称为转角,用 $\alpha$ 表示。它有左转角和右转角之分,偏转后的方向在原方向延长线的左侧的,称为左转角;在原方向延长线右侧的,为右转角。如图3.3-2所示,可得转角的计算规律。

当 $\beta<180°$ 时,为右转角,$\alpha_右=180°-\beta$。

当 $\beta > 180°$ 时，为左转角，$\alpha_左 = \beta - 180°$。

实际工作中，在测量完水平角并计算出转角后，要及时进行圆曲线半径的设计和圆曲线的测设工作，以便使里程延续。

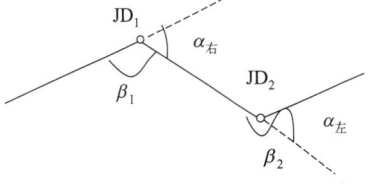

图 3.3-2 转角测量

#### 3.3.2.4 里程桩的设置

为测定路线的长度和路线纵横断面设计的需要以及为线路施工放样打基础，必须从线路的起点开始，沿线路的中线，每隔 20m 或 50m 钉设木桩标记，测出整个路线的长度。如遇到曲线，则根据曲线半径每隔 5m、10m 或 20m 钉设木桩标记，桩上正面按里程写有桩号，背面以 1~9 序号循环书写，这种桩称为里程桩。里程桩分为整桩和加桩，一般按规定每隔 20m 或 50m 设置的里程桩，以及百米桩、千米桩和线路起点桩均为整桩；坡度变化处、路桥（涵或隧）相接处、地质变化处等设置里程桩称为加桩。遇曲线时，设置主点桩和细部桩，如曲线起点、中点和终点桩，桩号前加注 ZY、QZ 和 YZ 的字样。桩号以 "km+m" 或 "Kkm+m" 的形式表示，如线起点桩号为 0+000，桩号为 K2+120.36，表示此桩至路线起点距离为 2120.36m，如图 3.3-3 所示。

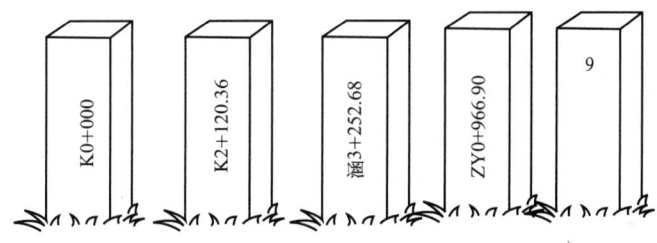

图 3.3-3 里程桩的设置

线路距离测量和计算发生错误或线路局部改线，会出现设置里程桩桩号与实际距离不相符现象，称为"断链"。分为长链和短链，线路桩号大于地面实际里程时称作短链，反之称为长链。由于断链的出现，线路的总长度应按下式计算。

路线的总长度＝终点桩里程＋长链总和－短链总和

#### 3.3.2.5 圆曲线的测设

由于受地形、地质及设计方案的要求，园路总是不断地从一个方向转向另一个方向。为保证行车安全，必须用曲线连接起来。这种在平面内连接两个不同方向线路的曲线，称为平曲线。平曲线有以下几种主要类型。

① 单圆曲线：具有单一半径的曲线，简称圆曲线。
② 复曲线：由两个或两个以上的圆曲线连接而成的曲线（图 3.3-4）。
③ 反向曲线：由两个方向不同的曲线连接而成的曲线（图 3.3-5）。
④ 回头曲线：由于山区线路工程展线的需要，其转向角接近或超过 180°的曲线。
⑤ 缓和曲线：在直线和圆曲线间插入的一条半径由 ∞ 过渡到 $R$ 的曲线（图 3.3-6）。

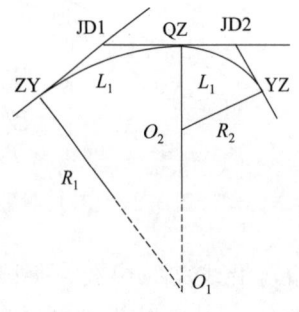
图 3.3-4 复曲线

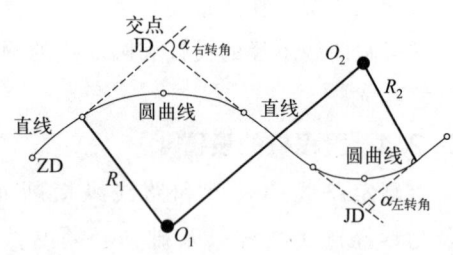
图 3.3-5 反向曲线

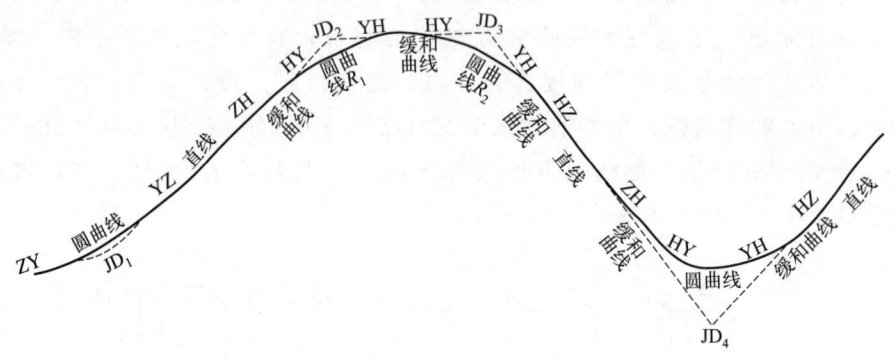
图 3.3-6 缓和曲线

园路工程中，以单圆曲线为主。曲线的测设方法有很多，传统的有偏角法、切线支距法，现在由于全站仪的广泛使用，极坐标放样法已成为主要方法。

圆曲线测设的步骤是：先测设曲线的主要点，再按曲线上规定的桩间距进行加密。如图 3.3-7 所示，曲线的三个主要点分别是直圆点（ZY）、曲中点（QZ）和圆直点（YZ）。在实地测设之前，要先进行曲线元素和各点里程的计算。

（1）圆曲线元素及其计算

如图 3.3-7 所示，交点 JD，圆曲线起点 ZY，终点 YZ，圆曲线中点 QZ，圆曲线半径 $R$、偏角（即路线转向角）$\alpha$、切线长 $T$、曲线长 $L$、外矢距 $E$ 及切曲差 $D$（切线和圆曲线的差值），称为曲线元素。$R$ 为设计值，$\alpha$ 为观测值，其余元素可按下列关系式计算。

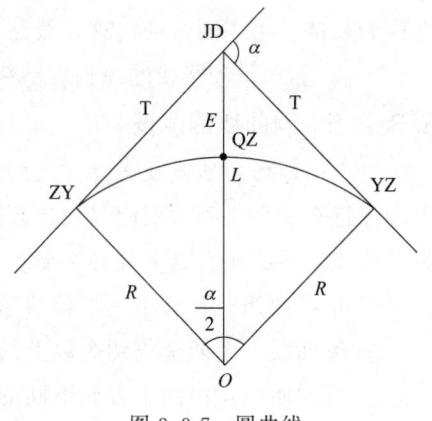
图 3.3-7 圆曲线

$$T = R \tan \frac{\alpha}{2}$$

$$L = \frac{\pi}{180} \alpha R$$

$$E = R \left( \sec \frac{\alpha}{2} - 1 \right)$$

$$D = 2T - L$$

实际工作中,上述元素的值可用计算器计算,也可从公路曲线计算表中查阅。

**【例 3.3-1】** 已测得某线路的转角 $\alpha_右 = 30°45'$,设计半径 $R=300\text{m}$,求圆曲线元素。

**解:** 根据上述元素关系式可计算得:

$T=82.49\text{m}$,$L=161.01\text{m}$,$E=11.14\text{m}$,$D=3.97\text{m}$。

(2)圆曲线主点里程计算

为了测设圆曲线,必须计算主点里程。上例中,如果圆曲线交点 $JD_3$ 的里程为 2+344.56,根据算得的曲线元素值,则圆曲线主点的里程为

$$\begin{array}{ll} JD_3 & 2+344.56 \\ -T & 82.49 \\ \text{直圆点} \quad ZY= & 2+262.07 \\ +L & 161.01 \\ \text{圆直点} \quad YZ= & 2+423.08 \\ -L/2 & 80.50 \\ \text{曲中点} \quad QZ= & 2+342.58 \\ +D/2 & 1.98 \\ JD_3 & 2+344.56 \end{array}$$

最后一步为校核计算。

(3)圆曲线主点的测设

如图 3.3-8 所示,将经纬仪(或全站仪)置于交点 JD 上,以线路方向定向,瞄准直线 Ⅰ、Ⅱ方向上的转点,沿两切线方向分别量取切线长度 $T$,即得直圆点 ZY 和圆直点 YZ。在交点 JD 上后视 ZY,拨角 $(180°-\alpha)/2$,得分角线方向,沿此方向自 JD 量出外矢距 $E$,即得曲中点 QZ。

圆曲线主点对整条曲线起控制作用,其测设的正确与否直接影响曲线的详细测设。切线长度应往返丈量,其与计算数据相对较差不大于 1/2000。

(4)圆曲线的详细测设

如圆曲线的长度较长,仅三个主点尚不能较好地确定它的形状并指导施工,所以必须进行圆曲线的详细测设,也就是测设圆曲线主点外的一定间隔的加桩、百米桩等。

① 偏角法。所谓偏角法,是根据曲线点 $i$ 的切线偏角 $\delta_i$ 及其间距 $c$ 作方向与定长交会,获得放样点位。如图 3.3-9 所示,在 ZY 点上安置仪器,后视 JD 方向,拨出偏角 $\delta_1$,再以定长 $c$ 自 ZY 点与拨出的视线方向交会,便得 1 点。拨角 $\delta_2$ 得第二点的弦线方向,再以定长 $c$ 自 1 点与拨出的视线方向交会,便得 2 点。其余同法测设。

偏角值的计算。偏角 $\delta_i$ 在几何学上称为弦切角,其值等于对应弧长所对圆心角的一半,即

$$\delta = \frac{\varphi}{2} = \frac{l}{2R} \times \frac{180°}{\pi}$$

式中,$l$ 为弧长;$\varphi$ 为弧长 $l$ 所对应的圆心角;$R$ 为圆弧的半径。

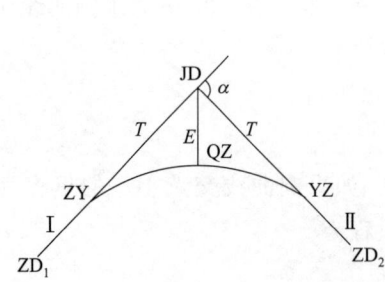
图 3.3-8 圆曲线主点的测设

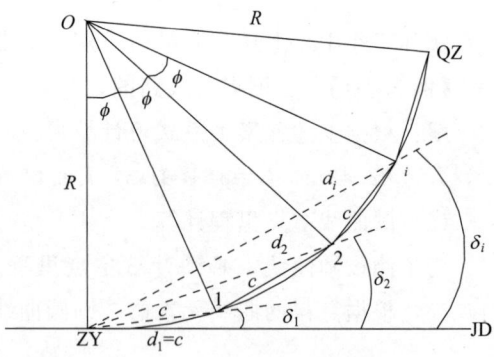
图 3.3-9 偏角法放样圆曲线

当圆曲线上各点是等距时，曲线上各点的偏角为第一点偏角的整倍数。

$$\delta_1 = \frac{\varphi}{2} = \frac{l}{2R} \times \frac{180°}{\pi} = \delta$$

$$\delta_2 = 2 \times \frac{\varphi}{2} = 2\delta$$

$$\delta_3 = 3 \times \frac{\varphi}{2} = 3\delta$$

…

$$\delta_n = n \times \frac{\varphi}{2} = n\delta$$

圆曲线的半径一般较大，细部的圆弧长 $l$ 较短，用弦长代替弧长的误差很小，可忽略不计，放样时可用弦长代替弧长；如圆曲线半径较小，细部点间的弧长 $l$ 较长，则应用实际弦长 $c$ 放样。

$$c = 2R \cdot \sin\delta$$

实际工作中，为了测量和施工的方便，一般将曲线上细部点的里程换成 10 或 20 的整倍数。但曲线起点 ZY 点的里程往往不是 10m 或 20m 的整倍数，所以在弧的两端会出现两段非 10m 或 20m 整倍数的弧，习惯上把这两段不足 10m 或 20m 的弧所对应的弦叫分弦。

计算各细部点的偏角，应按曲线起点、终点的里程先计算两分弧的长度，然后计算两分弧所对应的偏角，结合等弧所对应的弦切角，即可求得。在【例 3.3-1】中，ZY 点的里程为 2+262.07，如详细测设以 20m 为一个整弧段，则第一个曲线里程桩为 2+280，其分弦所对的弧长为 17.93m。

若圆曲线首尾两分弧的长分别为 $l_1$ 和 $l_2$，其所对应的圆心角为 $\varphi_1$ 和 $\varphi_2$，等分弧所对应的圆心角为 $\varphi$，弦切角为 $\delta$。则圆曲线上各细部点偏角值的计算如下。

$$\delta_1 = \frac{\varphi_1}{2} = \frac{180}{2\pi R} l_1$$

$$\delta_2 = \delta_1 + \frac{\varphi}{2} = \delta_1 + \delta$$

$$\delta_3 = \delta_1 + 2 \times \frac{\varphi}{2} = \delta_1 + 2\delta$$

$$\cdots$$

$$\delta_n = \delta_1 + (n-2)\delta$$

$$\delta_{YZ} = \delta_1 + (n-2)\delta + \frac{\varphi_2}{2}$$

实际工作中,圆曲线的整弦及分弦的偏角计算一般用计算器,也可以转角 $\alpha$ 和半径 $R$ 为引数,从公路曲线计算表中查取。

**【例 3.3-2】** 在【例 3.3-1】中,转角 $\alpha_右 = 30°45'$,设计半径 $R = 300\mathrm{m}$,若曲线上每 20m 定一个细部桩,求曲线上各细部点的偏角。

**解:** 先据已知的 $\alpha$ 和 $R$ 查表或用计算器计算出圆曲线元素 $T$、$L$、$E$、$D$,再计算出三个主点和各细部点的桩号,以及各段圆弧所对应的弦切角。

实际工作中,偏角法测设圆曲线一般分两段放样,即分别以 ZY 点和 YZ 点作测站,各施测至 QZ 点的半个圆曲线,各点偏角值见表 3.3-3,详细测设步骤(参见图 3.3-10)如下。

a. ZY 点设站,照准切线方向并使度盘归零。

b. 拨角 $1°42'43''$,自 ZY 点起量取 $c_1 = 17.93\mathrm{m}$,即得曲线上的 1 点。

c. 拨角 $3°37'18''$,自 1 点起量取 $c_2 = 20\mathrm{m}$,即得曲线上的 2 点。

d. 同法测得 3、4 及 QZ 点,并检查与测设主点时的 QZ 点是否一致。

e. 将仪器迁至 YZ 点设站,以切线方向归零,测设另半条曲线,方法同前,但要注意拨角方向相反。

f. 由于测设误差的影响,从 ZY 或 YZ 点向曲线中点方向测设曲中点 QZ 时,与已测的控制桩 QZ 可能不重合。假定落在 QZ' 上,则产生闭合差 $f$。$f$ 的容许值是分纵向闭合差 $f_x$ 和横向闭合差 $f_y$ 来考虑的。若纵向(沿线路方向)闭合差 $f_x$ 小于 1/1000、横向闭合差 $f_y$ 小于 10cm,可根据曲线上各点到 ZY(或 YZ)点的距离,按比例进行调整。

表 3.3-3　各点的偏角计算值

| 点名 | 里程/m | 曲线点间距/m | 偏角 | 备注 | 示意图 |
|---|---|---|---|---|---|
| ZY | 2+262.07 |  | 0°0'0'' | 顺拨 |  |
| 1 | +280 | 17.93 | 1°42'43'' |  |  |
| 2 | +300 | 20 | 3°37'18'' |  |  |
| 3 | +320 | 20 | 5°31'54'' |  |  |
| 4 | +340 | 20 | 7°26'29'' |  |  |
| QZ | 2+342.58 | 2.58 | 7°41'15'' |  |  |
| QZ | 2+342.58 | 17.42 | 352°18'45'' | 反拨 |  |
| 5 | +360 | 20 | 353°58'35'' |  |  |
| 6 | +380 | 20 | 355°53'10'' |  |  |
| 7 | +400 | 20 | 357°47'46'' |  |  |
| 8 | +420 | 3.08 | 359°42'22'' |  |  |
| YZ | 2+423.08 |  | 0°0'0'' |  |  |

偏角法放样圆曲线细部,计算和操作方法都比较简单,并可自行闭合进行检查,在

比较平坦的施工区域应用比较广泛。但该法是逐点测设，误差积累，因此在测设中要特别注意角度配置，精确测定距离。

② 切线支距法。切线支距法也称直角坐标法。它是以直圆点 ZY 或圆直点 YZ 为原点，切线为 $x$ 轴、通过 ZY（或 YZ）的半径为 $y$ 轴的直角坐标系。利用曲线上各点在此坐标系中的坐标，便可用直角坐标法测设圆曲线上的各点。

由图 3.3-10 可知，曲线上任一点的坐标计算式为

$$x_i = R\sin\alpha_i$$
$$y_i = R(1-\cos\alpha_i)$$

式中，$\alpha_i$ 为相应弧长所对应的圆心角，用 $\alpha_i = l_i/R$ 代入上式并用级数展开，得曲线上各细部点的坐标公式为

$$x_i = l_i - \frac{l_i^3}{6R^2} + \frac{l_i^5}{120R^4}$$

$$y_i = \frac{l_i^2}{2R} - \frac{l_i^4}{24R^3} + \frac{l^6}{720R^5}$$

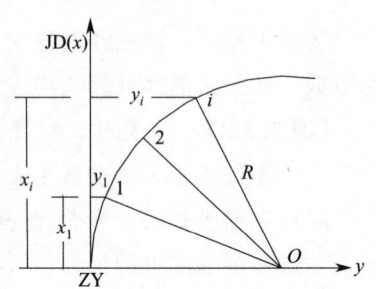

图 3.3-10 切线支距法测设圆曲线

式中，$l_i$ 为细部点 $i$ 至 ZY 点的弧长；$R$ 为曲线半径。

根据上式，只需代入各细部点至 ZY 点间的弧长即可求得各点的坐标。

如图 3.3-10 所示，切线支距法测设圆曲线的步骤如下：

a. 自 ZY 点起沿切线方向，按 $l_i$ 量出各点的里程，直到 QZ 点，并用临时标志标定；

b. 从上述各点退回 $(l_i - x_i)$，得曲线上各点至切线的垂足；

c. 在各点垂足测设直角（即过垂足作切线的垂线），在垂线的方向上量出相应的 $y_i$ 值，即得曲线上各点；

d. 一般从 ZY 点和 YZ 点各向 QZ 方向测一半的曲线。

用此法测设各点相互间是独立的，不存在误差的积累和传递问题，但此法在起伏大的地区作业存在一定困难。

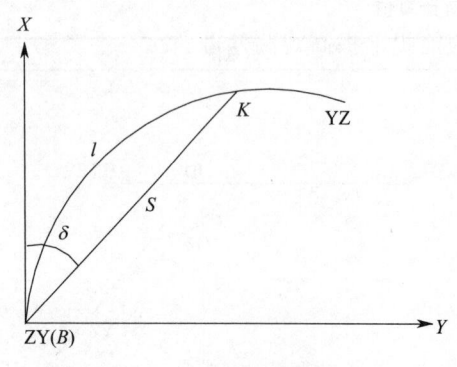

图 3.3-11 极坐标法测设圆曲线

③ 极坐标法。由于测距仪和全站仪的普及，在生产中该法已成为曲线放样的主要方法。该法具有速度快、精度高、设站自由等优点。极坐标法放样曲线上各点，关键是计算各放样点的坐标或放样数据。常用的方法如下。

a. 利用公式直接计算 ZY（YZ）到各点的偏角和弦长，以 ZY 或 YZ 点为测站直接拨角放样。

b. 计算各放样点的坐标，用全站仪的放样程序进行放样。各点的坐标值，可用切线支距法中提供的方法计算，但用偏角和弦长直接计算更简单方便。

如图 3.3-11 所示，假定以 ZY 点为坐标起算点，以切线方向为 $x$ 轴，过 ZY($B$) 的半

径方向为 $y$ 轴的局部坐标系中，$\delta$ 为弧长 $BK$ 的偏角，$S$ 为弦长，$l$ 为弧长，$K$ 在坐标系中的坐标为

$$x_K = x_B + S\cos\delta$$
$$y_K = y_B + S\sin\delta$$

如是在统一坐标系中测设，可对局部坐标系中的测站点坐标和切线方位角进行换算，然后对各细部点求坐标，或再计算放样数据。

### 3.3.3 园路纵断面测量

测量路线中线各里程桩地面高程的工作称为纵断面测量。由于它是用水准测量的方法进行的，故也称线路水准测量。路线平面位置测设后，应进行纵断面高程测量，以便绘制纵断面图，进行路线纵向坡度、桥、涵和隧洞纵向位置的设计，计算各桩的工程量。路线纵断面测量分为基平测量和中平测量两步进行。

基平测量的精度要高于中平测量，一般按四等水准测量的精度；中平测量只做单程观测，按普通水准测量的精度。

#### 3.3.3.1 基平测量

也称路线高程控制测量。分为设置水准点和测量水准点高程两步骤。沿线路设置的高程控制点的密度和精度，依地形和工程的要求来确定，一般两相邻高程控制点的间距为 1km 左右，其精度不低于四等水准的要求，通常采用水准测量的方法进行施测。具体的施测过程、方法、精度要求和高程计算，以及高程控制点的埋设等，参阅本书其他章节相关内容。

#### 3.3.3.2 中平测量

根据基平测量提供的水准点高程，分段进行中桩的高程测量，测定各中桩的地面高程，当分段高差闭合差 $f_x \leqslant \pm 50\sqrt{L}$ mm 时，可不平差，式中 $L$ 以千米为单位。

（1）施测方法

传统的方法是用水准测量法。中桩测量时，应根据中线测量所提供的桩号依次逐点进行。由于中桩数量多，间距较短，为在保证精度的前提下提高观测速度，在一个测站上，除观测前、后视外，还观测若干中间视，并求得其高程。中间视一般读至厘米即可满足工程的需要，而转点因起高程的传递作用，必须读至毫米。观测方法和过程如下。

① 安置水准仪置于适当位置，如图 3.3-12 中的 1 点处，后视高程已知点 $BM_1$，前视 0+080，并作为转点，将读数记入表 3.3-4 的相应位置中；再依次观测前、后视间的中间点 0+000、0+020、…、0+060 桩，读取中视读数并记入表 3.3-4 的相应位置中。

② 安置仪器于 2 点处，后视 0+080，前视 0+180，同前法读取前后视间的中间视并记入表格。

③ 按上述方法逐站观测，直至附合到下一个高程控制点，这样就完成了一个测段的观测。

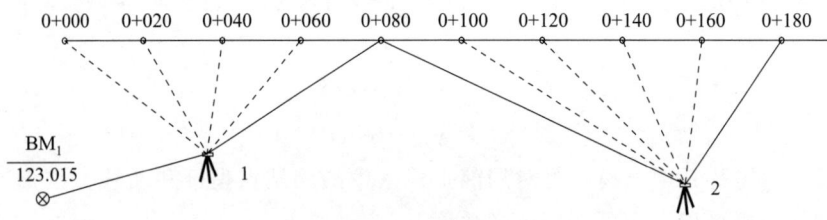

图 3.3-12　路线中平测量

表 3.3-4　中平测量记录

| 测站 | 测点 | 水准尺读数/m | | | 视线高程/m | 高程/m | 距离/m |
|---|---|---|---|---|---|---|---|
| | | 后视读数 | 中间视 | 前视读数 | | | |
| 1 | $BM_1$ | 2.025 | | | 125.040 | 123.015 | 53.3 |
| | 0+000 | | 1.06 | | | 123.98 | |
| | 0+020 | | 1.99 | | | 123.05 | |
| | 0+040 | | 2.36 | | | 122.68 | |
| | 0+060 | | 2.65 | | | 122.39 | |
| | 0+080 | | | 1.688 | | 123.352 | 55.6 |
| 2 | 0+080 | 2.352 | | | 125.704 | 123.352 | 75.6 |
| | 0+100 | | 1.02 | | | 124.68 | |
| | 0+120 | | 1.65 | | | 124.05 | |
| | 0+140 | | 1.00 | | | 124.70 | |
| | 0+160 | | 0.85 | | | 124.85 | |
| | 0+180 | | | 0.652 | | 125.052 | 78.0 |
| ... | ... | ... | ... | ... | ... | ... | ... |

（2）计算中桩高程

中桩的高程按以下公式计算。

$$视线高程＝后视点高程＋后视读数$$
$$转点高程＝视线高程－前视读数$$
$$中桩高程＝视线高程－中视读数$$

进行中桩水准测量时应注意下列几个问题：因线路上中桩多，应防止重测和漏测，特别要依里程桩背面的1～10的循环编号，以便立尺时对号施测；转点传递高程时，前后视的视距应尽可能相近。

（3）园路纵断面的绘制

园路纵面图是根据中线测量和中平测量成果，以平距（里程）为横坐标，以高程为纵坐标，根据工程需要的比例尺，在毫米方格纸上绘制的。一般水平比例尺比高程比例尺小10倍，如平距比例尺为1∶1000，则高程比例尺为1∶100。绘制的方法和格式如下。

① 如图 3.3-13 所示，在线路平面栏内，按桩号标明线路的直线和曲线部分，该栏表示的是线路的中心线，用折线表示线路的转向，向上折表示线路向右转，向下折表示线路向左转。

② 里程栏从左向右按比例尺绘出各里程桩的位置并注明桩号。

③ 在地面标高栏内填写各桩的地面实测高程，位置应与里程桩号对齐。

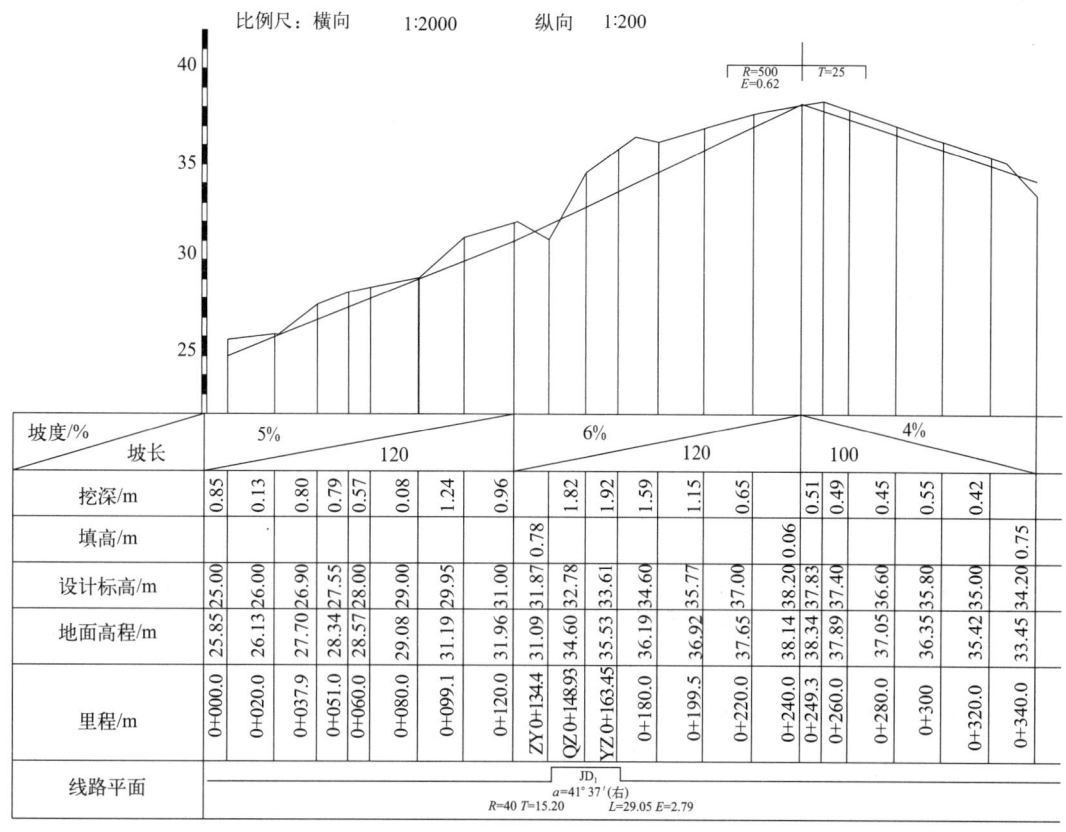

图 3.3-13  路线纵断面

④ 在以里程为横坐标、高程为纵坐标的坐标系中,绘出各桩的相应位置,将这些点用折线连接起来就是地面纵断面图。若线路较长可分幅绘制。

⑤ 按各点的高程和线路实际控制点的位置,绘出设计坡度线。

⑥ 根据里程和设计坡度计算各桩点的设计高程,并填入相应的位置。各桩的设计高 $H_{设}$ 等于该坡起点的高程 $H_{起}$ 加上设计坡度与该点到该坡起点间的水平距离 $D$ 的乘积,即 $H_{设}=H_{起}+Di$。

⑦ 绘制坡度、坡长栏。用斜线表示两点间的设计坡度,用"/"表示上坡,用"\"表示下坡,用"—"表示平坡。在斜线或水平线的上方注明用比例(%)表示的坡度,在斜线或水平线的下方注明两点间的水平距离。

⑧ 计算各桩点的挖深或填高,分别填入填、挖栏内。

(4) 中平测量应注意的事项

① 防止漏测或重测。在施测前,可将中线测量记录中的桩号抄录两份,作为立尺时寻找桩位和记录时核对桩号的依据。

② 立尺时应将立尺点桩号准确清晰地报告给记录员,记录员听得后应复诵一遍。

③ 水准尺应立在中桩附近高程有代表性的地方,如桩位恰在孤石上或小坑中,水准尺应立在桩位附近的一般地面上,这样才能真实反映该处的地面高程。

④ 为了减少水准仪视准轴误差的影响，仪器至转点的前、后视距离应大致相等。

### 3.3.3.3 园路纵断面的设计

纵向设计是路线设计的重要环节。一条好的设计线，应在保证行车安全、舒适和迅速的前提下，使之既符合技术标准又造价适宜。纵向设计的主要内容是根据技术标准、沿线自然地形地质条件和拟定建筑物的标高要求等，确定线路的标高、坡长、坡度以及在变坡处设计竖曲线，力求纵坡均匀平顺。

纵坡设计应遵循符合技术标准、具有一定的平顺性和尽量减少工程量的原则。

纵坡设计的一般方法如下。

(1) 标出控制点

所谓控制点，是指直接影响设计纵坡高程的点。应根据选线记录和其他有关资料，在纵断面图上标出沿线各控制点的高程，如线路起点、线路终点、线路交叉点、桥涵限制等线路必须通过的高程控制点等，都应作为高程控制的依据。另外，还要考虑影响路基填挖平衡关系的高程点，也称"经济点"。线路通过经济点有利于减少工程量。

(2) 试定纵坡线

在标出控制点和经济点的纵断面图上，根据技术指标，在既要以控制点为依据，又要充分考虑经济点的前提下，做全面考虑。最后定出既能满足技术和控制点的要求，又能使填挖工程量比较平衡的纵坡线。

(3) 调整试坡线

检查试定纵坡线是否与现场选线时所考虑的放坡意图相一致，若有较大出入，应全面分析，并及时调整。

纵坡经调整核对无误后，即可定坡。所谓定坡，就是逐段将坡度、变坡点桩号和设计高程定下来。变坡点一般设在里程为10m倍数的整桩号上。

## 3.3.4 园路横断面测量

垂直于路线中线方向的断面叫横断面。横断面测量就是测定过中桩横断面方向一定宽度范围内地面变坡点之间的水平距离的高差，并绘制成横断面图。横断面图是设计路基、计算土石方量和施工放样时的依据。在进行横断面测量时，距离和高差测量精确到0.1m；施测的宽度与中桩施工量的大小、地形条件、路基的设计宽度、边坡的坡度等有关。一般从中桩向两侧各测10～50m。下面介绍横断面测量的方法步骤。

### 3.3.4.1 横断面方向的测定

(1) 在直线段上横断面方向的测定

在直线段上横断面方向常用十字架法进行测定（图3.3-14）。将十字架置于0+120的桩号上，以其中一组方向钉瞄准线路某一中线桩，另一组方向钉则指向横断面方向。当地面起伏较大、宽度较宽时，常用经纬仪拨角法测定，作业时，在中桩上置仪器，以该直线上其他任意中桩为定向方向，拨角±90°，即分别为左右横断面方向。

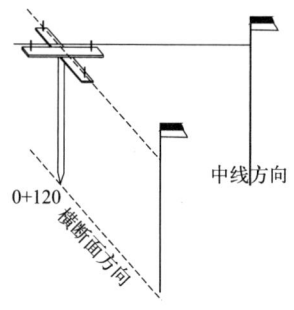

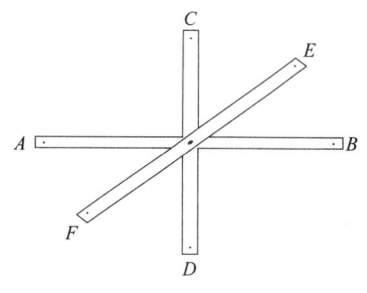

图 3.3-14　直线段横断面方向的测定

图 3.3-15　求心十字架

（2）圆曲线上横断面方向的测定

圆曲线上的横断面方向通过圆心，但实地未定出圆心，断面方向无从确定。根据弦切角原理，常采用在十字架上安装一个能转动的偏角定向指示标（图 3.3-15 中的 $EF$），用于测定横断面方向。如图 3.3-16 所示，欲施测 1 点，在 $ZY$ 点上置求心十字架，$AB$ 方向瞄准切线方向，此时，$CD$ 则通过圆心，将偏角定向指示标 $EF$ 瞄准曲线上的 1 点，并固定之，则 $EF$ 与 $AB$ 间的夹角为 1 点的偏角。将求心十字架移至 1 点，并使 $CD$ 方向瞄准 $ZY$ 点，则指示标 $EF$ 指向圆心方向，在该方向上做标志。

上述方法适用于曲线起点（或终点）的横断面方向的测设，同理可根据曲线上已标定横断面方向的点来测定其他点的横断面方向。如在已标定横断面方向的 2 点上，用 $CD$ 瞄准圆心方向的标志，转动 $EF$ 瞄准 3 点并固定之，移动求心十字架置于 3 点，用 $CD$ 瞄准 2 点，此时 $EF$ 方向即为 3 点的横断面方向（圆心方向）。

### 3.3.4.2　横断面的测量方法

如图 3.3-17 所示，施测时，将标尺立于地面坡度变化点 1 上，皮尺靠近中桩的地面，拉平并量出至 1 点的平距为 6.8m，皮尺截于标尺上的高度 1.7m 为两点间高差。同法测出其各相邻两点的平距和高差。此法操作简单，但精度低。记录格式见表 3.3-5，表中测量记录分左右两侧，用分数表示，分子表示高差，分母表示平距，高差注意符号。

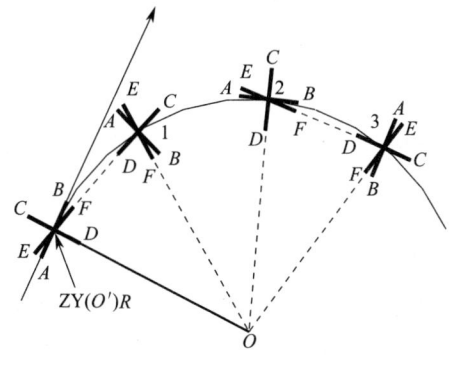
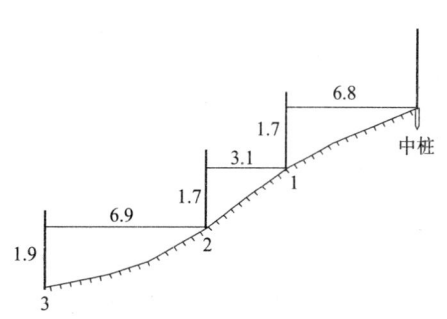

图 3.3-16　用求心十字架测定圆曲线横断面方向

图 3.3-17　水平尺法测量横断面

表 3.3-5  路线横断面测量记录

| $\dfrac{高差}{距离}$（左侧） | | | | | 桩号 | $\dfrac{高差}{距离}$（右侧） | | | | | | |
|---|---|---|---|---|---|---|---|---|---|---|---|---|
| $\dfrac{-1.5}{5.3}$ | $\dfrac{-1.2}{3.5}$ | $\dfrac{-1.9}{6.9}$ | $\dfrac{-1.7}{3.1}$ | $\dfrac{-1.7}{6.8}$ | 2+240 | $\dfrac{1.6}{5.6}$ | $\dfrac{2.2}{6.5}$ | $\dfrac{1.8}{5.1}$ | $\dfrac{1.2}{0.2}$ | $\dfrac{0.2}{1.8}$ | $\dfrac{2.1}{7.2}$ | |

与此法类似的是抬杆法，即用两根标杆分别代替标尺和皮尺来测量平距及高差。当横断面测量精度要求较高时，在坡度平缓地区可用水准仪观测高差，用皮尺量平距；在山地可用经纬仪视距法测平距和高差。

### 3.3.4.3 园路横断面图的绘制与设计

横断面图的绘制以中桩为原点，平距和高差分别为横、纵坐标，根据工程需要选用适当的比例尺。在平坦地区，为使断面显示更清楚，常采用不同的比例尺，即垂直比例尺要大于水平比例尺，如横向 1：100，垂直向 1：200。对于这种断面图，在设计路基和计算横断面面积时，也要注意纵横向比例尺的不同。用软件设计线路横断面时，则纵横向的比例尺一般都相同。

绘制横断面图时，先将横断面测量所获得的地面特征点位置展绘在毫米方格纸上，以供断面设计和计算土石方工程量。绘图时，先在图纸上定好中桩位置，然后分别向左右两侧按所测的平距和高差逐点绘制，并用折线连接，即得横断面图，如图 3.3-18 所示。

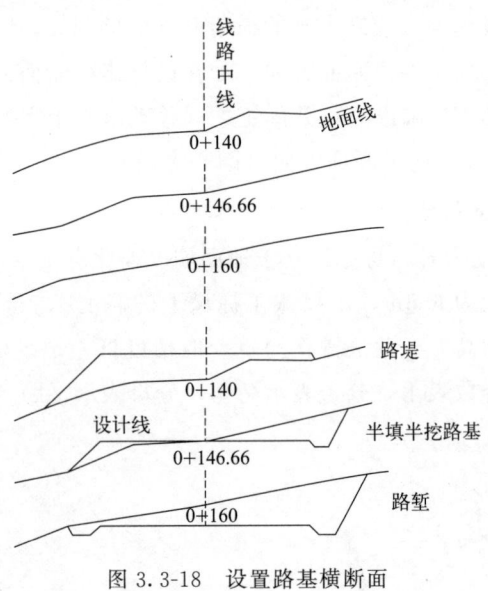

图 3.3-18  设置路基横断面

## 3.3.5 路基设计

根据路基填高、挖深的工程量，路基的宽度、边坡的坡度、边沟的大小，在横断面图上绘出路基横断面，称为路基设计。路基的形式有三种，即路堤、半填半挖路基和路堑，如图 3.3-18 所示。

(1) 绘制路基表面线

路基宽度为路面宽度及两侧路肩宽度的和（图 3.3-19）。根据纵断面图上相应桩号的填高或挖深尺寸，确定路基设计标高的位置，并把路基表面线绘于横断面图上。绘图时应将路基中心置于中线上。路基边坡是指斜坡的高差与其水平距离的比，即 $h/d=1:m$，$m$ 称为边坡系数。路基边坡系数的大小、边坡限高与道路横断面所处的地质状况等因素有关。

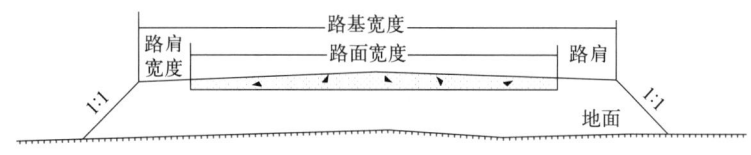

图 3.3-19　路基宽度

(2) 绘制排水沟和边坡线

除高填方的路堤外，其他路基都需设置排水沟。排水沟位于路肩的外侧，其横断面一般为矩形或梯形，深度为 0.4～0.5m。路堤砌石边坡的坡度与石块的大小有关，而路堑和半开挖式的路边坡与地质条件有关。

路面、排水沟和边坡都是路基的组成部分，设计时总是一起综合考虑。目前生产上都用专业软件（如 CASS 软件）进行道路纵向设计和路基设计。

### 3.3.6　土石方量计算

#### 3.3.6.1　横断面面积计算

由于路基横断面的设计是在毫米方格纸上进行的，因而可以直接在设计图上计算横断面的面积。面积的计算方法有多种，传统的有数方格法、求积仪计算法等。如图 3.3-20 所示，曲线为地面线，折线为路基断面设计线，该断面为填方。用数方格法求面积时，先数出填方图形内的整格子数，再加上边界上非整格数一半为总格子数，该断面的总面积为

$$A = nA_0$$

式中，$n$ 为总格子数；$A_0 = M^2/10^6$，为每平方毫米格子所代表的实地面积，它与横断面图的比例尺有关，$M$ 为绘图比例尺分母。

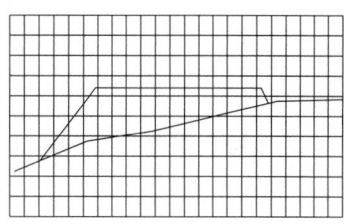

图 3.3-20　方格法求算面积

【例 3.3-3】某园路路基横断面绘制比例尺为 1:200，其 0+120 处的为填方，图上整毫米方格数为 200，边线上为 80 格，求该断面的填方面积。

解：每平方毫米所代表的实地面积 $A_0 = \dfrac{M^2}{10^6} = \dfrac{200^2}{10^6} = 0.04$（m²）。

$$A = \left(200 + \dfrac{80}{2}\right) \times 0.04 = 9.6 (\text{m}^2)$$

为便于施工，一般在各个路基横断面上注写必要的数据，如图 3.3-21 所示。图中 +0.15 为左侧超高数，$e=0.50$ 右表示右侧加宽，$W$ 为中桩的工程量，TA 和 WA 分别为填、挖的断面积。

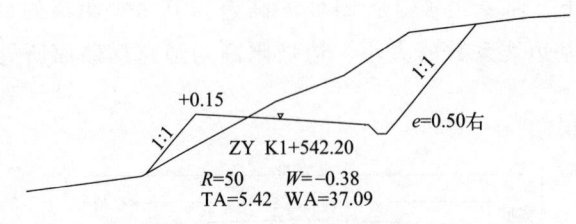

图 3.3-21　路基断面数据注记

#### 3.3.6.2　土石方量计算

在公路土石方计算中，常用平均断面法近似计算，计算式为

$$V = \frac{1}{2}(A_i + A_{i+1})L$$

式中，$A_i$、$A_{i+1}$ 为两相邻断面填或挖的断面积；$L$ 为间距。

计算时，应将填方、挖方分别计算。在半填半挖路基中，要注意两相邻断面间填挖的对应并取平均数。

### ◆ 任务内容和实施过程

已知圆曲线交点 JD 里程桩号为 K2+362.96，右偏角 $\alpha_{右}=28°28'00''$，欲设置半径为 300m 的圆曲线，简述圆曲线主点测设方法。

① 分析已知条件，绘制略图如图 3.3-22 所示，标注已知信息，计算待测设的相关信息。

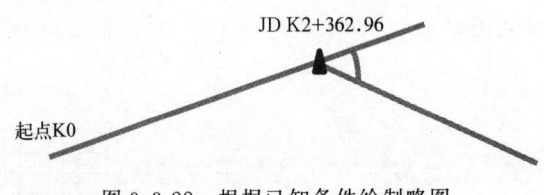

图 3.3-22　根据已知条件绘制略图

② 按圆曲线测设要素的计算公式计算。

$$T = R \tan \frac{\alpha}{2}$$

$$L = \frac{\pi}{180}\alpha R$$

$$E = R\left(\sec \frac{\alpha}{2} - 1\right)$$

$$D = 2T - L$$

式中，$T$ 为正切值；$L$ 为曲线长；$E$ 为外矢距；$D$ 为切曲差。

③ 计算之后，对圆曲线三主点进行放样，圆曲线测设的步骤是：先测设曲线的主要点，再按曲线上规定的桩间距进行加密。如图3.3-8所示，曲线的三个主要点分别是直圆点（ZY）、曲中点（QZ）和圆直点（YZ）。在实地测设之前，要先进行曲线元素和各点里程的计算。

④ 如图3.3-7所示，将经纬仪（或全站仪）置于交点JD上，以线路方向定向，自交点起沿两切线方向分别量出切线长度$T$，即得直圆点ZY和圆直点YZ。在交点JD上后视ZY，拨角$(180°-α)/2$，得分角线方向，沿此方向自JD量出外矢距$E$，即得曲中点QZ。

# 任务 3.4  小游园建筑工程施工放样

## ◆ 任务目标

会熟练运用仪器对建筑物轴线、建筑基础和建筑墙体进行施工放样。

## ◆ 教学资源

① 材料用具：按照实训小组分配仪器和设备，每个小组备有一台全站仪（含三脚架）、花杆若干、钢卷尺、一份记录手簿，自备铅笔、计算器。
② 参考资料：多媒体课件、教学参考书等。
③ 教学场所：多媒体教室、园林工程测量实训室和校内实训基地。

## ◆ 相关知识

园林工程中的放样与前面提到的测设以及人们常说的放线含意都是一样的，就是将规划设计图上的各类图形按比例放大于施工现场，地形图测绘是将实物地物、地貌等按比例缩小绘于图上，因此说测绘与测设为一个互逆过程。园林建筑的放样可以分为主轴线测设、园林建筑定位、基础放样和施工放样。

### 3.4.1 园林建筑主轴线的测设

园林建筑主轴线的测设视工程项目的情况不同可分别选用如下几种方法。

#### 3.4.1.1 已建方格网的情况

在工程现场，若事先已建立了方格网，即可根据建筑物折点坐标来测设主轴线。图3.4-1中的建筑折点$A\sim D$的坐标值设计已给定。据表可求出此建筑的长度及宽度。即$AB=CD=408.000-332.000=76$（m），$AC=BD=238.000-220.000=18$（m）。

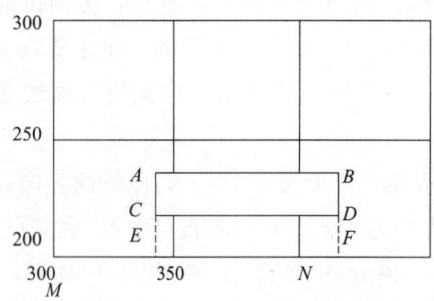

| 点位 | 纵坐标$X$/m | 横坐标$Y$/m |
| --- | --- | --- |
| $A$ | 238.000 | 332.0000 |
| $B$ | 238.000 | 408.000 |
| $C$ | 220.000 | 332.000 |
| $D$ | 220.000 | 408.000 |

图 3.4-1　园林建筑主轴线测设示意和点位坐标

利用此方格网测设出主轴线 $AB$ 和 $CD$。其施测方法为，先将经纬仪安置于 $M$ 点，照准 $N$ 点。然后在此方向上量取 $332-300=32$（m）得 $E$ 点，再在此方向上自 $N$ 点量取 $408-400=8$（m）得 $F$ 点。然后迁移经纬仪至 $E$ 点，照准 $M$ 点，采用测回法顺时针测设 90°角方向，在此方向上量取 $220-200=20$（m）即 $EC$ 的纵坐标差得出 $C$ 点。在此方向上继续量取 $AC$ 长度 18m，得出 $A$ 点。再将仪器迁至 $F$ 点，依上法可定出 $D$ 点及 $B$ 点。至此 $A\sim D$ 四点均已定出，既此建筑的主轴线定出。最后还应对此加以校核。用钢尺实量 $AB$ 与 $CD$ 的距离是否相等。对角线 $AD$ 和 $BC$ 是否相等。若距离相对误差小于 1/2000，则可根据现场情况予以调查；若误差超过上述规定，则应返工重测。

### 3.4.1.2　用"建筑红线"测设建筑主轴线

在施工现场如果有规划管理机关设定的"建筑红线"，则可依据此"红线"与建筑主轴线的位置关系进行测设。

如图 3.4-2 所示，$AB$ 直线为"建筑红线"。测设开始时，依据规划设计平面图所给定的关系，先在"建筑红线"的桩点 $A$ 安置经纬仪，照准 $B$ 点，在该方向上依平面图上尺寸，用钢尺量距定 $P_1$ 和 $Q_1$ 两点，然后将经纬仪分别安置于 $P_1$ 和 $Q_1$ 两点，以 $AB$ 方向为起始方向精确测设 90°角，得出 $P_1M$ 和 $Q_1N$ 两方向，并在此两方向上按图给定尺寸量得 $P$、$Q$、$M$、$N$ 各点。然后安置经纬仪于 $P$ 点和 $Q$ 点；检查 $\angle MPQ$ 和 $\angle NQP$ 是否为 90°，并用钢尺检验 $PQ$ 与 $MN$ 的距离是否相等。若角度误差在 1′以内，距离误差小于 1/2000，则可根据现场情况加以调整，若误差超过上述规定，则应重新进行测设。主轴线测设完成后，还应将建筑轴线的各交点位置依图上尺寸量出。最后用白灰撒出此建筑的平面轮廓线。

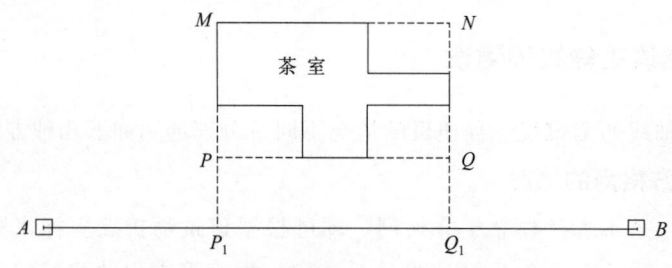

图 3.4-2　用"建筑红线"测设主轴线示意

### 3.4.1.3 根据原有建筑或道路测设建筑主轴线

在规划设计过程中，如规划范围内保留有原有建筑或道路，一般应在规划设计图上予以反映，并给出其与拟建新建筑物的位置关系。所以，测设这些新建筑的主轴线可依此关系进行，具体方法有如下几种。

(1) 平行线法

此法适用于新旧建筑物长边平行的情况。如图 3.4-3(a) 所示，等距离延长山墙 $CA$ 和 $DB$ 两直线，定出 $AB$ 的平行线 $A_1B_1$，在 $A_1$ 和 $B_1$ 两点分别安置经纬仪，以 $A_1B_1$、$B_1A_1$ 为起始方向，测设出 90°角，并按此设计给定尺寸在 $AA_1$ 方向上测设出 $M$、$P$ 两点，在 $BB_1$ 方向上定出 $N$、$Q$，从而得到新建筑的主轴线。

(2) 延长直线法

此法适用于新旧建筑物短边平行的情况。如图 3.4-3(b) 所示，等距离延长山墙 $CA$ 和 $DB$ 两直线，定出 $AB$ 的平行线 $A_1B_1$。再做 $A_1B_1$ 延长线，在此线上依设计给定距离关系测设出 $M_1N_1$，然后在 $M_1$ 和 $N_1$ 点上分别安置经纬仪，分别以 $M_1N_1$、$N_1M_1$ 为零方向，测设 90°角定出两条垂线，并依设计给定尺寸测设出 $MP$ 和 $NQ$，从而得到新建筑的主轴线 $MN$ 和 $PQ$。

(3) 直角坐标法

此法适用于新旧建筑的长边与短边相互平行的情况。如图 3.4-3(c) 所示，先等距离延长山墙 $CA$ 和 $DB$，作出平行于 $AB$ 的直线 $A_1B_1$。再安置经纬仪于 $A_1$ 点，作 $A_1B_1$ 的延长线，丈量出 $Y$ 值，定出 $P_1$ 点，然后在 $P_1$ 点上安置经纬仪，以 $A_1$ 为零方向测设出 90°角的方向，并丈量 $P_1P$ 等于 $X$ 值，测设出 $P$ 点及 $Q$ 点。然后于 $P$ 和 $Q$ 点分别安置经纬仪，测设出 $M$ 和 $N$，从而得到主轴线 $PQ$ 和 $MN$。

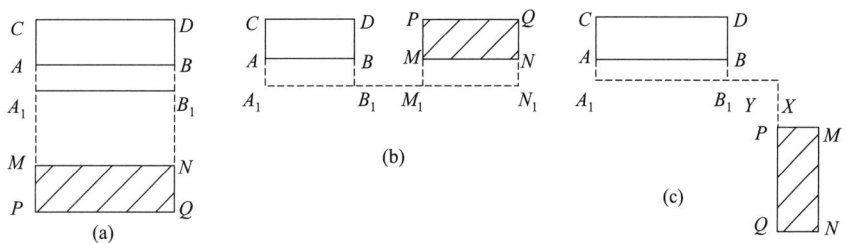

图 3.4-3　根据原有建筑物测设主轴线示意

(4) 根据原有道路测设

一般拟建筑道路与原有道路中线平行时多采用此法。如图 3.4-4 所示，$AB$ 为道路中心线（路中线），在路中线上安置经纬仪，根据图上给定的各项尺寸关系，测设出平行于路中线的建筑主轴线 $PQ$ 和 $MN$。其具体操作与前述基本相同。

上述四种方法在测设完成后均应做出校核。其校核方法主要是用钢尺实量新建筑物的各边长及各对角线长度是否对应相符。其精度要求与前述相同。建筑主轴线定出后均应以坚固的木桩或石桩标定，木桩上应钉小钉，石桩上应镶刻十字标志，以准确标明点位。这类桩称为主轴线定位桩。

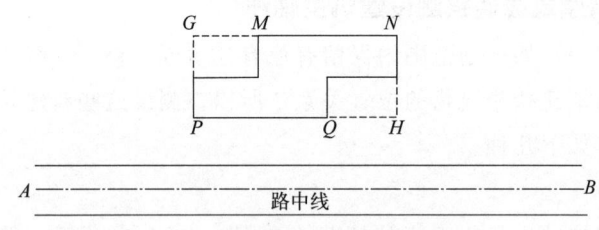

图 3.4-4  根据原有道路测设主轴线

## 3.4.2  园林建筑的定位

完成主轴线测设工作之后,即应进行园林建筑定位。其各轴线交点也应以桩标出,进而用白灰撒出基槽开挖边线,然后挖槽施工。上述各桩均易被破坏,为解决此问题,可选用下述两种方法。

(1) 设置龙门板

在园林建筑中,常在基槽开挖线外一定距离处钉设龙门板,如图 3.4-5 所示,其步骤和要求如下。

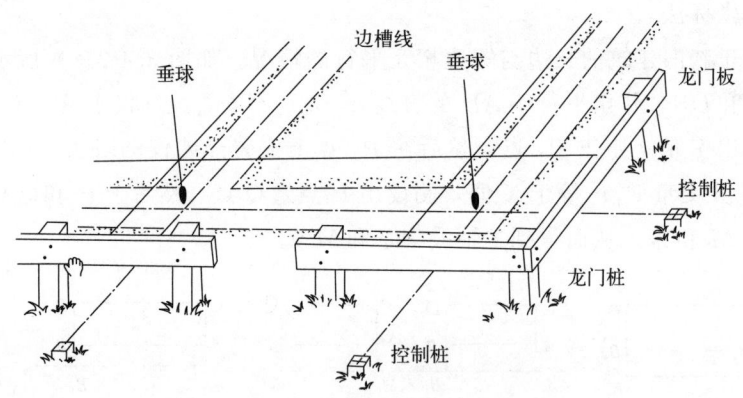

图 3.4-5  龙门板设置示意

① 在建筑物四角和中间定位轴线的基槽开挖线外 1.5~3m 处(由土质与基槽深度而定)设置龙门桩,桩要钉得竖直、牢固,桩的外侧面应与基槽平行。

② 根据场地内的水准点,用水准仪将 ±0 标高测设在龙门桩上,用红笔画一条红线。

③ 沿龙门桩上测设的 ±0 线钉设龙门板,使板的上边缘高程正好为 ±0。若现场条件不允许,也可测设比 ±0 高或低一整数的高程。测设龙门板高程的限差为 ±5mm。

④ 将经纬仪安置于 $A$ 点,瞄准 $B$ 点,沿视线方向在 $B$ 点附近的龙门板上定出一点,并钉小钉(称轴线钉)标志;倒转望远镜,沿视线在 $A$ 点附近的龙门板上定出一点,也钉小钉标志。同法可将各轴线都引测到各相应的龙门板上。如建筑物较小,也可用垂球对准桩点,然后沿两垂球线拉紧绳线,把轴线延长并标定在龙门板上。

⑤ 在龙门板顶面将墙边线、基础边线、基础开挖线等标定在龙门板上。标定基槽上口开挖宽度时,应按有关规定考虑放坡尺寸。

(2) 引桩法测设

由于龙门板耗用木材较多，且易在施工中被破坏，故现在施工单位多用引桩代替龙门板。

如图 3.4-6 所示，引桩在轴线的延长线上设定，距离基槽开挖 2~4m 为宜。如为较高大的园林建筑，间距还应再大一些。若附近有建筑物等，可用经纬仪将轴线延长，投影到原有建筑的基础顶面或墙壁上，用油漆涂上标记代替引桩，则更为完全。此外还应将 ±0 标高依前法在桩上划线标明。

### 3.4.3 园林建筑的基础放样

挖地基标明设计标高时应注意，切忌挖掘过深，破坏了原本坚实的底质。此时应在基槽侧壁上测设距槽底设计高为某一整数的水平桩，也称平桩，如图 3.4-7 所示，以此桩来控制挖深。根据前述方法定出基槽开挖边线后，用水准仪随时控制开挖深度，尤其是当挖土接近槽底时。

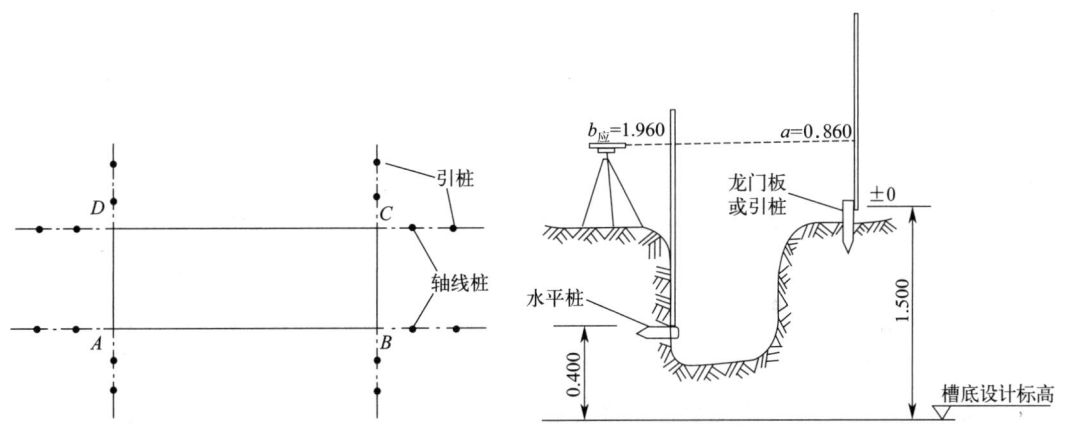

图 3.4-6　引桩法测设示意　　图 3.4-7　园林建筑基础放样示意

基槽内水平桩的测设方法应利用龙门板或引桩上标定的 ±0 位置。如图 3.4-7 所示，设槽底设计标高为 -1.500m（即槽底比 ±0 低 1.500m），现拟测设出一个比槽底高出 0.4m 的水平桩。在 ±0 位置竖立水准尺，用水准仪测出其读数 $a=0.860$m，据此计算出水平桩上皮的应读前读数 $b_{应}=(1.500-0.400)+0.860=1.960$(m)。在基槽内竖水准尺上下移动，当水准仪得到读数为 1.960m 时，沿水准尺底部钉出一个水平桩，则槽底在此水平桩下 0.400m 处。为了施工方便，一般应在基槽内每隔 5m 左右和转角处设定水平桩。必要时还可在槽壁上弹出水平桩上皮高度的墨线，以利于更好地控制槽底标高。

### 3.4.4 园林建筑的施工放样

在有些园林建筑中，设有梁柱结构，梁柱等构件有时事先按照设计尺寸预制。因此，必须按设计要求的位置和尺寸进行安装，以保证各构件间的位置关系正确。

(1) 柱子吊装前的准备

基槽开挖完毕,打好垫层之后,应在相对的两定位桩间拉麻线,将交点用垂球投影到垫层上,再弹出轴线及基础边线的墨线,以便立模浇灌基础混凝土,或吊装预制杯形基础。同时还要在杯口内壁测设一条标高线,作为安装时控制标高时所用。另外还应检查杯底是否有过高或过低的地方,以便及时处理,如图3.4-8(a)所示。另外,在柱子的三个侧面用墨线弹出柱中心线,第一侧面分上、中、下三点,并画出小三角形"▲"标志,以便安装时校正,如图3.4-8(b)所示。

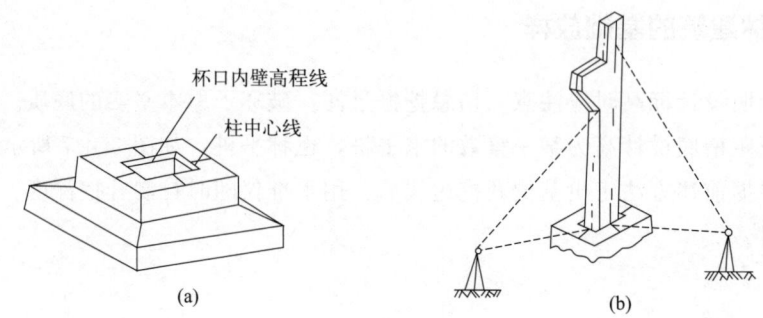

图3.4-8 园林建筑柱基放样示意

(2) 柱子安装时的竖直校正

将柱子吊起插入杯口后,应使柱子中心线与杯口顶面中心线吻合,然后用钢楔或木楔暂时固定。随后用两台经纬仪分别安置在互相垂直的两条轴线上,一般应距柱子在1.5倍柱高以外,如图3.4-8(b)所示。先用经纬仪瞄准柱子底部中心线,照准部固定后,再逐渐抬高望远镜,直至柱顶。若柱中心线一直在经纬仪视线上,则柱子在这个方向上就是竖直的,否则应对柱子进行校正,直至两中心线同时满足两个经纬仪的要求时为止。

为提高工效,有时可将几根柱子竖起后,将经纬仪安置在一侧,一次校正若干根柱子。在施工中,一般是随时校正,随时浇筑混凝土固定,固定后及时用经纬仪检查纠偏。轴线的偏差应在柱高的1/1000以内。

此外,还应用水准仪检测柱子安放的标高位置是否准确,其最大误差一般应不超过±5mm。

## ◆ 任务内容和实施过程

根据园林施工图纸,依据图纸上建筑红线、已有建筑、已知控制点将图纸上的四边形建筑物在实地标定出来,做好标记,保存标记,为下一步施工做准备。

(1) 熟读施工图纸

主要熟悉拟建园林建筑物与相邻地物间的关系,及其自身内部尺寸关系,准确无误地获取各定位点坐标数据,明确室内地坪标高±0所对应的绝对高程。

(2) 熟知施工现场

查明施工现场及其附近的高级平面控制点和水准点,以及保存情况。

（3）制定园林建筑物定位测量方案

在熟知设计图和施工现场后，根据现有测量仪器制定定位方案，如定位（放样）方法、仪器和精度要求。若有全站仪，则应优先考虑用极坐标法放样平面点位。

（4）建立园林建筑物施工控制网

根据定位测量方案，建立平面控制网和高程控制网。平面控制点可采用导线（网）加密或 RTK 加密；高程控制点可采用水准测量方式加密。

（5）实施园林建筑物定位测景

根据定位测量方案中拟定的放样方法，放出园林建筑物各角点或中心点的平面位置。

① 极坐标法定位测量步骤：坐标数据录入→仪器安置→测站设置→后视定向→粗略定交点位→打桩→精准定位→做中心标志→复核。

② 根据已有基线定位测量步骤：建（借）基线→测设平行线或垂线→量距粗略定位→打桩→精准定位→做中心标志→复核。

（6）实施园林建筑物定位测量验收

定位测量后及时检测纵、横和对角线方向实际长度，合格后用水泥包桩，保护好定位桩。

## 注意事项

① 为了检查全站仪定向的正确性，可将后视点作为第 1 个待测设点进行测设，即定向照准后视点并输入待测设点（后视点坐标）。进行系列按键操作后，屏幕显示角度差 $d_{HR}$ 和距离差 $d_H$ 均应接近零（理论上为零）。否则，应查明原因，直到符合要求为止。

② 为了减少棱镜对中杆倾斜产生的测设误差，在通视条件允许的条件下，尽量降低测设时立棱镜的高度。

## 任务 3.5

# 其他园林景观绿化工程施工放样

## ◆ 任务目标

会熟练运用仪器对园路路基、堆山、挖湖和园林树木种植进行放样。

## ◆ 教学资源

① 材料用具：按照实训小组分配仪器和设备，每个小组备有一台全站仪（含三脚架）、花杆若干、钢卷尺、一份记录手簿，自备铅笔、计算器。

② 参考资料：多媒体课件、教学参考书等。
③ 教学场所：多媒体教室、园林工程测量实训室和校内实训基地。

## ◆ 相关知识

### 3.5.1 路基放样

#### 3.5.1.1 大型主干道施工放样

路基设计完成以后，大型主干道路施工前要做路基放样。施工边桩的测设，根据设计要求施工放样。

（1）路堤放样

如图 3.5-1 所示为平坦地面上路堤放样示意。从中心桩向左、右各量 $B/2$ 宽钉设 $A$、$P$ 坡脚桩，从中心桩向左、右各量 $B/2$ 宽处竖立竹竿，在竿上量出填土高，得坡顶 $C$、$D$ 和中心点 $O$，用细绳将 $A$、$C$、$O$、$D$、$P$ 连接起来，即得路堤断面轮廓。施工中都在相邻断面的坡脚连线上撒出白灰线作为填方的边界。如果路基位于弯道，需要加宽和加高，应将加宽和加高的数值放样进去。若路基断面位于斜坡上，如图 3.5-2 所示，则先在图上量出 $A$、$P$ 及 $C$、$O$、$D$ 三点的填高数，按这些放样数据即可进行现场放样。

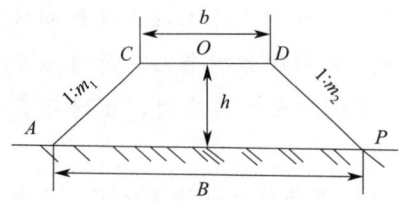
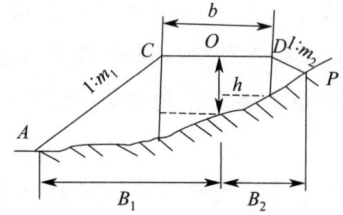

图 3.5-1　平坦路面上路基放样示意　　图 3.5-2　斜坡地面上路基放样示意

（2）路堑放样

如图 3.5-3 和图 3.5-4 所示是在平坦地面和斜坡地面上的路堑放样情况。主要是在图上量出 $B$、$B_1$ 和 $B_2$ 的长度，从而可以定出坡顶 $A$、$P$ 在实地的位置。为了施工方便，可做成坡角板，如图 3.5-4 所示，作为施工时的依据。

对于半挖半填的路基，除按上述方法测设坡角 $A$ 和坡顶 $P$ 外，一般要测出施工量为零的点，如图 3.5-5 所示，拉线方法从图中可以看出，不再加以说明。

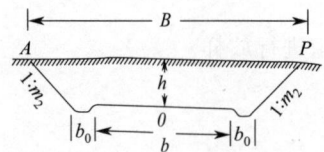
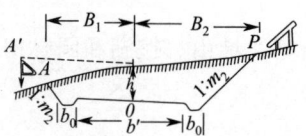
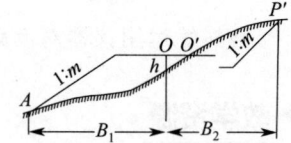

图 3.5-3　平坦地面上路堑放样示意　图 3.5-4　斜坡地面上路堑放样示意　图 3.5-5　半挖半填路基放样

## 3.5.1.2 路基边桩的测设

在路基完成之后,中线上所钉各桩都被毁掉和填埋,为此常在路边线(即道牙线)以外,各钉一排平行于中线的施工边桩,作为路面施工的依据,控制道路中线和高程位置,如图 3.5-6 所示。施工边桩通常是以开工前测定的施工控制桩为准测设的,间距 10~30m 为宜。当施工边桩钉出后,可在边桩上测设出该桩的路中线的设计高程钉(也可用红铅笔画线做标记,如图 3.5-6 所示)。

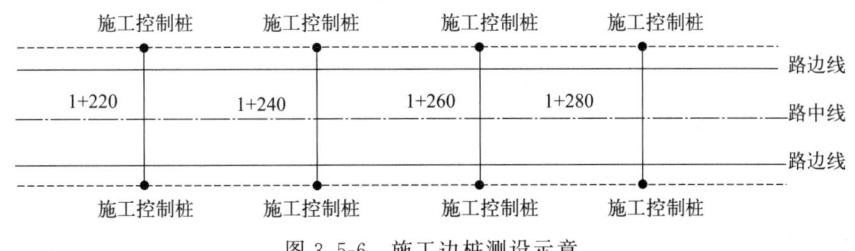

图 3.5-6 施工边桩测设示意

如图 3.5-7 所示,安置一次仪器可测设出 120~160m 范围内路两侧各边桩的高程钉,如表 3.5-1 所示为某道路施工桩测设记录,施工边桩上设计高程钉的测设步骤如下。

① 安置水准仪,照准已知水准点,求出视线高。
② 计算各桩的应读前视(即立尺于各桩的设计高程上,应读的前视读数)。

$$应读前视=视线高程-路面设计高程$$

式中,路面设计高程可由纵断面图中查得,也可由某一点的设计高程和坡度推算得到。

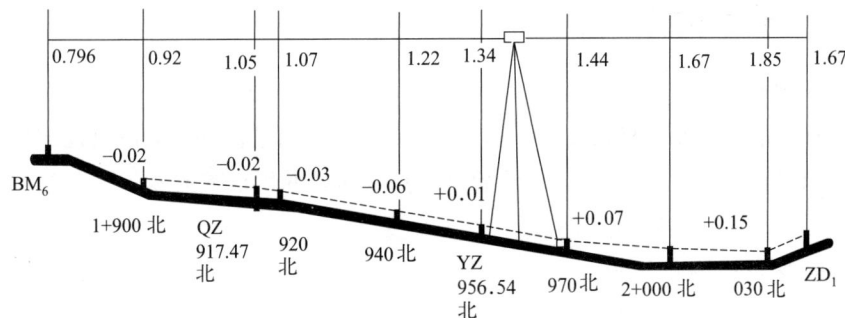

图 3.5-7 施工边桩水准测量示意

表 3.5-1 某道路施工边桩测设记录 单位:m

| 桩号 | | 后视读数 | 视线高 | 前视读数 | 高程 | 路面设计高程 | 应读前视 | 改正数 | 备注 |
|---|---|---|---|---|---|---|---|---|---|
| BM$_6$ | | 0.796 | 52.671 | | 51.875 | | | | 已知高程 |
| 1+900 | 南 | | | 0.90 | | | | −0.02 | |
| | 北 | | | 0.88 | | 51.75 | 0.92 | −0.04 | |
| QZ 917.47 | 南 | | | 1.03 | | | | −0.02 | |
| | 北 | | | 0.99 | | 51.62 | 1.05 | −0.06 | |
| 920 | 南 | | | 1.04 | | | | −0.03 | $i=-0.75\%$ |
| | 北 | | | 1.07 | | 51.60 | 1.07 | 0.00 | |
| 940 | 南 | | | 1.16 | | | | −0.06 | |
| | 北 | | | 1.18 | | 51.45 | 1.22 | −0.04 | |

续表

| 桩号 | | 后视读数 | 视线高 | 前视读数 | 高程 | 路面设计高程 | 应读前视 | 改正数 | 备注 |
|---|---|---|---|---|---|---|---|---|---|
| YZ 956.54 | 南 | | | 1.35 | | | | +0.01 | |
| | 北 | | | 1.30 | | 51.33 | 1.34 | −0.04 | |
| 970 | 南 | | | 1.51 | | | | +0.07 | |
| | 北 | | | 1.52 | | 51.23 | 1.44 | +0.08 | |
| 2+000 | 南 | | | 1.74 | | | | +0.07 | 变坡点 |
| | 北 | | | 1.73 | | 51.00 | 1.67 | +0.06 | |
| 030 | 南 | | | 2.00 | | | | +0.15 | $i=-0.60\%$ |
| | 北 | | | 2.01 | | 50.82 | 1.85 | +0.06 | |
| ZD1 | | | | 1.670 | 50.001 | | | | |

注：表中桩号后面的"北"和"南"，是指中线北侧和南侧的高程。

当第一木桩的"应读前视"算出后，也可根据设计坡度和各桩间距算出各桩间的设计高差，然后由第一个桩的"应读前视"直接推算其他各桩的"应读前视"。

③ 在各桩顶上立尺，读出前视读数，按公式推算出钉高程钉的改正数。

④ 钉好高程钉后，应在各钉上立尺检查读数是否等于应读前视，误差在1cm以内时，为精度合格，否则应改正高程钉。

这样，将中线两侧相邻各桩上的高程钉用线连起来，就得到两条与路面设计高程一致的坡度线。

⑤ 为了防止观测或计算错误，每测一段应附合到另一水准点上校核。

### 3.5.2 堆山与挖湖放样

（1）堆山放样

堆山放样一般也可用平板仪放样。如图3.5-8所示，用平板仪先测设出设计等高线的各转折点，即图中1、2、3…9等各点，然后将各点连接，并用白灰或绳索加以标定。再利用附近水准点测设出1～9各点应有的标高，若高度允许，则在各桩点插竖竹竿画线标出。若山体较高，则可于桩侧标明上返高度，供施工人员使用。一般堆山的施工多采用分层堆叠，因此也可在放样中随施工进度时测设，逐层打桩。图3.5-8中点心10为山顶，其位置和标高也应同法测出。

（2）挖湖及其他水体放样

挖湖或开挖水渠等放样与堆山的放样基本相似。首先把水体周界的转折点测设到地面上，然

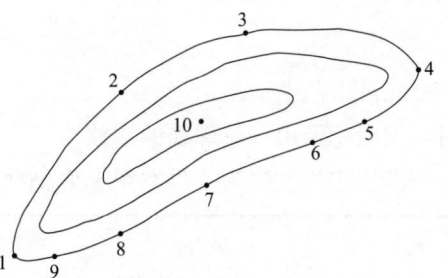

图3.5-8 堆山放样示意

后在水体内设定若干点位，打上木桩。根据设计给定的水体基底标高在桩上进行测设，画线标明挖深度。图3.5-9中①～⑥等点即为此类桩点。在施工中，各桩点不要破坏，可留出土台，待水体开挖接近完成时，再将此土台挖掉。水体的边坡坡度可按设计坡度制成边坡样板置于边坡各处，以控制和检查各边坡坡度，如图3.5-10所示。

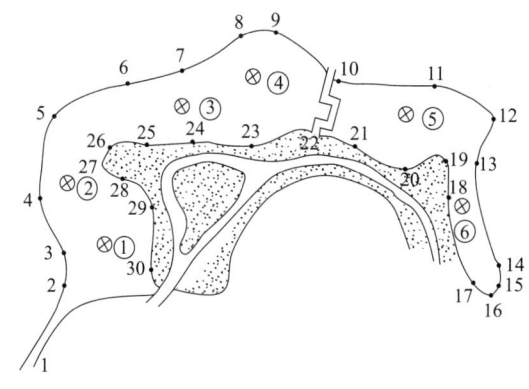

图 3.5-9 园林水体放样示意

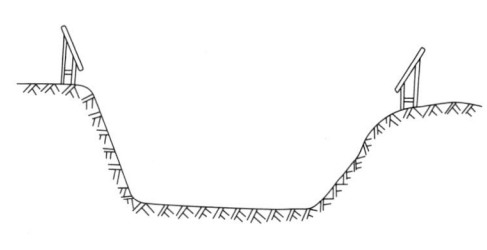

图 3.5-10 水体边坡放样示意

### 3.5.3 园林树木种植树放样

园林树木的种植必须按设计图的要求进行施工。在设计中给出的种植形式有两种：一种为单株种植，即图纸中标明了每株树的种植位置；另一种为丛植或区域种植，在图中标明了种植的范围、树种、株数等。下面将树木种植放样的方法分述如下。

#### 3.5.3.1 平板仪放样法

在进行单株测设时应以设计图中树木符号的几何中心位置为准。在进行成片区域种植测设时，则应准确测设出其周界的各转折点。点位或范围定出后，应打桩标定或撒白灰线标明。此外还应根据要求在桩侧写明树种及其规格等。

#### 3.5.3.2 交会法

此法适用于现场已有地物与设计图位置相符的绿地种植。放样时在图上量出种植点至两个以上地物的距离，然后依此比例在现场以相应的距离实量交会定出单株或树群边界线。

#### 3.5.3.3 支距法

此法多用于道路两侧的植物种植放样。有时在要求精度较低的施工放样中，此法也可用于挖湖、堆山等轮廓线的测放。

具体实施方法为：先在图上作出欲测放树木等至道路中线或路牙线的垂线，并量出各个垂直距离。然后在现场用经纬仪或皮尺作出各相应的垂线，并在此方向上按比例扩大后量出各距离，定出各点。

#### 3.5.3.4 规则种植区域的放样

在苗圃的各类种植区域中一般都采用规则式的种植方式。另外有些公园、游览区等也会采用成片的规则种植林带、片林。这类林木的种植主要有矩形和菱形两种定植方式。

（1）矩形定植

如图 3.5-11 所示，$ABCD$ 为一个种植区的边界，放样的方法如下。

① 先定出基线 $A'B'$，此基线的方向应依设计图定出。然后按半个株行距定出 $A$ 点。

量出 $AB$，使其平行于基线 $A'B'$，并使 $AB$ 的长为行距的整数倍。在 $A$ 点安置经纬仪或用皮尺作出 $AD \perp AB$，并使 $AD$ 为株距的整数倍。

② 在 $B$ 点作 $BC \perp AB$，并使 $BC = AD$，定出 $C$ 点。而后检验 $CD$ 长度是否与 $AB$ 相等。若误差过大，应查明原因，重新测定。

③ 在 $AD$ 和 $BC$ 线上量出若干分段，每分段为株距的若干整数倍，定出 $P$、$Q$、$M$、$N$ 等点。

④ 在 $AB$、$PQ$、$MN$ 等点连线方向上按行距定出 $a$、$b$、$c$、$d$…及 $a'$、$b'$、$c'$、$d'$…诸点。

⑤ 在 $aa'$、$bb'$、$cc'$…连线上按株距定出各种植点，撒上白灰标记。

(2) 菱形定植

如图 3.5-12 所示为菱形定植放样示意。按设计要求，拟测设出菱形种植点位。放样方法与前述矩形相似。第①至第③步同前法。第④步是按半个株行距定出 $a$、$b$、$c$、$d$…和 $a'$、$b'$、$c'$、$d'$…各点。第⑤步是连接 $aa'$、$bb'$、$cc'$…。奇数行的第一点应从起点 $A$ 算起，按株距定出各种植点。

道路两侧的行道树一般按道路设计断面定点，在有道牙的道路上，一般应以道牙作为定点的依据。无道牙的道路，则以路中线为依据。为加强控制，减小误差，可每隔 10 株左右加钉一个木桩，且应使路两侧的木桩一一对应，单株的位置均以白灰标记。

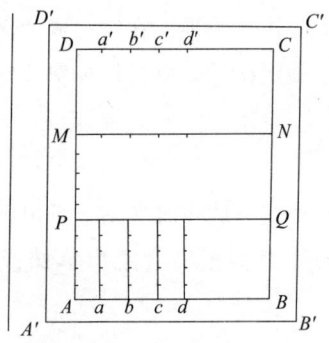

图 3.5-11　矩形定植放样示意

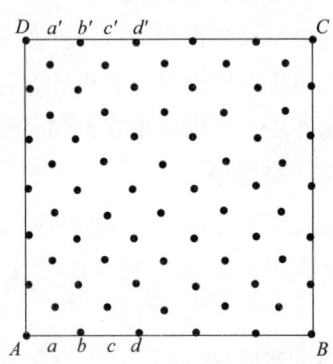

图 3.5-12　菱形定植放样示意

## ◆ 任务内容与实施过程

试用方格网法将设计图中山体特征点的平面位置进行放样（图 3.5-13），并用水准仪放样假山各特征点的高程。

(1) 用方格网法放样山体的平面位置

① 根据图 3.5-13 高程变化等情况，按一定边长在图上画出方格网。

② 在图上找出山体等高线外轮廓的拐点并标注数字，如点 1，2，3…同时求算出每个拐点在各自方格中的位置。

③ 在图 3.5-13 上选择一个对地面有定位作用的明显地物点（可靠的固定点），并在实地确定出点位，然后以此点为基准点，按照实际尺寸在地面上布设施工方格网。

④ 根据假山设计图中各等高线外轮廓拐点在格网中的位置，于地面方格网中找出点1，2，3…的相应点位，并钉设木桩；再依照图上等高线的形状，用细绳索将高程相等的相邻点连接成平滑的曲线，最后顺着曲线撒上白石灰，便形成了山体在地面的底部模样。

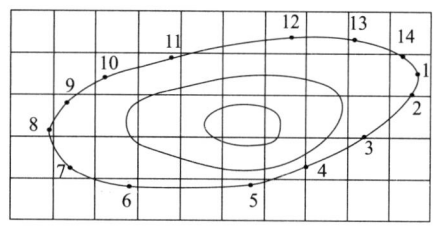

图 3.5-13　假山放样示意

（2）用水准仪测定各个桩点的标高并堆山

① 在平面位置放样后的各桩点1，2，3…上分别插立竹竿，竹竿的长度依该点堆山高度而定；为进一步提高放样精度，有时还要在已撒上白灰的等高线上，每隔3～5m加插一根竹竿。

② 由设计等资料所提供的数据，根据附近水准点的已知高程，利用水准仪和水准尺测定出设计等高线在1，2，3…各点的高度，并用不同颜色一次标注于相应的竹竿上，作为堆山时掌握堆高的依据。

③ 根据放样出的假山平面位置和各竹竿上的高度标志，对照山体设计图，进行填土堆山。

④ 对于较高的山体，堆山的施工大多采用分层放样、分层堆叠。也就是在第一层堆土完成后，采用与第一层同样的放样方法测设第二层的高度标志，然后进行第二层的填土堆山，如此操作，直至山顶。

⑤ 在堆山时，还应随时用边坡尺控制山体的坡度。

## 注意事项

① 使用全站仪进行放样，确保所有置镜点和后视点都是控制网的桩点。测量放样的精度要高，并采用适当的方法消除系统误差。所有定位放样测量必须有可靠的校核方法。对于挖（钻）孔桩位，要定期进行检查和校核，以防止因振动或雨水侵蚀导致偏位。

② 仪器和人员管理方面。在放样前检查仪器及附件是否齐全，并对立杆人员进行交底。在测站点上安置仪器，对中整平时注意脚架的稳定。放样时，先复核上一次放样的桩号，并注意放样距离不宜超过测站点到后视点的距离。放样过程中，严禁触碰仪器脚架，并注意人身安全。

## 思考练习

① 简述点位测设的基本方法有哪几种？各适合什么场合？有哪些测设数据？如何计算？

② 什么是测设？它与测定有什么区别？测设的实质和基本工作是什么？

③ 简述园林植物种植工程可采用哪些放样方法。

## ◆ 项目小结

项目小结如图 3.5-14 所示。

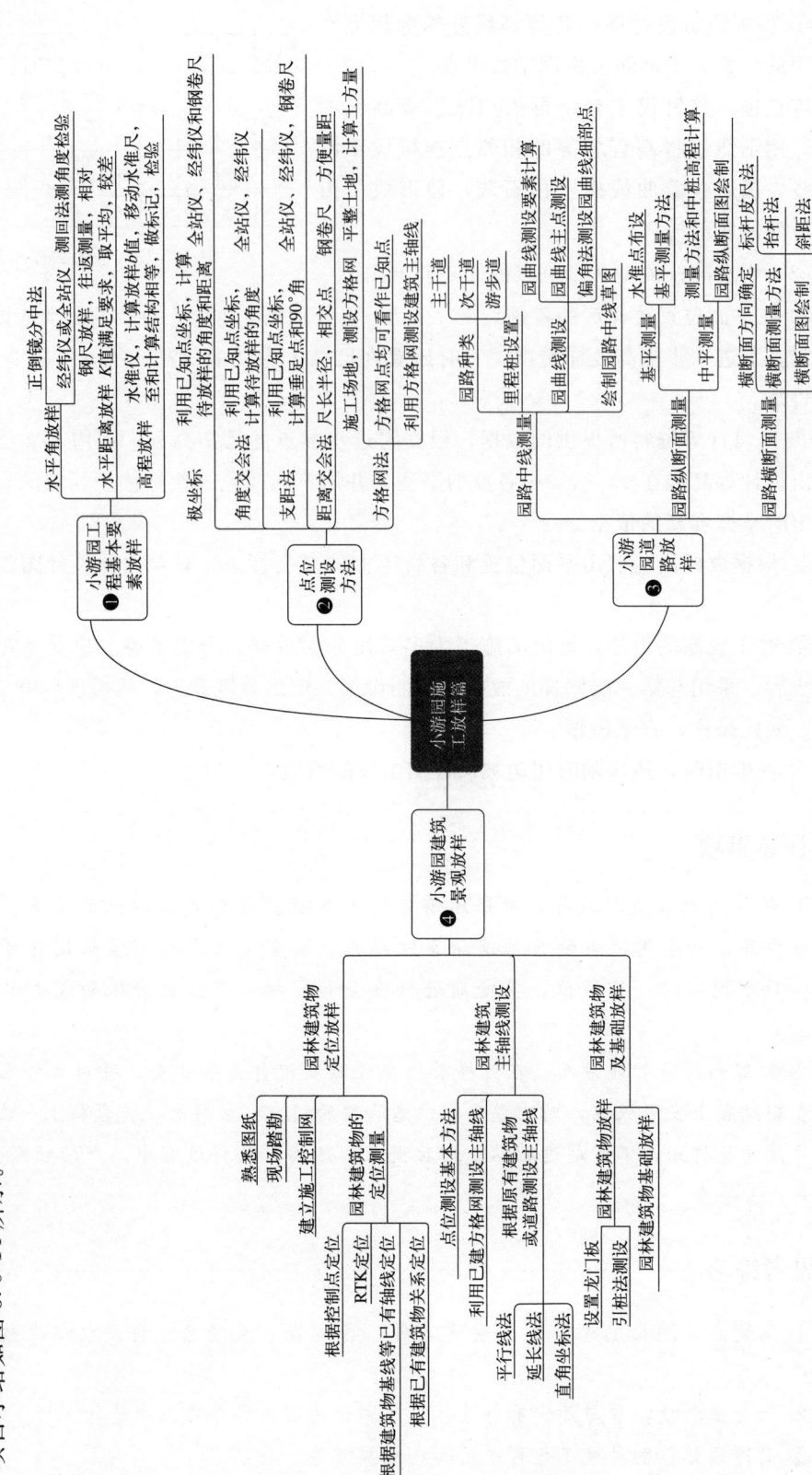

图 3.5-14 项目小结

# 项目 4

# GNSS RTK 测量与园林应用

## 课程导入

全球导航卫星系统（global navigation satellite system，GNSS）是一种由地球轨道上的卫星组成的导航系统。这些卫星通过发射和接收信号，为地球上的用户提供精确的位置信息。GNSS 系统包括美国的全球定位系统（GPS）、俄罗斯的格洛纳斯系统（GLONASS）、欧洲的伽利略系统（Galileo）以及中国的北斗卫星导航系统（BDS）。这些系统主要由空间段、地面段和用户段三部分组成。空间段由卫星组成，提供导航信号；地面段包括主控站、监测站和通信辅助系统，负责卫星轨道的计算、监测卫星工作状态等任务；用户段则是接收 GNSS 信号的设备，如各种类型的接收机。

（1）GNSS 的工作原理

基于三角测量定位原理，通过接收卫星发射的信号，测量信号传播时间，结合各卫星所处的位置信息，计算出接收机至各卫星的距离，从而得到接收机的位置。

（2）GNSS 功能

定位服务：GNSS 系统可以为全球范围内的用户提供实时、高精度的定位服务。用户可以通过接收卫星信号来计算自己与卫星之间的距离，从而确定自己在地球上的位置。

速度测量：GNSS 系统还可以计算用户的速度和方向，为用户提供行驶路线规划和导航功能。

时间传输：GNSS 系统通过与地面控制站的通信，可以提供精确的时间信息，用于授时服务。

短报文通信：部分 GNSS 系统还具备短报文通信功能，可以实现用户之间的双向通信。

信号结构：GNSS 的信号结构主要包括载波、测距码和导航电文。载波是卫星信号的基本组成部分，测距码用于测量信号传播时间，导航电文则包含了卫星轨道参数、时间信息等辅助定位的数据。

（3）定位算法

定位算法是实现 GNSS 定位的核心，主要分为绝对定位和相对定位两类。绝对定位算法基于单台接收机的观测数据确定接收机的位置；相对定位算法则使用两台以上接收机同时观测卫星信号，通过差分方法消除公共误差，提高定位精度。GNSS 接收机是实现 GNSS 定位的关键设备，其技术发展主要表现在小型化、低功耗和集成化等方面。随着微电子技术的发展，现代 GNSS 接收机体积越来越小，功耗越来越低，同时集成了越来越多的导航卫星系统，为用户提供更全面的导航定位服务。

（4）误差来源

GNSS 定位误差主要来源于信号传播误差、接收设备误差和卫星轨道误差。信号传播误差包括大气折射、多路径效应等；接收设备误差包括时钟误差、接收机噪声等；卫星轨道误差则由卫星钟差、星历误差等引起。

（5）GNSS 定位技术

单点定位：通过接收卫星信号，计算出用户与至少四颗卫星之间的距离，从而确定用户在地球坐标系中的位置。这种定位方法精度较低，但实现简单。

差分定位：通过接收来自不同卫星的信号，计算出用户位置的误差，并通过多次测量来减小误差。差分定位方法可以提高定位精度，但需要多颗卫星的支持。

广域差分定位：在差分定位的基础上，通过接收更多卫星的信号来提高定位精度。广域差分定位适用于大范围的定位需求。

实时动态定位：(real-time kinematic，RTK) RTK 技术是在差分定位的基础上发展起来的一种高精度定位方法。RTK 通过实时处理两个或多个参考站接收到的信号，计算出用户位置的误差，从而实现厘米级甚至毫米级的高精度定位。

## 知识目标

① 熟悉 GNSS 接收机的结构及使用方法、GNSS 的工作原理。
② 掌握 GNSS 静态相对定位测量的技术与方法。
③ 熟悉 RTK 测量系统的构成及各部件的名称、功能。
④ 掌握 RTK 各部件的连接与安置方法。
⑤ 掌握基准站接收机、移动站（流动站）接收机各项参数设置的方法。
⑥ 掌握 RTK 测量地面点位置的方法。

## 能力目标

① 能用 GNSS 采集地面点三维坐标信息。
② 能用 GNSS RTK 采集地面点三维坐标信息。

## 素质目标

① 接受任务后，能厘清任务思路，快速进入工作状态。
② 培养认真、细致思考、分析和归纳总结问题的能力。

## 任务 4.1

# GNSS 静态定位测量

### ◆ 任务目标

会连接 GNSS 组件，熟练使用 GNSS 进行静态测量。

### ◆ 教学资源

① 材料用具：按照实训小组分配仪器和设备，每个小组配备南方银河 1 测量系统（主机、手簿）及配套的三脚架 3~4 套；1 套仪器需配备对讲机 1 个、2m 小钢卷尺 1 个；外业观测记录表 1 份；记录板 1 块。
② 参考资料：多媒体课件、教学参考书等。
③ 教学场所：多媒体教室、园林工程测量实训室和校内实训基地。

### ◆ 相关知识

GNSS RTK（global navigation satellite system real-time kinematic）全称为全球导航卫星系统实时运动定位技术，是一种高精度的测量与定位技术，可以为用户提供厘米级或毫米级的精确定位数据，被广泛应用于测绘、地理信息系统、土地管理、建筑工程、农业、交通等领域。以下详细介绍 GNSS RTK 技术的原理、优势以及应用。

#### 4.1.1　GNSS RTK 技术原理

GNSS RTK 技术基于全球导航卫星系统，该系统由一组卫星以及地面站组成。卫星通过广播信号将定位信息传输给地面站，地面站接收并处理信号，计算出接收器相对于卫星的位置。GNSS RTK 技术采用了双频接收器和纯相位观测技术。双频接收器可以接收多个频率的信号，包括 L1 频段（1575.42MHz）和 L2 频段（1227.60MHz），这样可以消除大气延迟对定位精度的影响。纯相位观测技术可以测量接收机和卫星之间的相位差，从而计算出接收机的位置。为了实现实时定位，GNSS RTK 技术还需要使用基站。基站通过接收同样的卫星信号并计算位置，然后将差分修正数据通过无线电或移动网络发送给移动站（移动设备）。移动站根据差分修正数据进行位置修正，从而达到高精度实时定位的目的。

#### 4.1.2　GNSS RTK 构成

GNSS RTK 系统主要由以下几部分构成。

(1) 卫星系统

包括美国 GPS、俄罗斯 GLONASS、中国的 BeiDou、欧盟的 Galileo 等多个全球导航卫星系统的卫星，它们共同提供定位信号。

(2) 地面站

负责接收和处理卫星信号，计算出卫星的位置和状态，并生成差分修正数据。

(3) 基准站

RTK 定位需要设置基准站，通常是一个固定的地面基站。基准站会广播其位置信息和时间信息，接收卫星信号并计算位置，然后将差分修正数据发送给其他参考站、移动站。

(4) 参考站

参考站可以是移动设备或其他地面基站，即 RTK 接收机，它们会接收卫星信号和基准站发送的位置和时间信息，进行位置修正，并利用这些信息进行实时定位计算，实现高精度定位。当参考站接收到来自基准站的信息后，会将收到的位置和时间信息与自身的观测数据进行融合，并将融合后的数据进行处理，然后将结果发送给用户设备进行显示。用户设备可以根据需要选择使用单点定位、差分定位或广域差分定位等方法进行定位计算，提高定位精度。

### 4.1.3 GNSS RTK 观测方法

GNSS RTK 观测方法简便、快捷，主要包括以下步骤。

(1) 连接设备

确保 GNSS 设备及其配件（如天线、电池、手簿等）齐全且状态良好，将 RTK 接收机与电子手簿等设备连接起来，确保通信正常。在实际操作中，应根据具体情况选择合适的连接方式，以确保数据传输的稳定性和准确性。可通过开启 RTK 接收机和电子手簿的蓝牙功能，并在手簿的软件界面中选择蓝牙连接选项，搜索并连接到附近的 RTK 接收机。当 RTK 接收机具备 WiFi 热点功能时，电子手簿可以通过搜索并连接到该热点来实现与 RTK 接收机的通信，若连接成功，可实现高速、稳定的数据传输。还可以通过 NFC（近场通信）触碰连接，它要求 RTK 接收机和电子手簿都具备 NFC 功能，通过将手簿背部（NFC 读取模块通常位于手簿背面）贴近 RTK 接收机，可以自动建立连接。

部分型号的 RTK 接收机支持通过网络连接（包括有线和无线）与电子手簿进行通信。这种方式通常需要在 RTK 接收机和电子手簿上设置相应的网络参数（如 IP 地址、端口号等），以实现数据传输和远程控制。不过，这种方式相对复杂，且需要额外的网络设备支持。对于本地连接（GPS 功能），在某些情况下，电子手簿可以单独使用其内置的 GNSS 功能来获取位置信息，从而实现定位功能。这种方式不需要连接任何接收机，但只能进行简单的功能查看和演示，无法获取 RTK 接收机提供的精确测量数据。

(2) 设置基站

在已知点或未知点上设置基站，并输入相关参数，如坐标、电文格式、数据链类型等。

（3）设置移动站

在需要测量的位置设置移动站，并接收卫星信号和基站的差分修正数据。GNSS 设置移动站的过程可能因不同的设备和软件而有所差异，但通常包括以下几个基本步骤。

① 设备准备与连接。进入设置界面，打开手簿软件，使用与 GNSS 移动站配套的手簿（或移动设备），打开相应的测量软件，通过蓝牙、WiFi 或数据线等方式，将手簿与 GNSS 移动站接收器进行连接。

② 设置移动站参数。选择数据链，设置位置坐标，在移动站设置界面中，输入或选择移动站的当前位置坐标。根据实际需求，设置其他相关参数，如测量精度、采样间隔、数据输出格式等。

③ 建立通信连接。在移动站设置界面中，确保无线通信功能已开启，以便与基站或其他测量设备进行数据传输。

（4）开始观测

启动 RTK 接收机进行观测，在手簿软件中选择相应的测量任务或项目，开始启动数据采集功能，记录测量点的坐标信息和其他相关数据，实时获取高精度定位数据。

（5）数据处理

GNSS 系统通过多颗卫星发射的无线电信号，以及接收机接收卫星信号的时间差，利用三角定位法计算出接收机的位置。GNSS 接收机在野外采集的观测数据存储在内部存储器或可移动存储介质上。完成观测后，对采集到的数据进行差分处理，以获得高精度的测量结果。根据处理结果生成差分处理报告或数据后处理报告，包括测量点的坐标信息、精度评估和其他分析结果。

## 4.1.4 GNSS RTK 技术优势

（1）高精度定位

GNSS RTK 技术可以实现厘米级或毫米级的精确定位，相比传统的全球定位系统（GPS）准确度更高。在测绘、建筑工程等领域，高精度定位对于保证工程质量至关重要。

（2）实时性

GNSS RTK 技术可以在几秒内实时获取，而且不需要事后处理，方便用户在现场进行实时监测和立即咨询，在航空导航、城市交通管理等领域有着重要的应用价值。

（3）移动性

GNSS RTK 系统由移动站和基站组成，移动站可以随时随地被携带，适用于各种场景，无论是室内还是室外，都可以实现高精度的定位和测量。

（4）多系统兼容性

GNSS RTK 技术不受时间、天气、能见度、通视条件等限制，可以在各种环境下进行测量。GNSS RTK 技术操作简单，作业距离远，几乎不受人为误差影响。GNSS RTK 系统还可同时接收多个系统的信号，这样可以提高定位可靠性和综合精度，适用于全球不同地区和环境。

GNSS RTK技术配合专业的测量软件，可以实现多种测量功能，如圆弧放样、土方量计算、面放样等，特别适用于园林工程测量。

### 4.1.5 GNSS RTK技术应用

（1）地理信息系统（GIS）

GNSS RTK技术在GIS中的应用非常广泛。通过高精度定位数据，可以绘制出精确的地图、测量地物、实时监测地质灾害等，为城市规划、资源管理和环境保护提供重要依据。

（2）土地管理与测绘

GNSS RTK技术在土地管理和测绘领域有着重要应用。可以用于测绘地界、测量地块面积、监测土地沉降等，提高土地管理、测绘的效率和精度。

（3）建筑工程

GNSS RTK技术在建筑工程中的应用非常广泛。可以用于土方量计算、地基沉降监测、建筑物定位和控制等，提高工程施工的精度和质量。

（4）农业

GNSS RTK技术在农业领域有着重要的应用。可以用于农田测绘、作物精准种植、农机自动导航等，提高农业生产效率和农作物品质。

（5）水利工程

GNSS RTK技术在水利工程中的应用也越来越广泛。可以用于测量水位、水深、水流速度等关键参数，为水利工程设计和管理提供可靠的数据支持。

（6）园林

园林设计：利用GNSS RTK技术进行地形测量和规划，为园林设计提供精确的基础数据。

园林施工：在园林施工过程中，利用GNSS RTK技术进行施工放样、土方测量等，提高施工效率和精度。

园林养护：利用GNSS RTK技术进行植被分布测量和监测，为园林养护提供科学依据。

园林景观评估：通过GNSS RTK技术测量园林景观的边界、面积等参数，为景观评估提供准确的数据支持。

通过以上介绍，可以看出GNSS RTK技术在各个领域有着重要的应用价值。其高精度定位、实时性、移动性和多系统兼容性等优势，使得它成为当今测量与定位领域的重要技术。随着技术的不断发展和应用的深入，GNSS RTK技术将为各个行业带来更多的便利和发展机遇，进一步提高定位精度和可靠性，增强抗干扰能力；发展室内定位技术；与其他传感器集成应用并智能化发展。同时，随着物联网、人工智能等新技术的快速发展，GNSS的应用前景将更加广阔。

## ◆ 任务内容和实施过程

GNSS（全球导航卫星系统）静态相对定位测量碎部点位置信息。

（1）准备工作

① 采用 3 台（或 3 台以上）GNSS 接收机分别安置在不同的测站进行同步观测，以确定测站之间相对位置的定位测量。

② 在校园或其他测区选定 3~4 点（相邻点间距在 500m 以上）组成三角形或环状四边形 GNSS 控制网，实地设立点位标志并标注点号。GNSS 测量无须观测站点之间相互通视，网的图形结构也比较灵活，其选点工作较传统的三角网、导线网简便，但网点位置应满足 GNSS 观测的条件，其基本要求如下。

a. 观测站应设在易于安置接收设备的视野开阔处。在视场内周围障碍物的高度角一般应大于 10°~15°，以减弱对流层折射的影响。

b. 观测站应远离大功率的无线电发射台和高压输电线，以避免其周围磁场对 GNSS 卫星信号的干扰。接收机天线与上述干扰源距离一般不得小于 200m。

c. 观测站附近不应有大面积水域或对电磁波反射或吸收强烈的物体，以减弱多路径效应的影响。

d. 观测站应选在交通方便的地方，并且便于用其他测量手段联测和扩展。

（2）操作方法步骤

下面以海星达 IRTK5X 接收机为例（图 4.1-1、图 4.1-2），介绍 GNSS 静态相对定位测量实施的方法步骤。

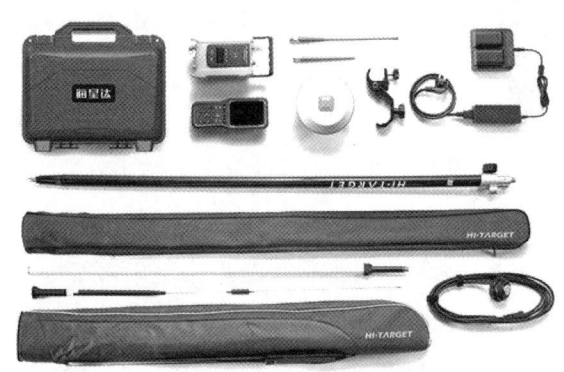

图 4.1-1　海星达 IRTK5X 接收机的组成

一排从左到右依次是：仪器箱、电台、数据采集手簿、电台天线、接收机、手簿托架、电池充电器

二排从上到下依次是：伸缩式碳纤杆、包装袋、延长杆、外挂电台天线和线缆

① GNSS 接收机的认识及使用。

a. 练习 GNSS 接收机的开机、工作模式的查看、关机，熟悉 GNSS 接收机面板上三个指示灯（电源灯、数据灯、卫星灯）不同状态所指示的各种状态。

b. 练习接收机通过蓝牙与数据采集手簿相连，通过 IHand55 数据采集手簿（图 4.1-3）对接收机工作模式（静态、基站、移动站三种模式）进行设置和切换。

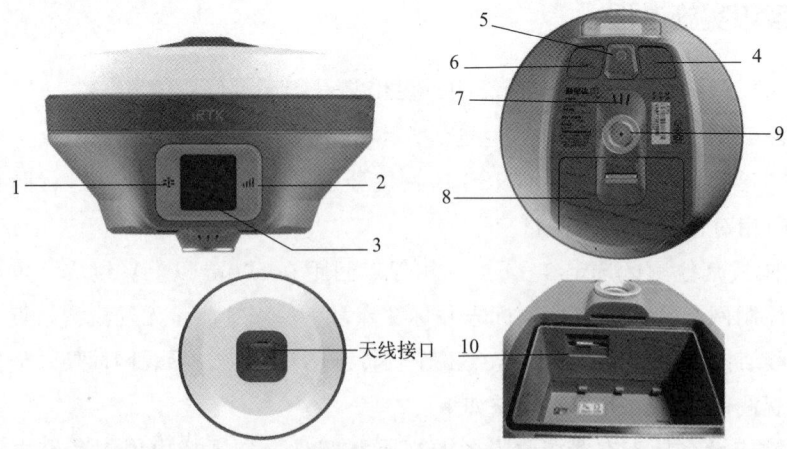

图 4.1-2　海星达 IRTK5X 接收机的外观

1—卫星灯；2—数据灯；3—触控显示屏（IRTK5X 接收机外观）；4—USB 接口及防护塞；5—电源灯及按键；
6—五芯插座及防护塞；7—喇叭；8—电池仓盖；9—连接螺孔；10—NanoSIM 卡插槽口

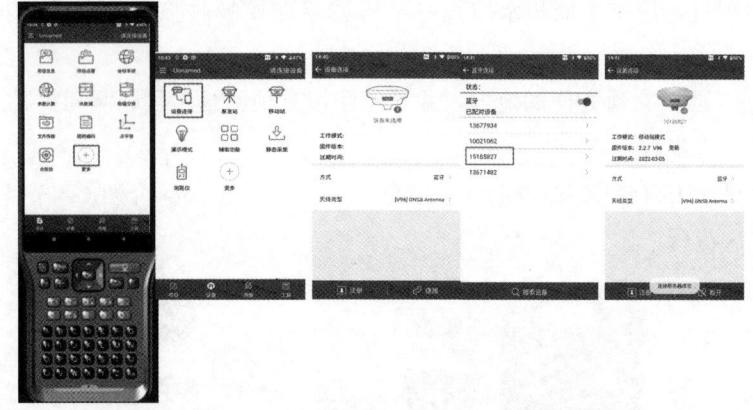

图 4.1-3　数据采集手簿和设备连接

② GNSS 静态相对定位测量的外业观测。

a. 观测人员领取 GNSS 接收机、IHand55 数据采集手簿及配套的基座与三脚架、对讲机、2m 钢卷尺、外业观测记录表、记录板等仪器工具到达各自的观测站点。

b. 将三脚架与基座连接接收机安置于观测站点上，并进行对中、整平。

c. 接收机开机后的语音播报提示接收机当前的工作模式，进入设置界面，点击"基站"进入基站设置。若选择平滑，则主机平滑后设站并以 RTCM3.2 差分电文发射；若未选择平滑，则主机以上一次坐标设站，在设置界面中点击"静态"进入静态设置。未开始静态采集：显示"采集间隔"界面，可设 1s/5s/10s/30s。已开始静态采集，显示"停止记录？"，可选"确认"或"取消"，选择确认后显示采集间隔设置界面，同时停止静态记录（图 4.1-4）。

按"设备"→点击"设备连接"或直接点击右上角"请连接设备"进入设备连接界面→"搜索"→"选中设备名"→"连接"→选择基准站的机号进行蓝牙配对连接，即可

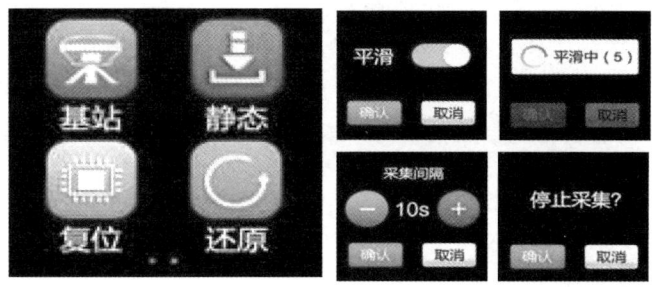

图 4.1-4　海星达 IRTK5X 接收机屏幕显示

进行数据采集手簿与接收机的连接。手簿与主机连接后（蓝牙指示灯常亮），按"基准站"图标，设定基准站的工作参数，包括基准站坐标、基准站数据链等参数。参数设置完之后点悬浮按钮"设置"，主机语音报"UHF 基准站"，主机信号灯红灯每秒闪烁两次，说明基站设置成功，正在发送差分数据。等到基准站主机面板上绿色信号灯呈规律性闪烁，以及电台红灯每秒闪烁一次时，表示基准站主机自启动成功，基准站在发射信号。选中"静态采集"→"确定"即可将主机工作模式设置为静态。可点击静态采集菜单进入临时静态采集设置，输入采样间隔、文件名、杆高、截止高度角等参数；可查看文件大小、开始时间和记录时间，点击"开始"按钮后，开始记录。

d. 量取仪器高（天线高）三次，三次量取的结果之差不得超过 3mm，取其平均值为测前量取的结果。静态测量量取的斜高是从观测站点标志量测到主机上的测高片上边缘处，内业导入数据时，在后处理软件中天线高量取方式选择"测高片"即可。

e. 接收机在静态工作模式下，主机开始搜索卫星，同时卫星灯也开始闪烁。达到记录条件时状态灯会按照设定的采样间隔闪烁，闪一下表示采集了一个历元，并在外业观测表中记录接收机达到数据记录条件的时间（开录时间）。通过对讲机与其他同步观测的站点通信告知所有观测站点接收机同时记录的观测时间达到一个观测时段（45～60min），即可完成该时段的静态测量数据采集。时段观测完成后需要再次量取天线高，与测量前量取方法相同，测前、测后两次量取平均值为最后的结果。关机结束观测，记录结束时间。

③ 将接收机采集的数据传输到计算机并导入静态测量后，用数据处理软件进行数据处理和平差。其方法可参阅相关的说明书，在此不再赘述。

④ 外业观测记录表。完成 GNSS 静态相对定位测量外业观测记录表。

## 注意事项

① 一个时段内的观测不能中断，接收机工作前要检查其电量能否满足时段工作的要求。

② 一个时段观测过程中不得进行以下操作：关闭接收机又重新启动；进行自测试（发现故障除外）；改变卫星高度角；改变数据采样间隔；改变天线位置等。

③ 在观测过程中，不应在接收机旁使用对讲机；雷雨过境时应关机停测，并卸下天线以防雷击。

④ 外业观测记录表各项内容记录要完整。

⑤ 内业平差数据处理时，通过无约束平差只能获得观测站点的 WGS-84 参照系的平面坐标成果和大地高成果。若平差时加入至少 2 个观测站点的平面坐标、3 个站点的高程，则可获得观测站点在指定参照系下的平面坐标成果及高程成果。

## 任务 4.2
# GNSS RTK 测量在园林工程上的应用

### ◆ 任务目标

掌握 RTK 各部件的连接与安置，基准站接收机、移动站接收机各项参数的设置，利用 RTK 测量方法采集一条长约 300m 道路两边线拐点的坐标。

### ◆ 教学资源

① 材料用具：按照实训小组分配仪器和设备，每个小组配备海星达 IRTK5X 测量系统（GNSS 接收机 2 台；数据采集手簿；电台；碳钎杆；手簿托架；电台、发射天线、基准站接收机、蓄电池相互间的电缆连接线）1 套；三脚架 2 个。

② 教学场所：多媒体教室、园林工程测量实训室和校内实训基地。

### ◆ 任务内容和实施过程

本次任务为待测区域碎部点、数据信息采集，场地内需至少有 2 个已知控制点位置，能满足 GNSS 定位测量信号接收的要求即可。

（1）操作步骤

① 指导教师在室内讲解海星达 IRTK5X 测量系统的构成及各部分的功能，并示范操作基准站接收机、电台发射天线的安置和多用途电缆线及基准站接收机、电台、电台发射天线、电源之间的相互连接；由移动站接收机、碳钎杆、托架、数据采集手簿连接装配成采集数据的移动站。安置连接后的海星达 IRTK5X 测量系统如图 4.2-1 所示。

（2）基准站的实地架设

① 架设基准站位置的选择。基准站应架设在视野开阔、周围环境比较空旷、地势高的地方，避免架在高压输变电设备附近、无线电通信设备收发天线旁边、树下以及水域边，这些都对 GNSS 信号的接收及无线电信号的发射产生不同程度的影响。

② 架设基准站的方法。

a. 架好安置基准站接收机和安放电台发射天线的两个三脚架，安放电台天线的三脚架应架到尽可能高的位置，两个三脚架之间保持至少 3m 的距离。

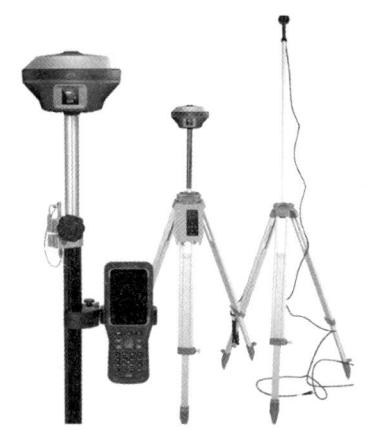

图 4.2-1　安置连接后的海星达 IRTK5X 测量系统
从左到右依次是：移动站、基准站、电台发射天线

b. 在安置基准站接收机的三脚架头上装上基座，并将接收机安装在基座上（若架在已知点上，则需严格对中整平），电台挂在基准站脚架上后，开启基准站接收机。

c. 在另一个三脚架上安装电台发射天线，并将蓄电池放在电台下方。

d. 用多用途电缆线连接好电台、基准站接收机和蓄电池。连接方法是："Y"型多用途电缆五针红色插口连接基准站接收机，黑色插口连接发射电台，红色夹子连接外挂蓄电池。

③ 启动基准站。第一次启动基准站时，需要对启动参数进行设置，其方法如下。

接收机在基准站模式下进行手簿操作。a. 连接设备："设备"→点击"设备连接"→点击"连接"。b. 设置基准站：先设置基准站"接收机"位置，勾选是否保存基站坐标，再设置"电文格式""截止高度角""数据链"。如果基准站架设在已知点上，且知道转换参数，则选择"已知点设站"，直接输入或选择该点的 WGS-84 的 BLH 坐标，也可事先打开转换参数，输入该点的当地 NEZ 坐标，这样基准站就以该点的 WGS-84 BLH 坐标为参考，发射差分数据。

如果基准站架设在未知点上，则选择"平滑设站"设置平滑次数；完成数据链、电文格式等设置后，点击悬浮按钮"设置"，接收机将会按照设置的平滑次数进行平滑，最后取平滑后的均值为基准站坐标。另外，平滑设站若勾选"保存坐标"，则还需输入该坐标的目标高、选择量高类型，输入点名。点击"数据链"，选择数据链类型，输入相关参数。当用电台作业时，数据链则需选择内置电台模式，并需要设置电台频道。还需设置电文格式、截止高度角（≤30°），以及"高级选项"中的定位数据频率、功率（高/中/低）、频点表。参数设置完之后点悬浮按钮"设置"，主机语音报"UHF 基准站"，主机红色信号灯每秒闪烁 2 次，说明基站设置成功，正在发送差分数据。

(3) 架设移动站及相关设置

① 架设移动站。开机移动站接收机，并将接收机设置为移动站模式，把移动站接收机固定在碳钎杆上面，拧上 UHF 差分天线，再安装好手簿托架。

② 移动站相关设置。按"移动站"设置移动站参数工作，移动站的设置与基准站连

接的步骤相同，参数设置与基站一样后点击悬浮按钮"设置"，主机语音播报"UHF 移动台"，稍等片刻，顶部信息栏中显示"固定"，便可开始测量作业。

(4) RTK 碎部测量

① 新建工程。在一个新的测区，首先新建一个项目，将测量参数及其设置都保存到项目文件中（*.prj），软件同时会自动建立一个和项目同名的参数文件（*.dam），保存在项目文件夹中。坐标点库、放样点库、控制点库文件保存在 map 文件夹里。打开 Hi-Survey 软件，新建项目，点击"项目"→"项目信息"，点击界面上的蓝色悬浮"新建"按钮（新建按钮可拖动），进入创建项目界面，输入项目名（必填）、创建人、备注等信息，选择所需的坐标系统和图例编码，确认无误后点击确定，完成新建项目。进行项目设置，选择坐标系统，设置椭球和投影参数。

② 利用求转换参数计算四参数和高程拟合参数。首先建立控制点库：主界面"点数据"→"控制点"→"添加控制点"，手动输入，或通过点击右上角的实时采集、点选和图选来选择点名和相应的坐标，点击"确定"→回到主界面点击"参数计算"→"四参数+高程拟合"，添加"点对坐标信息"，选择一个采集点为源点，在目标点处输入相应控制点坐标；点击"保存"→点击"计算"→显示计算出来的"四参数+高程拟合"的结果（主要看旋转和尺度）→点击"应用"，软件将自动运用新参数更新坐标点库。

③ 测量方法。计算并启用四参数和高程拟合参数后，RTK 可以在指定参照系下直接进行测量工作。将移动站分别立于道路两边线的拐点，点击进入碎部测量界面，当显示固定后才可以采集坐标。当移动台对中在未知点上后，点击"浮动采集键"，输入"点名""目标高"和"目标高类型"，再点击"确定"即可快速测定该点的三维坐标。

## 💡 注意事项

(1) 参数校正

在实际操作中，可能需要根据具体的测量环境和需求，调整其他参数设置，以确保测量结果的准确性和效率。当基准站关机后（如第二天在前一天同区域继续测量），使用上次的转换参数需先进行校正工作，其操作如下。

① 基准站架设在已知点的校正。点击"点校验"→"计算"，采集当前点的平面坐标 NEZ，输入已知点的当地坐标，点击"计算"，得出已知坐标和当前坐标的改正量 $dN$、$dE$、$dZ$，点击"应用"可应用校验参数，应用后所采点的坐标将自动通过校验参数改正为和已知点同一坐标系统的坐标。

② 基准站架设在未知点的校正。假设已建好一个项目，参数计算完以后，正常工作了一段时间，由于客观原因，第二次作业不想把基准站架设在和第一次同样的位置，此时，可以用到点校验功能，只需要将基准站任意架设，打开第一次使用的项目，到一个已知点上校正坐标即可，校正方法和第一种情况相同。

(2) GNSS-RTK 作业方法和过程误差

影响 RTK 作业质量的因素很多，除来自卫星部分的星历误差、钟误差、相对论效应,来自信号的电离层、对流层、多路径效应,来自信号接收的钟的误差、位置误差、天线相位中心变化外,作业方法和作业过程产生的误差也不容忽视。

① 基准站坐标及坐标转换参数计算准确。进入新工区,首先将高等级已知点作为控制点,布设 GNSS 控制网并求取坐标转换参数;对采用快速静态或 RTK 技术发展的基准站坐标,要增加检核条件,进行检核。确保坐标转换参数的精度和基准站坐标准确性。

② 正确选取基准站。基准站应选在地质条件良好、点位稳定、便于作业、视野开阔,周围无高度角超过 10° 的障碍物、无信号反射物(如大面积水域、大型建筑物及大功率通信设备等)及能方便播发或传送差分改正信号的地方,以确保 GNSS 的正常作业、消除或削弱多路径误差及差分信号不受干扰正常发射。

③ 严格对中、整平 GNSS 接收天线并按天线方向标进行定向,以削弱或消除对中误差和天线相位中心偏移的影响,正确选择和输入基准站及移动站的各项参数,合理、精确量取并输入基准站及移动站的 GNSS 接收天线高。

④ 移动站天线杆上的圆气泡要求基本居中,并确保测量标志与测量位置相一致,以消除姿态角即坡度引起的平面误差和高程误差的影响。

⑤ 数据链电台天线尽可能架高一些,远离其他大功率通信设备的干扰,尤其是基准站电台天线,以提高差分信号的传播距离,但不要超过 20km,避免距离的增加使移动站定位精度迅速下降或定位结果出错。

## 思考练习

① 试回答 GNSS RTK 由哪几部分组成?每一部分都有什么作用?
② 如何利用海星达 IRTK5X 对某一区域进行碎部测量?

# 参考文献

[1] 周建郑. 测量学［M］. 北京：化学工业出版社，2007.
[2] 张培冀. 园林测量［M］. 北京：中国建筑工业出版社，2010.
[3] 陈绍宽. 园林工程施工技术［M］. 沈阳：沈阳出版社，2011.
[4] 陈彩军. 园林测量［M］. 北京：科学出版社，2011.
[5] 黎曦，林长进. 园林测量［M］. 郑州：黄河水利出版社，2012.
[6] 谢爱萍，王福增. 数字测图技术［M］. 武汉：武汉理工大学出版社，2012.
[7] 韩学颖. 园林工程测量技术［M］. 郑州：黄河水利出版社，2012.
[8] 王俊河. 园林工程测量［M］. 北京：机械工业出版社，2012.
[9] 郑金兴. 园林测量［M］. 北京：高等教育出版社，2013.
[10] 李吉英，陈淑清. 测量学实验与实习教程［M］. 济南：山东人民出版社，2015.
[11] 张中慧. 园林工程测量［M］. 北京：中国林业出版社，2016.
[12] 吴云龙. 园林工程测量［M］. 北京：机械工业出版社，2017.
[13] 刘志成. 园林测量［M］. 天津：天津科学技术出版社，2017.
[14] 苏军德，等. 园林工程测量［M］. 哈尔滨：哈尔滨工业大学出版社，2018.
[15] 古达华，周玉卿. 园林工程测量［M］. 重庆：重庆大学出版社，2019.
[16] 王国东，韩学颖. 园林测量［M］. 北京：中国农业大学出版社，2019.
[17] 李泽球. 全站仪测量技术［M］. 武汉：武汉理工大学出版社，2019.
[18] 吴云恩. 现代工程测量技术与应用［M］. 吉林：吉林科学技术出版社，2022.
[19] 陈日东，陈涛. 园林测量［M］. 北京：中国林业出版社，2022.
[20] 柳瑞武. 测量学［M］. 北京：中国林业出版社，2023.